"十三五"普通高等教育本科部委级规划教材

亚麻纺织与染整

（第 2 版）

赵欣　高树珍　王大伟　主编

U0241435

中国纺织出版社

内 容 提 要

本书系统地介绍了亚麻的纺纱、织造、前处理、染色和后整理的加工工艺过程。全书共分为十一章。主要包括：我国亚麻纺织染整行业的发展现状、亚麻纺织原料、可纺性亚麻纤维的生产工艺、亚麻纺纱系统与设备、染整用水及表面活性剂、亚麻纤维织物的前处理、染色相关知识及设备、亚麻纤维织物的染色、亚麻纤维织物的特种染色、亚麻纤维织物的整理以及亚麻纺织染整生产实例。

本书既可以作为高等院校轻化工程和纺织工程专业课教材，也可以作为纺织科学与工程专业硕士研究生学位理论课程的教材。除此之外，该书还可以为从事亚麻纺织染整加工领域的研究者和工作者提供重要的理论参考和实践指导。

图书在版编目（CIP）数据

亚麻纺织与染整/赵欣，高树珍，王大伟主编. —2 版.
--北京：中国纺织出版社，2017.12
"十三五"普通高等教育本科部委级规划教材
ISBN 978 – 7 – 5180 – 4286 – 9

Ⅰ.①亚⋯ Ⅱ.①赵⋯ ②高⋯ ③王⋯ Ⅲ.①亚麻纺—高等学校—教材 ②亚麻—染整—高等学校—教材 Ⅳ.① TS124.34 ②TS190.642

中国版本图书馆 CIP 数据核字（2017）第 272798 号

策划编辑：朱利锋　　责任校对：王花妮
责任设计：何　建　　责任印制：何　建

中国纺织出版社出版发行
地址：北京市朝阳区百子湾东里 A407 号楼　邮政编码：100124
销售电话：010—67004422　传真：010—87155801
http：//www.c-textilep.com
E-mail：faxing @ c-textilep.com
中国纺织出版社天猫旗舰店
官方微博 http：//weibo.com/2119887771
北京玺诚印务有限公司印刷　各地新华书店经销
2007 年 7 月第 1 版　2017 年 12 月第 2 版第 2 次印刷
开本：787×1092　1/16　印张：14.25
字数：295 千字　定价：48.80 元

第2版前言

《亚麻纺织与染整》一书是由齐齐哈尔大学轻工与纺织学院的教师，在汇集了多年的教学与科研成果，吸收了先进的前沿知识，积累了大量的亚麻纺纱、织造以及染整加工的生产实践并查阅大量的相关参考文献的基础上编写而成的。

众所周知，黑龙江省是盛产亚麻的基地，亚麻制品抑菌、防臭、自然环保、卫生保健，有"天然空调"之美称，再加上亚麻制品圣洁、大方等特性，深受广大消费者青睐，亚麻制品的深加工已成为纺织科学与工程专业硕士研究生的主要科研方向，作为集纺织和染整为一体的齐齐哈尔大学轻工与纺织学院，有责任、有义务对亚麻纺织染整加工工艺进行深入研究，并不断创新，促进亚麻制品向高档化、高附加值的方向发展，为振兴亚麻纺织行业做出贡献。特编写此书。

全书共分为十一章。第一章是我国亚麻纺织染整行业的发展现状；第二章是亚麻纺织原料，主要介绍了亚麻纤维的结构、化学组成及其性质；第三章是可纺性亚麻纤维的生产工艺，主要介绍了打成麻的生产工艺；第四章是亚麻纺纱系统与设备，主要介绍了亚麻的纺纱和织造工艺、相关的工艺参数及其注意事项，以及各个工序所使用设备的工作原理和工作过程等，同时也介绍了各种亚麻纱的性能指标及其测试分析过程；第五章是染整用水及表面活性剂；第六章是亚麻纤维织物的前处理，主要介绍了亚麻的前处理加工工艺，如亚麻粗纱的酸洗、煮练、漂白以及坯布退浆的目的、原理、工艺配方、相关的工艺参数及其注意事项以及相关性能指标的测试分析；第七章是染色相关知识及设备，主要介绍了染色热力学和动力学理论以及亚麻的染色工艺；第八章是亚麻纤维织物的染色，主要介绍了还原染料、活性染料和直接染料的染色工艺；第九章是亚麻纤维织物特种染色，主要介绍了超声波染色、阳离子可染亚麻的生产工艺及染色工艺、电化学染色工艺；第十章是亚麻纤维织物的整理，主要介绍了亚麻织物的定风拉幅、柔软整理、防缩整理，重点介绍了防皱整理和阻燃整理以及新型的染整加工助剂；第十一章是亚麻纺织染整生产实例，主要介绍了齐齐哈尔市克山金鼎亚麻纺织有限公司的生产实例。其中第一～第三章由栗洪彬编写；第四章由王大伟编写；第五～第八章由高树珍编写；第九～第十一章由赵欣编写。全书由赵欣负责统稿。

本书既可以作为高等院校轻化工程和纺织工程专业课教材，也可以作为纺织科学与工程专业硕士研究生学位理论课程的教材。除此之外，该书还可以为从事亚麻纺织与染整加工领域的研究者和工作者提供重要的理论参考和实践指导。

由于编者水平有限，难免存在不妥、纰漏之处，恳请读者批评改正。

特别注明：本书承蒙黑龙江省研究创新基地专项基金支持和黑龙江省教育厅基本业务专项理工重点项目（项目编号：135109105）的支持。

编　者

2017 年 10 月

第1版前言

亚麻织物具有吸湿、散热快、穿着凉爽、卫生保健的功能，给人以返璞归真、回归自然的感觉，深受广大消费者的青睐，亚麻的纺织染整加工已经成为当今纺织行业研究和关注的热点。因此该书的出版是非常必要和适宜的。

我们在多年从事纺织与染整专业的教学以及科研实践的基础上编写了此书。全书共十一章。第一章～第四章主要介绍了亚麻纤维织物国内外发展的概况、亚麻纤维的结构组成与性质、可纺性亚麻纤维的纺纱与加工过程以及亚麻纱相关的重要性能指标，如线密度、捻度、强力等的测定方法及其对于亚麻制品质量的影响；第五章介绍了表面活性剂在染整加工中的重要应用、染整加工用水的质量及硬水的软化；第六章介绍了亚麻的前处理加工过程，其中包括酸洗、煮练、漂白及退浆的目的、原理及其工艺；第七章主要介绍了与染色有关的基本概念，重点介绍了染色热力学和染色动力学的理论知识；第八章介绍了活性染料、还原染料以及直接染料对亚麻的染色加工过程与工艺；第九章主要介绍了超声波技术、电化学技术以及计算机测配色系统在亚麻染色中的研究应用概况；第十章主要介绍了亚麻织物的热定形、柔软整理、防皱整理及阻燃整理方面的知识；第十一章主要介绍了各种亚麻及其混纺花色纱的具体生产过程。

虽然我们尽量本着与科研和工厂实践相结合的原则来编写此书，但由于亚麻纤维织物的染整加工过程还不十分成熟，书中难免有许多缺点和错误，真诚地希望各界朋友批评指正，编者将不胜感激。

编　者
2007 年 1 月

📖 课程设置指导

课程名称： 染整工艺学、纺纱织造工艺学

适用专业： 轻化工程专业、纺织工程专业

总学时： 44 学时

课程性质： 本课程为专业方向限定选修课，是染整工艺学（包括前处理、染色、后整理等）以及纺纱织造工艺学的重要组成部分。

课程目的：

1. 使学生能运用所学工艺理论完成亚麻的前处理、染色以及后整理的加工工艺，并能保证亚麻制品的各个工序的加工质量；

2. 了解衡量各个工序加工质量的评价指标及其测试分析过程；

3. 要求学生在掌握传统亚麻加工工艺的基础上，通过本课程中的先进技术和工艺的学习，培养学生的创新科研能力，促进亚麻向高档化发展。

课程教学的基本要求：

教学环节包括课堂教学、课堂练习、作业、阶段测验与考试。通过各个环节重点使本科生掌握亚麻纺纱、织造、前处理、染色及后整理的理论知识，并能灵活运用；使研究生在学习本书中的先进技术和工艺的基础上，有所创新，促进亚麻深加工和产品质量的提高，同时培养研究生的创新科研能力。

教学环节的学时安排

章数	讲授内容	学时安排
第一章	我国亚麻纺织染整行业的发展现状	2
第二章	亚麻纺织原料	
第三章	可纺性亚麻纤维的生产工艺	2
第四章	亚麻纺纱系统与设备	6
第五章	染整用水及表面活性剂	2
第六章	亚麻纤维织物的前处理	4
第七章	染色相关知识及设备	4
第八章	亚麻纤维织物的染色	6
第九章	亚麻纤维织物的特种染色	6
第十章	亚麻纤维织物的整理	6
第十一章	亚麻纺织染整生产实例	2
克山金鼎亚麻纺织有限公司等亚麻生产实践参观		4
合计		44

目录

第一章　我国亚麻纺织染整行业的发展现状

亚麻纺织工业在国外是最古老的行业，但在我国却是一门新兴工业。我国纤维用亚麻的种植只有 90 年的历史，亚麻纺织工业的历史也只有 45 年。自改革开放以来，我国亚麻行业得到了迅猛发展，亚麻纺锭规模已跃居世界第二位，成为世界亚麻工业大国。

我国亚麻纺织工业虽然取得了很大成就，但目前仍面临原料发展滞后，产品单一，价格失控，染整不过关，国内市场开发落后，市场经营观念淡薄，企业经济效益较低等诸多深层次的矛盾。只有认真处理好这些矛盾，我国亚麻行业才能得以持续健康地发展。

我国年出口亚麻纱 20 千吨左右，是世界亚麻纱出口大国。近年来，我国的亚麻纺织企业迅速发展，生产规模仅次于俄罗斯，居世界第二。

我国亚麻的种植条件良好，但原料生产却一直处于停滞状态，造成这种现象主要有三方面的原因：一是亚麻育种体系不健全，国内亚麻原茎的生产长期停留在每公顷❶3750kg 左右，比世界发达国家的每公顷 7500kg 低 50% 左右；二是长麻率低，国内亚麻长麻率只有 11% ~ 13%，与世界的 17% ~ 18% 水平相差很多；三是国内亚麻梳成率为 45%，与世界平均水平相比低 10% ~ 15%，而且强度不高，断头率高，难以生产细特纱。另外，国内种植亚麻的机械化程度低，80% 以上的麻田靠人工收获，播种过程中种子损失率高达 10% 左右，亚麻植株原茎产量低，纤维质量差，生产的高成本、低效益已经成为制约中国亚麻原料的瓶颈。面对上面的现状，引进先进的技术和设备，广泛地开展国际合作，将会促进中国亚麻业发展和不断壮大。

亚麻纤维是一种历史悠久的绿色环保型纤维，是人类开发使用最早的天然纤维素之一。亚麻纤维具有古朴、色彩高贵自然等特点，被誉为"天然纤维中的纤维皇后"，是天然纤维中的佼佼者。亚麻纤维是一种稀有的天然纤维素纤维，其产量仅占天然纤维素纤维总量的 1.5%。同时，亚麻纤维是天然纤维素纤维中唯一的束纤维，它具有独特的果胶质斜边孔和天然的纺锤形结构，能够赋予亚麻织物良好的透气性、吸湿性。亚麻纤维是亚麻植物的皮层纤维，它近似于人的皮肤，具有保护肌体、调节温度的功能。常温下的亚麻织物能够使人体的实感温度下降 4 ~ 8℃，有"天然空调"之美誉。它不仅具有优良的吸湿性、透气性，而且纤维本身也具有一定的抑菌性、抗菌性，穿着非常卫生。因为亚麻属于隐香科植物，能够散发出一种隐隐的香味，多数专家认为这种香味能够杀死许多细菌，同时能够抑制很多寄生虫的生长和繁殖。通过接触法进行的科学实验表明：亚麻纤维及其制品具有明显的抑菌、抗菌效

---

❶　1 公顷 $= 10^4 \mathrm{m}^2$。

果，对绿脓杆菌、白色念珠菌等国际标准菌株的抑菌率能够达到 65% 以上，而对金色葡萄球菌珠和大肠杆菌的抑菌率则高达 90% 以上。亚麻织物还具有耐摩擦、导热性能好、不易产生静电和自动调湿等独特的功能，给人以舒适、自然、轻松的感觉，有益于人的身心健康。因此，亚麻纺织品不仅是夏季服装面料的首选，更是家用纺织装饰品的最佳选择。随着人们绿色、健康、卫生的纺织品理念的提升，亚麻织物自身具有的这些优良特性，使得亚麻制品逐渐被广大消费者所追捧和青睐。

亚麻产品吸湿透气、爽身宜人、天然抑菌、抗辐射、无静电、有利健康，消费者渴望穿着使用，但现行的亚麻产品存在手感粗硬，穿着易起皱，洗涤后缩水率大、变硬，染色性差等缺陷，又让消费者敬而远之，因为它很难达到目前人们服饰审美习惯和人们追求产品内在质量与形式完美结合的要求。如何利用高新技术弥补亚麻等天然纤维产品的缺陷，满足消费者的市场需求，成为当前最具经济价值与亟待解决的新课题。

鉴于以上原因，亚麻纤维织物的纺织和染整加工工艺都有待进一步的完善和提高。

第二章 亚麻纺织原料

第一节 亚麻纤维的结构及组成

一、亚麻纤维的结构

麻类的品种很多，可以应用于纺织品上的主要是亚麻和苎麻，其中前者的应用更为广泛。

亚麻纤维属于韧皮纤维，成束地分布在植物的韧皮层中。纤维束是由多根单纤维以中间层相互连接起来的，单纤维在纵向彼此穿插，因此纤维束连续纵贯全层，等于植物的高度，纤维束在横向又绕全茎相互连接。

亚麻单根麻纤维是一个厚壁、两端密闭、内有狭窄胞腔的长细胞，其两端稍细，呈纺锤形，如图2-1所示。

从图2-1中可以看出，纤维上有竖纹和横节。竖纹的形成与纤维中分子组成的原纤排列有关；横节是由于纤维紧张处弯曲使原纤分裂所致，有些横节条纹不一定是真的横节，可能是初步加工过程中遭受损伤而形成的裂纹。

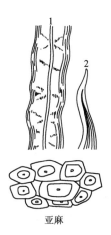

亚麻

图2-1　亚麻纤维的纵切面
和横截面

1—中段　2—末段

二、亚麻纤维的分子结构

亚麻纤维素纤维是葡萄糖剩基通过1,4-苷键连接起来的大分子，分子的直线性和平面性较强。分子式可以表示为$(C_6H_{10}O_5)_n$，其中 n 为聚合度。纤维的聚合度与纤维的许多力学性能关系十分密切。一般来说，纤维素的聚合度越大，纤维的强度越大，耐用性越好，化学反应的活泼性与溶解能力越弱。纤维素的分子结构如下：

从上面的分子结构中可以看出：

（1）纤维素大分子上的每个葡萄糖剩基上都含有3个自由存在的羟基，其中2、3位上的是仲羟基，6位上的是伯羟基。不同位置上羟基的反应活性不同，它们可以发生如氧化、酯化、醚化以及交联接枝等反应，这对进行亚麻纤维素纤维的接枝改性，提高亚麻的染整加工效果是非常重要的。

（2）分子链最右端的葡萄糖剩基上含有一个潜在的醛基，使纤维素纤维表现出一定的还原性，且这种还原性会随着相对分子质量的减小而增强。

（3）纤维素大分子链节之间的苷键，在酸或高温的条件下会发生水解，使分子链的聚合度下降，纤维的强力降低，引起纤维的力学性能发生变化。

（4）分子的直线性和平面性较强，这对于染色时以物理形式染着在纤维上的染料的固着是十分关键的。

三、亚麻纤维的超分子结构

目前有关亚麻纤维的超分子结构的资料很少。人们只能借助对棉纤维超分子结构的认识来了解亚麻纤维的超分子结构，因为所有纤维素纤维的超分子结构都大致相同。

纤维素纤维分子之间是通过氢键、范德瓦耳斯力等作用相互连接成一个整体。纤维是由基本原纤即基础原纤组成的，基础原纤构成了微原纤，微原纤又构成了大原纤，大原纤以薄层状构成细胞壁的各个层次，于是形成了一个统一的韧皮纤维。而对纤维素大分子在纤维内部是如何排列的，目前有很多说法。现只介绍两相结构共存的体系。

前人在X射线研究结果的基础上认为，在纤维素纤维的高分子物中，既含有结晶部分，又含有无定形部分，而且纤维素大分子的分子长度要比结晶区的长度大。因此，一个纤维素纤维大分子可以交替穿过结晶区和无定形区，分子的末端可以停留在结晶区，也可以停留在无定形区。纤维的结晶度指的是结晶区占纤维整体的百分率。

纤维大分子的某些部分与邻近大分子的一部分彼此之间相互作用，在空间按照一定的规则进行有规律的排列，分子之间的距离比气态物质分子之间的距离小得多，即使水分子这样的小分子都很难通过，分子之间的作用力很强，它们不能自由移动，只能在平衡位置附近振动，人们把这部分区域叫结晶区，又称为微胞、微晶体、晶区；而大分子的另一部分又与邻近分子的另一部分在空间上进行无规则的排列，分子与分子之间的距离较大，允许水等一些其他化学药剂的单分子通过，分子之间的作用力较弱，分子能量随温度的升高而变大，可以绕动，但也不能像液体一样自由移动，人们把这部分区域叫无定形区，又叫非晶区。染整加工的过程就是化学药剂进入纤维无定形区并发生反应的过程。

以前人们往往认为无定形区分子以完全无规则的状态进行排列，实际上结晶区和无定形区之间并不是完全截然分开的，而是有一个过渡阶段。而这种过渡阶段可以用单位体积内所含分子间键能或氢键数，即侧序度表示。一般都认为，在纤维素纤维中，原纤内或层内的分子排列有序性较高，也有人认为它们就是结晶的，但可能存在着一定的缺陷，如微细的裂缝和空洞，形成弱点。而原纤或层间属于非结晶的。而且一般认为纤维素大分子中只含有直链结晶，很少含有折叠链结晶。

纤维中大分子有序排列的程度也可以用取向度表示。所谓取向度，是纤维的大分子链、链段或晶体轴顺着某一特定的方向进行有序排列的程度。但结晶度与取向度不同，取向度是一维或二维空间的，而结晶度则是三维空间排列的。纤维大分子有序排列的程度，影响纤维的力学性能和染整加工。通常纤维大分子有序排列的程度越高，纤维的强力越大，染料以及化学药剂越难对纤维进行加工；反之，纤维大分子有序排列的程度越小，分子之间的空隙越大，作用力越弱，纤维的强力越小，染整加工越容易进行。

不同纤维素纤维的超分子结构，其取向度、结晶度不同，见表 2 – 1。

表 2 – 1　不同纤维素纤维的结晶度和取向度

纤维	取向度（%）	结晶度（%）
亚麻	82 ± 3	88
棉	60 ± 2	70
苎麻	89 ± 3	88 ~ 90

四、亚麻纤维的化学组成

亚麻纤维是植物纤维，其基本组成为纤维素，所以也叫纤维素纤维。纤维素纤维有很多种，如棉、亚麻、苎麻、黄麻以及黏胶纤维等再生纤维素纤维。这些纤维的主要组成部分虽然都是纤维素，但纤维素以及各种杂质的含量却有很大差别。

亚麻纤维属于植物纤维的韧皮部分，亚麻单根纤维是通过木质素、半纤维素、果胶连接在一起而形成的束状纤维。此外，还含有一些含氮物质、蜡质、灰分以及色素等。通常把亚麻纤维中除了纤维素以外的部分叫纤维素的伴生物。研究这些物质，对于亚麻纤维织物的前处理具有相当重要的意义。

1. 木质素　目前单独对亚麻纤维中木质素进行研究的资料还很少见，下面有关木质素知识的介绍都是关于木材中木质素的知识，虽然与亚麻中的木质素会有一定差异，但对于亚麻纤维织物的染整加工仍具有十分重要的参考价值。

木质素在自然界中不是独立存在的。但至今未找出一种理想的能使分离出来的木质素与植物中原来的木质素相同的方法。人们用不同方法所提纯的木质素都不同程度地发生某种结构上的变化，而且分离提纯的方法不同，得到的木质素的结构也不同，因此提到木质素的时候，一般都应指出其提纯的方法。当前大多数人认为，从植物中除去水溶物、苯醇萃取物、纤维素与其伴生物后剩余的物质就是木质素。

而且木质素也不是单一结构的化合物，而是复杂的芳香族的聚合物。木质素的结构比较复杂，一般认为它是由苯丙烷单元构成的高分子聚合物。苯丙烷上的 3 个碳原子分别称为 α、β、γ 碳原子。分子中含有多种官能团，如甲氧基、羟基、羰基等。

甲氧基（—OCH_3）：实验已经证实，甲氧基连接在芳环上，一般来说比较稳定，在高温及碱性条件下，才能使甲氧基中的甲基脱去形成甲醇。

羟基（—OH）：一种是木质素苯环上的酚羟基；另一种为丙烷脂肪族的羟基。羟基对木质素的化学性质有很大的影响，然而测出的木质素中羟基的含量变化很大。这是由于木质素的化学性质不稳定。经不同的化学处理，木质素羟基不同。温和条件下制备的盐酸木质素每 5.0~5.3 个木质素单元有一个酚羟基，木质素磺酸则每 3.9 个中有一个酚羟基。充分缩合的酸木质素几乎没有酚羟基。

羰基（—CO—）：木质素的羰基主要位于脂肪链上，其他部分为酮基或醛基。因此木质素具有羰基的一些化学性质。

双键：已经确定木质素中含有不饱和的双键。

木质素中含有许多官能团，至于亚麻纤维中的木质素的结构是否如此，目前还尚未见诸报道。但相信至少其基本组成是一样的。由于木质素中含有许多官能团，这些基团的存在形式不同，也决定了木质素具有不同的化学性质。

从以上分析可知，木质素是由丙烷单元通过各种类型的键连接而成的高分子，不同连接键所形成的木质素的反应性不同，就是同一个木质素分子，由于各个单元的连接键不同，也表现出一定化学性质的差异。化学反应过程中，有的表现得很活泼，可以发生键的断裂，有的化学性质却比较稳定。长期的研究表明，相同键的活泼性，还受木质素结构单元侧链对位游离酚羟基的影响。为此，许多科研人员把木质素结构单元分为酚型结构和非酚型结构来研究其不同的性能。

所谓的酚型结构单元，凡是木质素结构单元的苯环上含有游离酚羟基的叫酚型结构单元。其特点是结构单元苯环上含有游离的酚羟基，它能通过诱导效应使其对位侧链上的 α - 碳原子活化，当发生化学反应时，α - 碳原子反应能力比较强。如果 α - 碳原子连接的是芳氧基、烷氧基时，这里的醚键很容易断裂，当断裂后，在 α - 碳原子上存在羟基，其在化学反应时，极易再引起一些反应，并能引入一些离子。例如，用亚硫酸盐进行煮练时，木质素酚型结构单元侧链上的 α 芳基醚将会断开，并在该位置上引入 HSO_3^-，如果 α 位置上为羟基，则可直接在 α 位上引入 HSO_3^-。可见，酚型结构单元很容易引起化学反应。

所谓的非酚型结构单元，人们把凡是木质素单元中不具有游离酚羟基，而是以酚醚连接到相邻的单元的这类结构单元叫非酚型结构单元。非酚型结构单元的特点是苯环上的酚羟基上有了取代基，难以像酚羟基那样使 α - 碳原子活化。因此非酚型单元中存在的 α - 醚键、β - 醚键都比较稳定，或者说反应活泼性弱，即使 α 位置上是醇羟基，其反应能力也比酚型结构的羟基小很多，如果 α - 醇羟基又被醚化，则此位置就更难以发生化学反应。

因此，木质素的反应能力，与木质素的酚型和非酚型结构有很大的关系。如果使木质素大分子上含有更多的酚羟基或者尽量保护游离的酚羟基不发生缩合反应，将在很大程度上提高木质素的反应活泼性。

由于木质素分子中含有许多官能团和不饱和的化学键，且存在着酚型结构的苯环，因此总的来说，木质素的反应能力是非常强的，它能与含有 OH^-、SO_3^-、SH^-、S^{2-} 等的化学试剂发生反应，也能与一些离子发生取代反应。例如，漂白中氯的取代反应；在氧化反应中，与各种不同的漂白剂，如次氯酸盐、亚氯酸盐、双氧水等都可以发生化学反应。

（1）木质素与亚硫酸盐的反应。中性亚硫酸盐与木质素的反应仅限于酚型结构单元，与木质素起主要作用的是溶液中的 HSO_3^- 离子。它使 α - 碳原子的醚键断裂，生成 α - 磺酸，因此在中性亚硫酸盐中进行沸煮时，木质素上 α - 碳原子的磺化反应是一个非常重要的反应。

在该反应中，pH 的影响较大。当 pH 低于 7 或等于 7 时，反应是很慢的，只有在中性的条件下才能生成 α - 磺酸和 α、β - 二磺酸等。木质素中的部分不饱和的羰基等化学结构也可以被磺化。木质素经过上述与中性亚硫酸盐反应后，会转变成水溶性，从而可以从亚麻纤维中被水洗去除。

（2）木质素与碱液的反应。高温下木质素能与氢氧化钠反应。在此反应中，木质素中的多种醚键如 α - 芳基醚、α - 烷基醚、β - 芳基醚以及甲基芳基醚受羟基负离子的作用而断开，使木质素大分子发生降解，从而变成小分子的溶于水的物质而被去除。

（3）木质素与氯的反应。木质素在含氯的水溶液或气态氯的作用下漂白，不但是造纸行业中漂白的基本反应，也是亚麻酸性漂白的重要反应。

氯在水溶液中会生成次氯酸离子、氯离子等。氯是一种强氧化剂，木质素与氯的反应主要有以下几方面。

①苯环上的氯取代反应。这是氯水中的氯离子取代苯环上甲氧基的对位或邻位上的氢原子，其反应很快。

②木质素单元侧链上的氯取代反应。在氯水中，氯离子进攻苯环羟基对位的碳原子，可以取代脂肪族侧链，导致苯环与侧链的断裂，使木质素大分子降解成易溶的产物而易从亚麻纤维中被水洗去除。

③木质素醚键的氧化断裂。在氯水中，氯离子能使木质素分子中的 β - 芳基醚键氧化断裂，生成醌和相应的醇，而易从亚麻纤维中水洗去除。

④木质素脂肪族侧链脱落物的再氧化。木质素结构单元侧链的脱落物分子中含有原来的或者反应生成的醛基，在氯离子的进攻下，生成正碳离子中间产物后，最终形成相应的脂肪族羧酸，转变成水溶性的物质，易被水洗而去除。

（4）木质素的氧化反应。木质素能被许多氧化剂氧化。例如，亚麻纤维中相当量的木质素的去除就是借助于氧化性的漂白剂，如次氯酸盐、亚氯酸盐以及过氧化氢的漂白过程而完成的。尤其是亚氯酸钠漂白过程中产生的二氧化氯，对于去除亚麻纤维中的木质素效果更加明显。下面主要介绍这些氧化剂对亚麻纤维的木质素的氧化过程。

①次氯酸盐的氧化。由于次氯酸盐在碱性条件下存在次氯酸根离子，具有强烈的与有机物发生反应的能力，它可以作为一种亲核试剂与木质素反应。

②亚氯酸钠的氧化作用。亚氯酸钠在一定条件下会产生二氧化氯，二氧化氯具有很强的氧化作用，它可以使木质素直接氧化成醌型产物，使芳香环裂开生成己二烯二酸酯衍生物，使苯环上的甲基脱落游离出新的酚羟基，还会使木质素发生氯取代反应，苯环和侧链的脱落物会进一步被氧化成草酸、氯乙酸、反丁烯二酸等，从而使木质素具有一定的水溶性。因此，其氧化后基本上变成了小分子的能溶于水的物质，经过充分水洗就可以去除。

③过氧化氢的氧化作用。过氧化氢也是目前亚麻纤维织物漂白的良好试剂，其去除木质

素的效果也较好。它与木质素发生的氧化作用主要有：将木质素氧化成甲氧基对苯二酚，接着再氧化成甲氧基对醌；使一部分 α - 甲基香醇脱去乙醛直接形成甲氧基对苯二酚的形式；使苯环氧化，使甲氧基中的甲基氧化成甲醇而脱出，苯环氧化生成邻醌；使生成的中间产物继续氧化裂解，生成丙二酸、顺丁烯二酸、醋酸等羧酸；除此之外，也会使侧链氧化，生成羧酸的水溶性产物。

总之，亚麻纤维染整加工前去除木质素，一部分是在煮练过程中借助浓碱的作用去除，但绝大多数木质素是在漂白过程中借助漂白剂的氧化作用转变成溶于水的状态而被去除的。在各种氧化剂中，亚氯酸钠和过氧化氢的去除效果最佳。目前，亚麻厂主要采用亚氯酸钠和过氧化氢即亚氧双漂或双氧漂漂白工艺。

2. 半纤维素　半纤维素与纤维素都属于多糖类，都是通过苷键连接起来的大分子，在化学性质上有许多相同之处。但半纤维素的相对分子质量小，聚合度比较低，在适当条件下可以水解或生物降解，因此，与纤维素纤维又有很大差异。主要表现为：

（1）分子结构。纤维素是由单一的葡萄糖剩基通过苷键连接起来的均一的聚糖，而半纤维素是由两种或两种以上不同类型的糖通过苷键连接起来的非均一的聚糖。半纤维素分子含有较多的还原性端基，因此比纤维素纤维更易被氧化成羧酸。

（2）分子形态。纤维素纤维分子的直线性和平面性较强，而半纤维素分子往往带有较多的侧链和支链。纤维素纤维分子的聚合度很大，一般为几千或几万，半纤维素分子的聚合度较低，一般在 $150 \sim 200$。

（3）组分。纤维素纤维是细胞壁的重要组成部分，而且分子和分子之间形成了较多的氢键，为细胞壁的骨架支柱；半纤维素位于细胞壁骨架周围的基质中，起黏接作用。

（4）超分子结构。纤维素纤维具有的结晶区和无定形区，以微原纤的形式存在于细胞壁中；半纤维素不具有完整的结晶区和无定形区，几乎都呈无定形的状态存在。

（5）物理性质。纤维素纤维和半纤维素都具有羟基，都具有吸湿溶胀性，但由于水分子只能进入纤维的无定形区，因此，半纤维素的吸湿溶胀性要比纤维素纤维大很多。

（6）化学性质。由于纤维素纤维和半纤维素两者超分子结构上的差异，化学性质也有很大差异。半纤维素比纤维素更易被酸水解，且水解的产物也有很大的不同。纤维素水解的最终产物是葡萄糖，半纤维素水解的产物很复杂，主要是戊糖，其次是己糖等。

总之，由于纤维素与半纤维素的结构和超分子结构不同，半纤维素的性质要比纤维素的活泼性大很多。为此，在实际染整加工过程中，可以在一定的条件，彻底去除半纤维素，且不能损伤纤维素。这一点对亚麻纤维的前处理加工是十分重要的。

3. 果胶　果胶主要存在于亚麻纤维的初生胞壁和黏合细胞的中间层。韧皮亚麻纤维分子中果胶物质的含量与亚麻植物的成熟度有关，一般成熟度越高，果胶物质的含量越低，纤维素纤维的含量越高。

果胶物质的主要成分是高聚半乳糖醛酸的甲基酯，其中混有多缩阿拉伯糖、多缩半乳糖和其他多糖等杂质。果胶可以用热水、稀酸或草酸铵萃取，然后用酒精或丙酮从溶液中沉淀出来。在天然物质中，果胶以甲基酯的形式存在，但只有一部分羧基被酯化。果胶被分离出来，其中甲氧基的含量取决于酯化的程度，也与其来源有关，其变化范围在9%～12%，部分羧基形成钙盐或镁盐，当形成二价金属盐时，可能产生网状立体结构，此时果胶物质的溶解度降低。

在亚麻纤维中，纤维素被半纤维素层覆盖，它们之间以氢键连接。半纤维素对纤维素纤维的结构起稳定的作用，提高纤维素纤维的机械强度。果胶与半纤维素以氢键的形式连接，纤维素中的含氮物质与果胶也以氢键的形式连接，在纤维的细胞中起桥梁的作用，随着纤维的成熟，细胞壁间出现了木质素，它透过细胞壁与半纤维素和果胶物质形成共价键。由于果胶、含氮物质和木质素在中间层内形成化学键，影响亚麻纤维遇水溶胀的性能，降低了亚麻的可纺性。果胶物质很容易被霉菌和细菌作用，这也是亚麻生物沤麻中去除果胶物质的主要原因。

4. 含氮物质 在亚麻纤维中，含氮物质除了蛋白质及其裂解产物外，还有铵盐、硝酸盐和亚硝酸盐。亚麻纤维中含氮物质的含量一般以蛋白质计，约为1.5%，以氮计，为0.24%。亚麻纤维中含氮物质的含量比棉纤维中的高。

含氮物质在热水中煮一定时间，部分蛋白质就会发生水解，在碱存在的条件下，则会发生完全水解而被去除。在染整加工过程中，利用煮练过程的碱，含氮物质会发生水解而被去除，也可以利用蛋白酶的催化水解，将含氮物质从亚麻纤维中去除。

含氮物质与次氯酸钠作用会生成氯胺，生成的氯胺不易水解去除，而且会产生特殊的气味，最好在漂白前先将亚麻纤维中的含氮物质去除干净。如果有一部分含氮物质在漂白过程中生成了氯胺，可以用硫代亚硫酸钠或亚硫酸钠以及过氧化氢去除，不但去氯而且兼有漂白作用。

5. 脂蜡质 亚麻纤维中的脂蜡质主要是各种酯类、游离的脂肪酸、高级醇、碳氢化合物的混合物。它们均匀地分布在亚麻纤维中，不像棉纤维那样只分布在初生胞壁上。

脂蜡质的存在会影响亚麻纤维的润湿性与渗透性，不利于染整加工的顺利进行，因此在染整前处理加工前必须完全将其去除。脂蜡质常温下几乎全部为固体，但在煮漂过程中可以借助肥皂的皂化和乳化作用，将亚麻纤维中的脂蜡质去除干净，因此在亚麻纤维煮漂时一定要加入肥皂以及乳化剂等，以使脂蜡质更好地去除干净。

6. 灰分 亚麻纤维中的灰分主要存在于韧皮和亚麻的原茎中，它们主要是以磷酸盐和硅酸盐的形式存在。

金属盐在漂白过程中会加速双氧水的氧化分解，影响漂白效果，它也会和染料结合，使染料在染液中形成沉淀或影响染色和印花产品的色泽。因此在染整加工之前，应借助煮练以及煮练后的酸洗，使它们转化为溶于水的盐而被水洗去除。

7. 色素 亚麻纤维中存在着天然色素，这些天然色素会影响染色和印花产品的鲜艳度。天然色素之所以具有颜色是由于其具有很大的共轭体系，在氧化剂的作用下，它们会被氧化而破坏发色体系，从而达到消色的目的。这一过程是在漂白过程中实现的。

从以上分析可以看出，亚麻纤维中的化学组分与棉纤维的化学组分相同，但各种组分在不同纤维素纤维中的含量不同，不同纤维素纤维化学组分的含量见表2-2。

表2-2　不同纤维素纤维化学组分的含量（纤维的绝对干重，%）

纤维	纤维素	木质素	果胶	脂蜡质	含氮物质	灰分	水溶物
棉	94.0	无	1.2	0.5	1.0	1.1	1.0
亚麻	80.5	5.2	3.7	2.7	2.1	1.1	3.4
大麻	78.1	6.2	6.7	1.4	2.0	0.8	2.1

　　从表2-2可以看出，麻纤维中纤维素的含量要比棉纤维中的低，各种天然杂质的含量比棉纤维的高，其中亚麻纤维中的木质素、果胶、脂蜡质的含量要比棉纤维的高很多。这些杂质的存在，影响亚麻纤维的润湿性与渗透性，影响亚麻纤维后面的染整加工，因此亚麻纤维前处理的负担要比棉纤维的大。同时由于亚麻纤维属于韧皮纤维，其染整加工要求的条件也比较剧烈，前处理的过程也比较复杂。

第二节　亚麻纤维的性能

一、亚麻纤维的力学性能

　　纤维的力学性能与纤维的超分子结构是密切相关的。同样都是纤维素纤维，由于亚麻的取向度和结晶度比棉高得多，因此两者的许多力学性能存在着一定差别。

　　亚麻纤维的力学性能主要包括强力、断裂延伸度、弹性等。这些力学性能的好坏在一定程度上影响着亚麻织物的服用性能以及染整加工。

　　1. 强度　纤维强度是指纤维所能承受的最大负荷，即绝对强度。由于亚麻纤维的取向度和结晶度比棉、黏胶纤维等纤维素纤维的高，其强度应当很大。但纤维的强力与许多因素有关，如纤维的粗细、长短等，因此严格来说，纤维强度是没有可比性的。

　　通常所说的强度是指织物的断裂强度或撕破强度。断裂强度是指织物刚开始被拉伸断裂时的强度。撕破强度指的是织物切口处耐拉伸的能力。不同纤维或者即使是同一结构的纤维，如棉、黏胶纤维以及亚麻纤维，由于它们的超分子结构不同，断裂机理也不同，其断裂强度也不同。由于纤维素大分子的聚合度比较高，分子直线性和平面性很强，分子之间作用力也比较大，再加上纤维内部的取向度和结晶度都比较高，因此纤维受到拉伸时，由于单纯分子链的断裂或分子链之间的相对滑移而导致纤维的断裂并不是纤维断裂的主要原因。亚麻纤维的断裂机理应当与棉纤维的断裂机理相似，是由于亚麻纤维内部存在着许多缺陷、裂口、弱点，拉伸时，不可能均匀受力，而是首先在纤维的这些弱点处产生应力和应变能的集中，裂口逐渐扩大，分子链被拉断，而导致纤维的断裂。而黏胶纤维的断裂则是由于分子链段滑移而引起的。虽然棉和亚麻纤维的断裂机理相同，但由于亚麻纤维的取向度和结晶度比较高，内部的缺陷和弱点少，结构比较完整，因此亚麻纤维的断裂强度要比棉纤维高，耐用性持久。

可见，亚麻纤维的断裂强度比较高，而且从亚麻纤维的断裂机理不难看出，在潮湿的情况下，由于水分子对亚麻纤维的增塑作用，会在一定程度上改善亚麻纤维内部的原始缺陷，使原来存在于纤维内部的不均匀的内应力减小或消除，从而提高亚麻的断裂强度，因此亚麻的湿强比干强大。

2. 应力—应变曲线与纤维的断裂伸长 织物在染整加工和使用过程中，经常受到外力作用，一根纤维受到拉力时，就会伸长，纤维大分子中的分子链或基本结构单元就会沿着外力的方向重排，在纤维内部就会产生应力，把规定尺寸的试样用夹具夹住，并以一定的速度均匀拉长，直至试样被拉断时为止，把整个过程中应力与应变之间的关系曲线，叫应力—应变曲线。

处于完全玻璃态或完全结晶态的物质受力后，由于分子之间的距离很小，排列得比较整齐，分子之间的作用力很大，不可能发生旧的分子之间作用力的破坏，在新的位置上也不可能形成新的作用力，也就是说不可能产生永久性的形变，当外力去除后，形变会瞬间恢复，人们称之为虎克弹性形变。它的应力与应变之比是一个常数，叫弹性模量，它不但反应了材料抵抗形变的能力，也反应了纤维从形变中回复原状的一种能力。上述曲线的开始部分为直线，它的斜率即为弹性模量，表明了材料的刚性。

高分子物之所以在外力的作用下被拉伸，一方面是由于分子链的主价键或结构单元交链发生了形变，但范围很小；另一方面是由于分子链或结构单元取向的原因。在纤维素纤维中，亚麻纤维的取向度最高，原纤与纤维轴之间的夹角小于10°，所以亚麻织物的断裂延伸度最小。棉纤维中，原纤与纤维轴之间的夹角大多为20°~35°，所以断裂延伸度也稍高。

从上述纤维断裂和拉长的机理可以看出，不同纤维的取向度和结晶度不同，纤维的应力—应变曲线也不同。因取向度不同而产生的差别更大。一些纤维的应力—应变曲线如图2-2所示。

从图2-2可以看出，亚麻与棉纤维的应力—应变曲线都近似一条直线。亚麻的断裂强

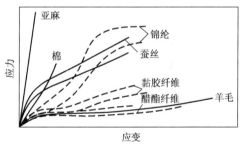

图2-2 一些纤维的应力—应变曲线

度和弹性模量特别高，断裂伸长和断裂功较小，显得硬脆，相比之下，棉纤维韧性较大，断裂强度和弹性模量较小。

3. 弹性 弹性是纺织纤维一项重要的力学性能，弹性是纤维从形变中回复原状的一种能力。弹性直接影响纤维的服用性能，弹性高的纤维所组成的织物外观比较挺括，穿着时不易起皱。由于弹性受外界环境因素影响较大，这里介绍的弹性是在20℃、相对湿度65%条件下的性能。

纤维素纤维受到小于断裂强度的外力作用时，就会产生形变，外力去除后，纤维形变可发生不同程度的回复，弹性大的纤维发生回复的程度比较大。纤维弹性形变的大小，通常用回复度表示：

$$形变回复度 = \frac{弹性形变}{总形变}$$

据有关资料介绍，纤维受到由低到高负荷的作用，即 2.3g/tex、4.5g/tex、9.0g/tex、13.5g/tex、18.0g/tex、22.5g/tex、27.0g/tex、36.0g/tex、45.0g/tex 的负荷的作用，增加负荷的速度为每分钟 90.0g/tex，当负荷增加到规定值时，保持该负荷作用 0.5min，然后以同样的速度去除负荷，并放松 1min，度量纤维长度的变化。接着再增加负荷，重复进行。在上述情况下所测得的不同纤维的形变回复度与应力及形变的关系如图 2-3 和图 2-4 所示。

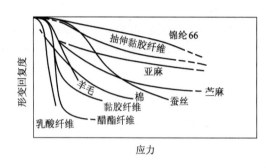

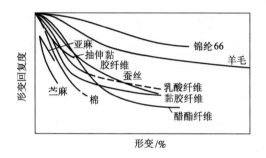

图 2-3　一些纤维形变回复度与应力之间的关系　　图 2-4　一些纤维形变回复度与形变的关系

从图 2-3 和图 2-4 中可以看出，在形变回复度相同的情况下，麻类纤维的弹性最差。在应力相同的情况下，麻类纤维的弹性较高。

从纤维素纤维的分子结构来看，主链上具有糖环，糖环上又具有羟基，分子间可以形成大量的氢键，内旋转较困难，在一般的情况下，其处于玻璃态，不能产生明显的弹性形变。而麻纤维由于具有较高的取向度和结晶度，具有较大的弹性模量，能够忍受较大的应力作用而不发生较大程度的形变，放松后能立即回复原状，具有较好的弹性。但只有当应力在屈服应力以下时，才表现出上面的弹性性能。

但当应力在屈服应力以上时，对于纤维的结晶区来说，分子与分子之间排列得比较整齐，分子之间的氢键以及其他作用力很大，一般可以共同承担外力，不会引起分子链段或基本结构单元之间的相对位移，分子之间的作用力不会被破坏，只发生较小程度的形变，一旦外力去除后，会依靠原来未被破坏的分子之间的作用力使纤维立即回复成原来的状态；而对于纤维的无定形区来说，分子排列得比较混乱，分子之间的距离较大，分子之间的氢键以及其他作用力较弱，受到外力的作用时，共同承担外力的能力较差，而是沿着外力的方向依次受力，使大分子与邻近大分子之间的作用力被破坏，导致分子链段或基本结构单元之间发生位移，运动到新的位置上，在新的位置上产生一定稳定性的新的分子间作用力。当外力去除后，一部分形变依靠原来分子之间部分未被破坏的作用力得到回复，而另一部分形变由于新位置上分子之间作用力的阻滞作用而不能回复，导致织物产生一定的折皱。由于亚麻织物的刚性比较大，在超负荷外力的作用下，会产生不能回复的形变，即产生永久性的折皱，这是亚麻织物容易起皱的主要原因。

亚麻织物折皱的形成严重影响了其服用性，目前有关亚麻织物防皱整理的研究的兴趣与热情与日俱增。

二、亚麻纤维的化学性质

由于纤维素纤维的分子中含有大量的羟基，再加上链节间的苷键，使纤维素纤维具有很强的化学活泼性。纤维素纤维发生化学反应主要是羟基发生类似于有机化学的酚羟基的反应、苷键类似于醚键的断裂反应以及纤维末端还原性基团的氧化反应。

1. 亚麻纤维的吸湿溶胀性　亚麻在空气中可以吸收水分，其水分的含量可以用回潮率来表示。回潮率是指纤维中所含水分对绝干纤维重量的百分比。

亚麻纤维之所以可以吸湿，是因为亚麻纤维的大分子中含有羟基，羟基是纤维吸湿的原始中心。纤维中的羟基初期吸收水分相当于单分子层吸附，随着羟基上吸附水分子的增多，水分子又可以作为活化中心，继续吸附水分子，发生多分子层的吸附，而且纤维素的吸湿溶胀只发生在纤维的无定形区，水分子是难以进入纤维结晶区的。随着水分子进入纤维无定形区的内部，无定形区分子之间的作用力被削弱，其结果会引起纤维体积的膨胀。

2. 亚麻纤维对酸的稳定性　纤维素纤维对酸的稳定性比较差，在酸作用的情况下，主要发生苷键的断裂反应，其反应过程可以表示为：

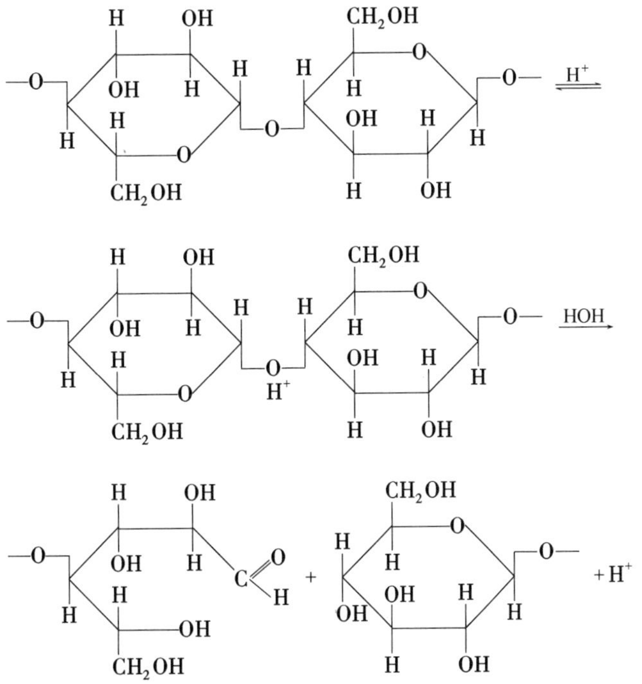

从上面反应可以看出，在酸存在的情况下，会引起纤维聚合度和相对分子质量的下降，分子链段变短，导致分子中潜在醛基增加，因此可以通过测量纤维素纤维的相对分子质量和还原性来反映纤维素纤维被酸降解的程度。

在此反应中，质子酸只起到催化剂的作用，它不会随着反应过程的进行而减少，如果没有其他化学反应发生的话，酸性水解反应会一直进行下去。所以经过酸处理后，水洗一定要充分，否则会使纤维素发生较大程度的水解，纤维的强力会大幅度降低。

总的来说，纤维素纤维对酸比较敏感，影响纤维素酸性水解稳定性的因素很多，主要有酸的种类、温度、浓度、时间等因素。

无机酸的性质不同，使纤维素发生降解的程度也不同。一般认为强的无机酸，如硫酸和盐酸等的作用最为强烈，磷酸较弱，硼酸更弱；至于有机酸，即便是强酸（如蚁酸等）对纤维素纤维的作用也是很弱的。温度越高，酸性水解的程度越大，温度在 20 ~ 100℃，随着温度的升高，水解的程度加大，温度每提高 10℃，水解的速率可以提高 2 ~ 4 倍。酸的浓度也会影响水解反应速率，当酸的浓度在 3mol/L 以下时，水解反应速率与酸的浓度几乎成正比，但当酸的浓度大于 3mol/L 时，水解的速率比酸的浓度增大得还要快。时间对水解速率也有影响，在其他条件相同时，水解的程度与时间成正比。只要制订合理的工艺条件，既能完成相应的染整加工过程，又不会严重损伤亚麻纤维。

3. 亚麻纤维对碱的稳定性　纤维素纤维所有的染整加工过程几乎都是在中性或碱性条件下进行的，特别是亚麻纤维的前处理过程，如退浆、煮练以及漂白、丝光过程都是在碱性情况下进行的。相对来说，纤维素纤维比较耐碱，但这种稳定性也是相对的。

如果有氧存在时，碱就成为纤维素纤维氧化的催化剂。而此时纤维素纤维的氧化分解首先发生在纤维素大分子还原端的葡萄糖剩基上，断裂后除了分裂出一个葡萄糖剩基外，还会产生一个新的还原端，使降解反应在此还原端继续进行，使纤维素的聚合度继续下降，导致纤维的降解；如果没有氧存在时，纤维素纤维会比较稳定。纤维素纤维在碱溶液中会发生溶胀，主要是因为纤维素纤维中的羟基具有弱酸性，能与氢氧化钠作用，变成碱性的水解纤维素，分子中原来的羟基变成氧负离子钠盐的形式。如下所示：

$$\text{纤维素} —OH + NaOH \longrightarrow \text{纤维素} —ONa + H_2O$$

众所周知，钠离子的水化能力很强，它的周围具有一层很厚的水合层，当它与纤维素大分子结合后，大量水分子被带入纤维内部，这种溶胀与水的作用并不完全相同，水不仅能进到纤维的无定形区内部，拆散分子间的作用力，而且在浓碱的作用下，水分子也能深入纤维的晶区，克服晶体内的部分作用力，使结晶区发生一定程度的变化，一般会导致结晶区的含量降低，无定形区的含量增大，使纤维素纤维对染化药剂的吸附能力加强，有利于染整加工过程的进行。而对于亚麻纤维来说，由于其本身具有一定的光泽，用浓碱在无张力或低张力的情况下进行丝光，其主要目的不是提高织物的光泽，而是使亚麻纤维发生溶胀，从而改善亚麻纤维结构紧密、不利于染色的特点。但丝光也会导致亚麻纤维结晶度和取向度下降，强力降低。据有关资料介绍，与棉纤维相比，亚麻在浓碱中比棉的溶胀性更好。因此经过浓碱处理后，亚麻纤维的化学活泼性增加得更多，对亚麻纤维各种力学性能指标的影响会更加显著，这一点在实际染整加工过程中要特别注意。

4. 亚麻纤维对氧化剂的稳定性　纤维素纤维在强氧化剂的作用下，最终可以被氧化成二氧化碳和水。从分子结构方面来考虑，在葡萄糖剩基的第六位碳原子上有一个伯羟基，在第二、第三位碳原子上各有一个仲羟基，经过较缓和氧化剂的作用可以发生如下反应：

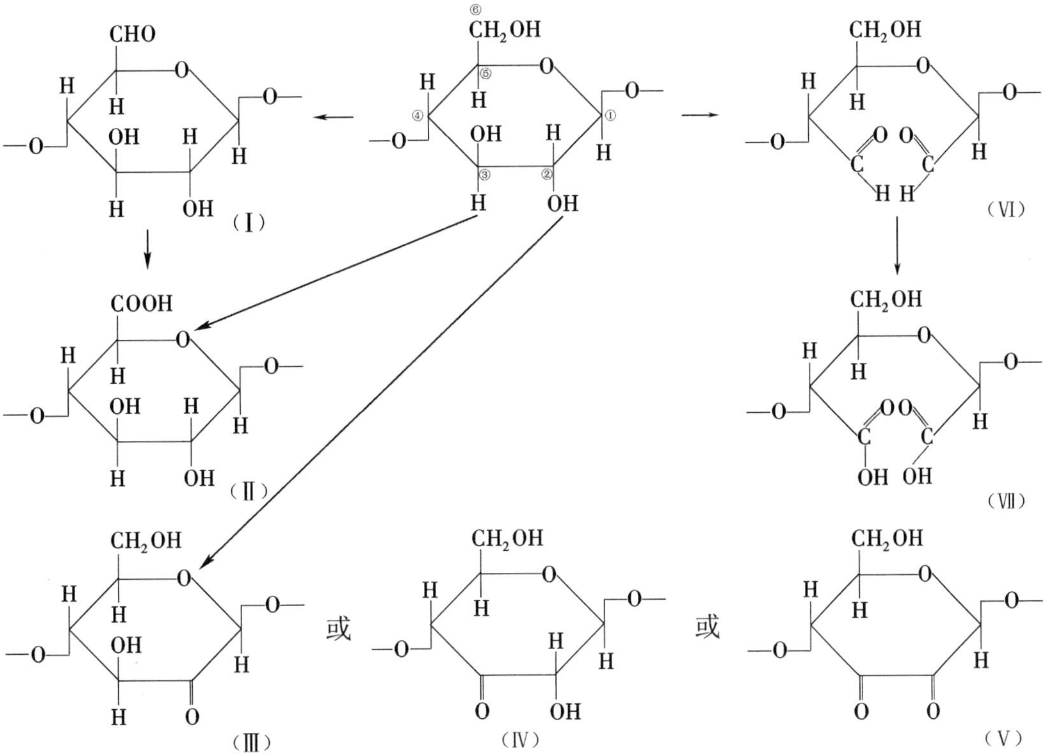

在一定的条件下，氧化剂能使纤维素纤维发生氧化降解，生成氧化纤维素，从而使相对分子质量和强度下降。但若选择适当的稳定剂，工艺条件控制合理，可以在破坏纤维中天然色素的同时，不对纤维造成氧化损伤，染整加工过程中的漂白就是利用这种作用实现的。

可见，纤维素纤维的氧化反应主要发生在纤维素分子链中的葡萄糖环上的伯醇羟基或仲醇羟基上。此外，纤维素大分子末端醛基的还原性也有可能对纤维素的氧化反应有一定的贡献。而且与纤维素纤维的水解反应很相似，纤维素纤维的氧化作用也主要发生在纤维的无定形区或晶区的表面。

但与水解反应不同的是，氧化反应并未真正地发生分子链的断裂，只发生葡萄糖环的破裂，对纤维的强度不会产生太大的影响。但一旦经过碱处理，纤维强度即会发生大幅度下降，人们把纤维素纤维的这种损伤，叫潜在损伤。因此对于亚麻纤维来说，要测定纤维素纤维在漂白过程中所造成的损伤，就要测定漂白后亚麻纤维经过浓碱处理后在铜氨或铜乙二胺溶液中的黏度，才能真实地反应亚麻纤维在漂白过程中所受到的实际损伤。因为铜氨或铜乙二胺溶液中的黏度只能反应纤维素被损伤断裂的程度，不能对氧化作用对葡萄糖环的破坏做出准确的判断。

5. 亚麻纤维的酯化、醚化、接枝等反应　纤维素纤维分子中具有许多醇羟基，可以发生以下反应。

（1）与酸、酰氯、酸酐、环氧乙烷以及活化乙烯发生醇羟基的酯化或醚化等反应。例如，纤维素纤维可以与下列试剂进行反应：

$$+ HNO_3 \xrightarrow{H_2SO_4} 纤维素—ONO_2 （纤维素硝酸酯） + H_2O$$
（再生纤维，火药棉）

$$+ H_3PO_4 \longrightarrow 纤维素—O—H_2PO_3 （纤维素磷酸酯） + H_2O$$
（防火整理）

$$+ (CH_3CO)_2O \xrightarrow{H_2SO_4} 纤维素—OCOCH_3 （纤维素醋酸醋） + CH_3COOH$$
（再生纤维）

$$+ RCOCl \xrightarrow{NaOH} 纤维素—OCOR （纤维素羧酸酯） + NaCl + H_2O$$
（防水整理）

纤维素

$$+ Cl—\underset{\substack{\\}}{\overset{Cl}{C}}\cdots—C—R \xrightarrow{OH^-} 纤维素—O—C\cdots C—R + 2Cl^- （活性染料染色）$$
（纤维素二氯均三嗪衍生物的酯）

$$+ (CH_3)_2SO_4 \xrightarrow{NaOH} 2 （纤维素—OCH_3） （纤维素甲醚） + Na_2SO_4 + H_2O$$
（浆料）

$$+ CH_2O \xrightarrow{酸} 纤维素—O—CH_2—O—纤维素 （纤维素亚甲醚） + H_2O$$
（防皱整理）

$$+ ClCH_2COOH \xrightarrow{NaOH} 纤维素—O—CH_2COOH （纤维素羧甲醚） + NaCl + H_2O$$
（浆料）

$$+ RCONHCH_2OH \xrightarrow{酸} 纤维素—O—CH_2NHCOR （纤维素亚甲酰胺醚） + H_2O$$
（防皱整理）

$$+ [RCONHCH_2—\overset{+}{N}\text{（吡啶）}] Cl^- \xrightarrow{酸} 纤维素—OCH_2NHCOR （纤维素亚甲酰胺醚） + \text{（吡啶）} + HCl$$
（防水整理）

（2）接枝聚合反应。由于亚麻纤维的结晶度、取向度高，再加上它的皮芯结构，因此亚麻纤维的最大缺点就是染色困难。在实际生产中，为了改善亚麻纤维的染色性能，赋予亚麻一定的防水、防火、阻燃性能，有时需要在纤维素的大分子中引入一些其他结构的单体或官能团，对其进行接枝改性。

亚麻纤维的接枝改性指的是在纤维素大分子上接上一些聚合体或官能团的反应。例如，可以在亚麻的大分子中引入一些负性的基团，使之可以用阳离子型染料染色。

6. 对于还原剂及盐的稳定性　纤维素纤维对还原剂及盐来说一般比较稳定。在通常的染整加工过程中所使用的还原剂和盐都不会造成纤维的断裂降解。

纤维素纤维受阳光强烈照射时，会引起纤维聚合度下降；受到霉菌侵蚀会发生损伤，严重的时候会使强力降低或使纤维表面产生色斑。

总之，亚麻纤维无论是对酸、碱、氧化剂还是对还原剂等的稳定性都是相对的，在实际染整加工过程中，要善于利用这些化学反应，制订合理的工艺条件，保证纤维素纤维不发生降解，强力不发生明显的下降，使纤维不受或少受损伤。

第三章　可纺性亚麻纤维的生产工艺

可纺性亚麻纤维的生产工艺又叫亚麻初加工。其工艺流程如下：

亚麻原茎→选茎与束捆→沤麻（浸渍脱胶）→干燥→养生→

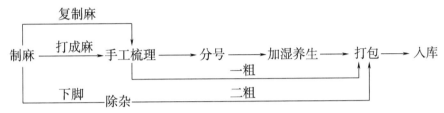

打成麻再经手工梳理，分号成束后打成包入库。打成麻经手工梳理后，落下或梳下的紊乱亚麻纤维，俗称一粗。机械打麻产生的落麻经短麻处理机处理后，成为亚麻二粗。亚麻二粗经打包后可发往纺纱厂或其他工厂。亚麻初加工生产工艺对于亚麻纺织工作者来说是至关重要的。

第一节　亚麻原茎、选茎和捆麻

亚麻纤维是生长在韧皮植物上的纤维，亚麻原料的初加工就是从亚麻茎中提取具有可纺性的亚麻纤维。亚麻原料脱胶前叫亚麻原茎，简称原茎。亚麻原茎的形态特征在一定程度上决定了亚麻纤维的含量和质量。

亚麻原茎的长度分为总长度和工艺长度。总长度指的是由子叶痕到花序最上端之间的距离。工艺长度指的是子叶痕到花序第一分枝基部之间的距离，这段长度是最有价值的。

亚麻原茎的长度因品种和栽培条件的不同而不同，一般为 50～100cm。在一定条件下，工艺长度越长的麻茎，其纤维长度越长，打成麻的出麻率越高，强度和麻号也越高。但对于沤麻没有太大的影响。

亚麻茎的粗细用亚麻直径的大小来表示。一般亚麻直径的测量是在子叶痕向上到麻茎工艺长度 1/3 处进行的。不同的亚麻纤维，直径的差别较大，直径一般在 0.8～1.2mm，中茎的直径一般为 1.2～2.0mm，2.1mm 以上的为粗茎。在其他条件相同的情况下，麻茎越粗，纤维的含量越少，见表 3-1。

表 3-1　亚麻纤维的直径与纤维的含量

亚麻的平均直径（mm）	0.6	0.9	1.3
纤维含量（%）	36.2	30.7	27.1

麻茎中麻纤维的含量在一定条件下也与长粗比有关，亚麻茎的长粗比指的是麻茎长度对直径的比值。一般来说，麻茎的长粗比越大，麻茎中纤维的含量越高。

原茎的色泽也是其质量和成熟度的重要标志。正常环境下生长出来的亚麻原茎一般为浅黄色到绿黄色。但由于生长条件千变万化，亚麻茎会具有不同的色泽。不同颜色的亚麻原茎其纤维的含量不同。

黄色茎：正常栽培和收获的亚麻，在日光下干燥适当、处理良好的亚麻原茎的颜色一般为浅黄色到黄绿色。在其他条件相同的情况下，这种颜色的亚麻原茎出麻率最高。

绿色茎：绿色茎分为适期绿色茎和非适期绿色茎。适期绿色茎是指亚麻种植在含氮过多的土壤里，麻茎粗壮并呈浅绿色，这种茎木质部分比较复杂，韧皮纤维束排列疏松，纤维粗糙，出麻率低；非适期绿色茎指的是成熟期收获的茎，这种茎虽然出麻率比较低，强度小，但由于纤维比较细软，长麻平均号较高；过分晚播的晚茎，生长期短，纤维含量低且质量差；对于未能及时收获而又连遭雨天，造成亚麻返青的叫倒青茎，不仅出麻率比较低，而且质量低下，麻纤维粗硬。

褐色茎：由于过熟、病害或干燥过程中保存不好，会使亚麻原茎呈现黄褐到黑褐色，这种麻茎在加工时一般出麻率比较低，纤维粗硬、脆弱。

麻茎分枝的多少也标志着亚麻茎质量的好坏。麻茎分枝多，木质部分发达，纤维含量少，质量差。打麻时，分枝部分的麻纤维脆弱，容易断裂，这样会导致长麻的出麻率低。用于纺织纤维的亚麻原茎的梢部一般最多含有4~5个分枝，有的亚麻原茎密植生长，不会长出分枝。

亚麻原茎的粗细、色泽以及麻茎组织结构的区别，会影响亚麻原茎沤麻时间的长短和沤麻质量，也会影响以后机械加工的过程和质量。较粗干茎在破茎机上破碎时不需要太大的压力，反之需要较强的压力。不同的亚麻原茎采用相同的沤麻工艺，沤麻质量即去除果胶的程度不同。因此，在沤麻前要根据亚麻原茎的外观形态进行选茎，以达到沤麻所需要的均匀一致性，即使栽培条件相同的亚麻也要进行选茎。

从理论上说，应根据亚麻原茎的粗细、色泽、长短进行选茎，但不同厂家有不同的选茎标准，有的按照亚麻的粗细进行选茎，有的是按照亚麻原茎的颜色进行选茎。

选茎之后，应根据外观形态，以300~500g为一麻把进行捆麻。捆麻之后分成等级，准备进行沤麻。

第二节　沤　麻

沤麻又叫浸渍或脱胶。麻为韧皮纤维，韧皮中除了含有纤维素，还含有半纤维素、果胶、木质素等非纤维素成分，这些非纤维素成分统称为胶质。去除胶质的过程叫脱胶。脱胶一般在亚麻厂的专门车间进行。

沤麻的基本原理是利用微生物分解的果胶酶来分解亚麻原茎中的果胶物质。酶是生物体内的蛋白质，具有催化的高效性和专一性。一般来说，果胶酶包括以下几种：

（1）原果胶酶。能够水解不溶性的原果胶为水溶性的果胶。

（2）果胶酯酶。能够催化水解果胶分子中的甲氧基与半乳糖醛酸之间的酯键，形成半乳糖醛酸和甲醇，进而转变成小分子的溶于水的物质。

麻纤维通常采用化学脱胶和酶脱胶。沤麻的方法主要有温水沤麻、雨露沤麻、酶法沤麻、化学助剂沤麻、高温水解沤麻、汽蒸沤麻等方法。

一、温水沤麻

温水沤麻的方法大致分为三个阶段，即物理阶段、前生物阶段和主生物阶段。

1. 物理阶段 物理阶段即将亚麻原茎用 30 ~ 32℃的温水浸泡 6 ~ 8h。在此阶段，亚麻溶胀，表皮破裂，麻茎内部空气被排除到液面，可溶性物质及矿物质也从麻茎内部逐渐扩散到水中，从而为各种细菌繁殖创造适宜的环境。

2. 前生物阶段 物理阶段溶解下来的物质，为微生物发酵和细菌繁殖创造了一定的条件，这一阶段是将可溶性物质经球菌发酵转变成酸性物质。而麻茎的组织并没有发生任何变化，但为后面的主生物阶段奠定了基础。

3. 主生物阶段 主生物阶段主要是借助大量繁殖的果胶分解酶对果胶物质进行发酵。

二、雨露沤麻

雨露沤麻是将一定厚度的亚麻原茎铺放在大地上，利用自然界中的雨水和露水润湿原茎，供给微生物繁殖所需要的水分。在春秋温度不太高的多雨季节，利用果胶分解菌，在适宜的温度（一般为18℃）、湿度（50% ~ 60%）和光照的自然条件下，半个月或 1 个月左右的时间可以达到脱胶的工艺要求。

这种方法无污染，节约能源，麻的颜色比较自然，这是温水沤麻所无法比拟的。但沤麻质量难以控制，受自然环境因素的影响大。

三、酶法沤麻

酶法沤麻是在温水沤麻的过程中，在温水中加入1%左右的酶制剂进行发酵。酶法沤麻比单独用温水沤麻时间短很多。

四、化学助剂沤麻

化学助剂沤麻是指在沤麻水中加入一定量的化学助剂，如在沤麻水中加入40%的碳酸铵、25%的尿素、20%的磷酸铵、15%的硫酸铵，会大大加快沤麻速度。

五、高温水解沤麻

高温水解沤麻是将麻茎在高温高压的水中（0.25MPa，126 ~ 138℃）处理，使果胶物质发生水解，从而达到脱胶的目的。

六、汽蒸沤麻

汽蒸沤麻法的基本过程为：原茎立装于高压罐内，浸泡1h后排水，在0.25MPa压力下汽蒸75min，从汽蒸10min后，每间隔8~10min喷淋1.5~2min。汽蒸结束后，排气、注水，再浸泡30min，然后出茎进行压洗。

亚麻原茎脱胶的方法虽然很多，但目前应用比较广泛的是雨露沤麻法和温水沤麻法。其中雨露沤麻法应用最为普遍，这种方法虽然受天气的影响较大，但节约能源、绿色环保，并可机械化连续作业。

亚麻韧皮经过脱胶即沤麻后，已经去除一部分杂质，沤麻前后亚麻原茎中各种组分的含量见表3-2。

表3-2　沤麻前后亚麻原茎中各种组分的含量（对绝干纤维重，%）

成分 \ 资料来源 \ 类别	未经沤麻		沤麻后	
	日本	东华大学	前苏联	日本
纤维素	62.8	65.86	70~88	71.3
半纤维素	17.7	16.09	8~11	18.5
果胶	4.2	2.69	0.4~4.5	2.0
木质素	4.2	7.80	0.8~5.5	2.2
脂蜡质	2.8	3.07	2~4	1.7
水溶物	1.4	4.99		4.4
含氮物质	11.9			
灰分		0.26		

第三节　制　麻

亚麻原茎沤麻后进行干燥，从亚麻干茎中制取纤维的过程叫制麻。沤麻干燥后从养生到入库的加工工序，统称制麻。

所谓养生就是把干茎烘到一定的回潮率（8%）后，再加湿一段时间，使所有麻茎都达到均匀一致的潮湿状态，以利于破茎。养生的目的是为了增加韧皮部强力，突出韧皮部与木质部的弹性模量即抗弯折能力，为下一步打麻创造适宜的工艺条件，使麻茎在机械破坏过程中，纤维能承受各种力的作用，减少对纤维的损伤，使纤维易与木质部分分开，从而获得较高的长麻率和优质的纤维。

干茎养生之后就进行机械打麻。机械打麻是在打麻联合机上进行的。打麻联合机是由喂麻机、揉麻机和打麻机组成的。由人工将干茎均匀连续地喂入喂麻机，喂麻机将麻层进一步铺开、拉伸成薄层，自动送给揉麻机进行破茎，破坏麻茎结构，进入打麻机打麻，制取的长纤维叫打成麻。从中挑出一些含杂超标的用手工轮式打麻机进一步加工。打麻联合机的下脚料含有大量的短纤维，再经过短麻联合机或脱麻机进行加工，加工出的短纤维叫亚麻二粗。

对下机的打成麻进行梳理主要有三个目的：第一，按打成麻的强力、长度、色泽和成条性进行挑选，并挑出杂草和复制麻；第二，整理梳理纤维，使纤维平行顺直，并清除短的、零乱的纤维；第三，将不同质量等级的打成麻，按规定的重量分别捆扎成捆，在手工梳理的过程中被梳掉的短纤维叫亚麻一粗。

梳理后的打成麻，按感官性能标准评定质量等级，称为分号，分号之后进入养生室中进行养生，以提高打成麻的回潮率，改善纤维的性能，此后就进入打包入库工序，完成亚麻的初加工过程。

第四章 亚麻纺纱系统与设备

第一节 概 述

在亚麻纺纱系统中，常把亚麻打成麻加工成细纱的过程称为亚麻纺纱工程。亚麻纺纱系统较为繁杂，其特点是把亚麻工艺纤维经梳理、分劈、除杂、混并、牵伸等作用制成具有一定捻度和强度的粗纱（细纱），或把粗纱经煮练（漂白），再进行牵伸加捻制成细纱。

为了适应亚麻纺纱工艺的要求，使纺纱顺利进行，在亚麻纺纱中，采用的是亚麻工艺纤维的纺纱。所谓工艺纤维，是若干原纤维（单纤维）依靠果胶黏连而成的纤维束，表面具有竖纹与横节特征。

亚麻纺纱厂所使用的原料为亚麻打成麻。亚麻打成麻是亚麻原茎经浸渍脱胶（沤麻）并经过养生的亚麻干茎经碎茎和打麻，把麻茎的木质部分与表皮打净加工制成的长纤维。制取亚麻打成麻是在亚麻原料厂完成的。

第二节 打成麻的品质和梳理

一、打成麻品质的评定

1. 打成麻品质 亚麻打成麻的物理性能主要有强度、长度、分裂度（细度）、可挠度（柔软度）和含杂率等，感官性能主要有柔软度、长度、成条性、整齐度、洁净度和色泽等。所有指标都是对工艺纤维而言的。

（1）强度。强度是亚麻打成麻品质最主要的指标。测强度时将打成麻做成长 270mm 和重 420mg 的麻束，在 YG015 型强力机上进行断裂拉伸试验，夹持距离为 100mm，共做 30 次。其打成麻的断裂强力一般在 127~343N。

（2）长度。亚麻的栽培条件和初步加工情况决定了打成麻的长度。一般以工艺纤维的长度整齐度好为佳。打成麻的长度一般在 500~900mm。

（3）分裂度（细度）。即亚麻工艺纤维的粗细情况，它取决于亚麻的初步加工工艺及收获期。细度采用中段切断称重法求得，也可以采用适于测定打成麻分裂度的细度气流仪，该方法简便、快速。

在亚麻纺纱过程中，亚麻工艺纤维在各工序中不断地分劈变细，因此亚麻纤维的分裂度在各工序中是不同的。

（4）可挠度（柔软度）。这项指标能反映打成麻的柔软程度，与亚麻的生长过程及脱胶工艺有密切关系。一般来说，可挠度高的工艺纤维的可纺性好。

（5）含杂率。含杂率是打成麻中含有杂质数量的情况。加工不足的麻中，麻屑也计算在含杂率中，亚麻纤维含杂率一般控制在 10% 以下。

（6）密度。密度即单位体积打成麻所具有的重量。密度高表示亚麻工艺纤维中含有原级纤维的数量多，组织紧密，强度高，可纺性好。亚麻打成麻的密度是 $1.37g/cm^3$。

（7）成条性。成条性指亚麻工艺纤维的排列程度及可分离性。它取决于亚麻的生长条件和初加工工艺。凡成条性好的纤维，外形呈扁平带状，截面呈明显多角形，彼此间平行顺直，不散乱，易分离。

（8）色泽。色泽指打成麻的颜色和光泽。亚麻的颜色中，雨露麻以灰白色为基调，温水沤麻以黄褐色为基调。颜色均匀一致、淡而有光泽表示其色泽好。目前，国内外都以仪器评定为主，加以感官评定来确定打成麻的麻号。

2. 产品质量等级

（1）温水亚麻打成麻分为 18 个号。即 3、4、5、6、7、8、9、10、11、12、13、14、15、16、17、18、19、20 号。

（2）雨露亚麻打成麻分为 9 个号。即 4、6、8、10、12、14、16、18、20 号。

（3）麻号评定及升降办法。

①对温水亚麻打成麻用感官鉴定结合强度条件决定麻号。

②对雨露麻打成麻以感官鉴定为准。

③感官鉴定时，按照我国 DB/2300 W31 002—1987 标准对照实物标样评定麻号。平均号数允许误差 ±0.25 号，否则升降到相应的号数，但升号时不能低于所升号数的强度条件。

④强度低于规定最低指标时，降到符合强度限度内的最高号数。

二、打成麻梳理前的准备

纺纱厂所用的亚麻原料——打成麻，应具备的条件为：

（1）工艺纤维的长度、分裂度、强度等指标应该较高，均匀度要好。

（2）尽可能将纤维内的不可纺物质（麻屑、草杂、麻皮等）清除干净。

（3）按照纺纱工艺的要求，工艺纤维应具有一定的回潮率和含油率。

目前，亚麻纺纱厂打成麻梳理的工艺流程为：

亚麻打成麻→加湿养生→分束→栉梳→梳成长麻（梳成短麻）→重梳

打成麻梳理前的准备工作是指加湿、给乳、养生、分束等工序。

1. 纤维的加湿、给乳与养生　亚麻工艺纤维的加湿、给乳及养生是在纺纱厂的亚麻原料库中进行的。就是把存储在原料库中的麻纤维给予一定量的乳化液，在库中存放 24h 左右进行养生，使纤维具有一定的强度、油性、成条性、吸湿性，消除纤维的内应力，以利于纤维的梳理。

（1）加湿、给乳的目的。

①增加纤维的湿度，使纤维达到纺纱工艺要求的回潮率，以提高纤维的强度、柔软性和弹性，消除纤维的内应力，使纤维在梳理时，不致过多地断裂，提高梳成长麻的制成率。

②使乳化液浸湿在纤维表面，以减少梳理过程中纤维与纤维间、纤维与梳针等机件间的摩擦，防止产生静电现象，以利于纺纱顺利进行。

③提高栉梳机的梳成长麻率，降低落麻率（即减少机器短麻）。

（2）对乳化液质量的要求。

①乳化液既不能产生沉淀，也不能挥发。

②乳化液应具有良好的渗透性。

③乳化液不得有妨碍纺纱及损坏喷洒设备的杂质。

④乳化液最好呈中性，不损伤纤维。

⑤在煮漂和染整加工中易于被除去。

（3）加湿、给乳的方法。通常用喷洒法，将容器中的乳化液通过齿轮泵或其他压力泵的作用，经导管由喷嘴喷出成雾状喷洒在亚麻纤维上，达到加湿、给乳的目的。

（4）亚麻纤维的养生。

①养生：麻纤维经加湿后各部分含有的乳化液是不均匀的，为了使乳化液均匀地渗透到纤维的各部分，需将加湿后的纤维进行一定时间的堆仓放置，这一过程即谓养生。

②对养生的要求：养生时间应根据亚麻纤维的特性、加湿的均匀程度、养生室的温度等条件来决定，一般堆放18~24h。养生后的打成麻，其回潮率应达到冬季15%~17%，夏季17%~19%；养生时间通常为18~36h。

2. 打成麻的分束

（1）分束的目的。梳理前，由专门的分束工人将成捆养生后的打成麻分成一定量的小麻束，以适应栉梳机的喂入要求，并将不符合质量要求的麻纤维及杂草等杂质挑出。麻束的重量均匀与否，不仅直接影响栉梳机的梳成率，也影响后续工序的进行。

（2）分束的重量规定。麻束的大小取决于打成麻的长度、品质及栉梳机上夹麻器的长度，还与成条机的工艺要求有关。在纤维较长、品质较好且夹麻器较长、梳理区宽度较宽的条件下，麻束可重些，应根据成条机的工艺要求、栉梳机的梳成率、梳理质量，规定出适宜的麻束重量，这样可使梳成长麻在放到成条机的喂入帘时，不需重新分束，可以减少成条喂麻工作的负担并提高工作质量和效率。

三、亚麻的梳理

1. 打成麻栉梳的目的

（1）从打成麻中梳出长而整齐、强度高且品质较好的梳成长麻和纤维短而杂乱、品质较差、具有较多尘杂的短麻（即机器短麻或梳成短麻）。

（2）将打成麻进一步分劈成较细的工艺纤维，提高纤维的分裂度，增加细度、均匀度。

（3）使打成麻伸直平行，满足纺制高品质细纱的要求。

（4）清除杂质（麻屑、残留表皮）及不可纺的麻茎组织和紧密纠缠的短纤维。

（5）改善梳后亚麻的纤维状态和结构，并按梳成麻的品质及可纺性对梳成长麻和机器短麻分别评号。

2. 栉梳的方式 打成麻梳理是借助栉梳机上钢针无数次作用其上而实现的。通常有以下两种梳理方式：

（1）栉梳机梳理。栉梳机梳理主要是指栉梳机针板上有钢针的针栉对纤维的梳理，梳针沿纤维的横向刺入，然后在机械的作用下沿着纤维的纵向移动，将纤维分梳开，并使纤维伸直平行。长度较短的、品质较差的纤维被梳下成为落麻，同时麻屑、麻皮等杂质被清除掉。针板上梳针的栽植密度逐渐增加，细度逐渐降低，因而达到了循序渐进、逐步细致的梳理。这是提高梳成长麻率、获取高质量梳成麻所必需的。

（2）手工梳理。其方式是梳针固定，纤维束被人工握持从梳针中拖过，使梳理得以实现。这种方法由于人力所限，梳理作用差，一般工厂已不采用此方法。

对于梳成长麻和机器短麻，根据其工艺要求，也采用上第二次栉梳机进行重梳，达到纺纱所要求的工艺，以利于完成后道工序。

3. 打成麻栉梳工艺过程 分束后的打成麻是在栉梳机上完成梳理的。目前麻纺工艺中采用的栉梳机又称自动栉梳机，该机由分别梳理麻梢和麻根的右机和左机以及起连接过渡作用的前部自动机和后部自动机四部分组成，其工艺过程如图4-1所示。

（1）前部自动机工作过程。在自动机导轨1的中心有启闭夹麻器的机构2，夹麻器是借带撑头4的导尺3在拧松螺帽后传送到此的。喂麻工将两束打成麻放在夹麻器底板上，夹麻

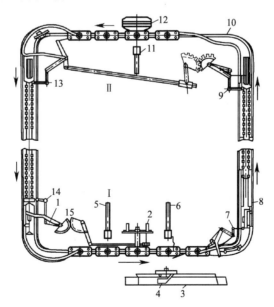

图4-1 亚麻自动栉梳机简图

1—导轨 2—启闭夹麻器的机构 3—导尺 4—撑头 5—左部拧松扳手
6—右部拧紧扳手 7—推进杠杆 8—升降架 9—引出杠杆 10—导轨 11—套筒扳手
12—倒麻器 13—推进杠杆 14、15—送出杠杆 Ⅰ—前自动机 Ⅱ—后自动机

器在导尺3的作用下，被引导至右部拧紧套筒扳手的下方，然后夹住纤维的夹麻器被推进杠杆7推入升降架，这时升降架位于下部位置，而纤维则受针帘上梳针的梳理。当升降架下降和上升时，对垂下麻束进行梳理，然后将麻束一端已被梳理的夹麻器传送到后部自动机。

（2）后部自动机工作过程。夹麻器借助引出杠杆9从右机内传送至后部自动机的导轨10上，再由此借与前部自动机上有同样作用的撑头传送到依次向两个方向轮流回转的套筒扳手11的下方做反时针转动时，夹麻器螺帽被拧松而使夹紧在夹麻器内的纤维松弛，使倒麻器12能够抽出麻束曾被夹持的一端并将已梳过的部分抽入夹麻器内。随后借套筒扳手11做顺时针方向回转而重新把纤维紧紧夹持。在推进杠杆13的作用下，夹麻器被推入到左面机器内。从左机引出时，夹麻器被传送向前部自动机的拧松夹麻器螺帽的左部拧松扳手5，然后取出麻束。

（3）左机、右机的梳理过程。亚麻栉梳机的工艺简图如图4-2所示，夹在夹麻器7内的麻束，与夹麻器一起进入升降架2，平衡重锤3为平衡重量之用，然后在一对针帘1间定期升降，麻束同时受到梳针对其下垂端的梳理。梳理后，长麻继续被夹麻器夹持，而短纤维和杂质等被针帘梳针带走，当经过毛刷滚筒4时，被毛刷截下，由毛刷将它们转移给剥取滚筒5，最后被斩刀6斩下，落入短麻箱8中。

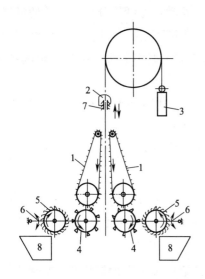

图4-2 亚麻栉梳机工艺简图

1—针帘 2—升降架 3—平衡重锤 4—毛刷滚筒
5—剥取滚筒 6—斩刀 7—夹麻器 8—短麻箱

四、亚麻栉梳机的主要机构及作用

亚麻栉梳机的结构设计得精细而巧妙，它能自动地将一束束亚麻纤维有条不紊地送入梳理机构中接受梳理。先梳理亚麻的梢部，再梳理亚麻的根部，达到对亚麻由浅入深、由弱到强的精梳目的。

1. 升降架机构 升降架机构包括升降架、皮带、平衡重锤、定位部件及其传动系统等。

升降架的上升运动是依靠传动系统强制传动上升；而其下降运动，则是利用升降架的自重而渐渐滑下。因此，在机构设计上，升降架的重量应略大于平衡重锤的总重量。全机共有6个平衡重锤，它的主要作用就是保证升降架上下升降运动的平稳。升降架的升降高度为600～700mm，其每分钟的升降次数，直接关系到栉梳机的产量。栉梳机升降架升降次数为7～11次/min，生产中经常采用9次/min，一般可通过升降变换齿轮来调节。

2. 夹麻器沿升降架向前移动的机构 夹麻器沿升降架向前移动的机构包括偏心凸轮、连杆传动系统、一对扇形轮、导尺及推动掣子等，如图4-3所示。该机构的主要作用，是把夹麻器正确无误地、有秩序地输送到各道针帘的上方，以便逐次接受针帘的梳理。

由于夹麻器的长度正好等于针板长度，都是305mm。因此，完成一次梳理后，当升降架

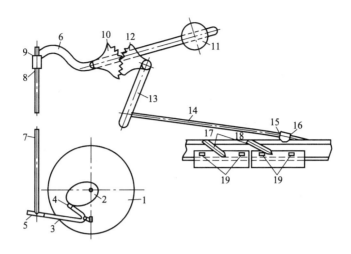

图4-3　夹麻器沿升降架向前移动的机构

1—齿轮　2—偏心轮　3、13—杠杆　4—小传子　5—心轴　6—扇形杠杆　7—拉杆　8、9、15、16—螺帽
10、12—扇形齿轮　11—升降架　14—连杆　17—导尺　18—掣子　19—夹麻器的引导指

处在最高位置时，此机构就能保证夹麻器向前移一块针板长度的距离。这个距离可通过图4-3连杆系统中5、8、15三个调节点来调节。

3. 前自动机　分号工（接麻工）和喂麻工坐着操作的一面叫前自动机，它由四大部件组成，并具有各自的功能。

（1）夹麻器导轨。夹麻器导轨包括送入导轨和送出导轨。送出夹麻器导轨的作用是将已经完全梳好的长麻送出去，同时使夹麻器由垂直状变成水平状。送入夹麻器导轨的作用，是将夹有未梳理过的打成麻的夹麻器，先由水平状改变为垂直状，而后进入升降架轨道。

（2）拧松夹麻器扳手机构。该机构的作用是将夹麻器上的螺丝拧松，以便操作人员从中抽取已经梳好的梳成长麻。

（3）夹麻器的启闭机构。该机构的作用是先将已拧松螺丝的夹麻器上盖提起，以便喂入未梳过的打成麻麻束。工人把定重的麻束平分为二，铺在下夹麻器板螺杆的两侧，一经喂妥后，机构自行将夹麻器的上盖合上。

（4）拧紧夹麻器的扳手机构。该机构的原理与拧松扳手机构一样，只是它的作用仅仅是为了将已喂好麻的夹麻器上的螺母拧紧而已。

4. 后自动机　梳理完一端麻的夹麻器，由右梳理机转向左梳理机。梳理另一端前的各项准备均由这部处于机后（即对着前自动机操作工人的一面）的自动机来完成。它包括下列部件。

（1）夹麻器导轨。夹麻器导轨包括送出导轨和送入导轨。这里的送出夹麻器导轨，将已梳完麻束一端的夹麻器送出，同时由垂直状改变成水平状。送入夹麻器导轨是将倒完麻束的夹麻器由水平状变成垂直状，并将它送入左升降架轨道。

（2）拧松扳手和拧紧扳手机构。这种机构的主要作用，是先将夹麻器上的螺母拧松，倒麻完毕后，自行又把螺母拧紧。倒麻装置如图4-4所示。

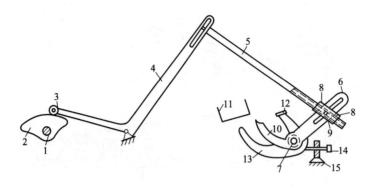

图 4-4 倒麻装置

1—凸轮轴　2—偏心凸轮　3—小传子　4、5—连杆　6—钩形杆　7—轴　8—调节螺母　9—短轴

10、12—工作钳口　11—夹麻器　13—重锤臂　14—定位螺杆　15—定位螺杆座

当夹有梳好一端亚麻束的夹麻器，移到倒麻装置的钳口处，恰好偏心凸轮 2 开始由小半径向大半径方向转动，这样，连杆 4 的左端上翘而右端下压，使连杆 5 把钩形杆 6 的右端下移，而左端沿顺时针方向转动，这时因第二工作钳口 12 和重锤臂 13 连成一体，且活套在轴 7 上，形成与工作钳口 10 相向的运动，产生了压力，及时地把夹麻器上已梳完一端的麻束端牢牢地钳住。随着偏心凸轮 2 转动半径的不断增加，工作钳口 10 顺时针方向转动的角度也增大，这时就把夹麻器中麻束拖出的距离也相应地增加，达到倒麻的目的。

倒麻装置抽取麻束的长度，只要变更连杆 5 上的调节螺母 8、短轴 9 在钩形杆 6 槽内的位置以及定位螺杆 14 的位置即可。

5. 针帘梳理机构　针帘梳理机构是栉梳机对纤维进行梳理的主要机构，包括两个针面同步运动的针帘、针帘运动传动系统和皮带张力装置。针帘本身又由针帘皮带、针座和针板等部件构成。

针帘的梳理作用是间歇的，当升降架在最高位置时，正好是使夹麻器沿着轨道前移的时间，这时针帘是静止不动的，只有升降架在下降或上升的过程中，针帘才是运动着的，这种间歇性运动的发生，是由针帘传动系统中一只带有偏心凸轮的 130 牙大齿轮控制的。为了使栉梳机正常运转，必须保证针帘具有足够的张力，不使针帘在运转过程中发生晃动而破坏纤维梳理过程。为此，在栉梳机的针帘传动轴处，配置了一套针帘皮带张力装置，生产中根据针帘的转动情况，经常予以调整。

6. 短纤维剥取机构　短纤维剥取机构包括毛刷滚筒、剥取滚筒和斩刀传动机构。当针帘上的针板，带着梳下的短纤维和杂质等经过毛刷滚筒上的柔软毛刷时，毛刷深入针板的针间，将短纤维及杂质等彻底取出并转移给覆有金属梳针的剥取滚筒。剥取滚筒上的短纤维及杂质又被不断摆动的斩刀剥落下而落入麻箱。

7. 斩刀传动机构　斩刀传动机构如图 4-5 所示。当传动齿轮 2 获得外力而转动时，就带动与它同轴的偏心轮 3 转动，然后通过一系列连杆传动机构，使斩刀臂 1 摆动。斩刀臂 1 的摆动弧长可通过调节螺母 10 和 11 改变拉杆 5 的长度而得到调节。

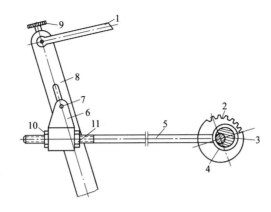

图 4 - 5　斩刀传动机构

1—斩刀臂　2—传动齿轮　3—偏心轮　4—轴套　5—拉杆　6—铁指轴套
7—心轴　8—摆动杆　9—紧固螺母　10、11—调节螺母

8. 机器的自停配置　因为栉梳机十分庞大，精密而复杂，为了确保机器在运行中不发生损坏，栉梳机上设有下列几项必需的自停装置。

（1）当夹麻器在自动机上错位或卡住时的自停装置。

（2）当套筒扳手没有充分拧紧夹麻器上的螺母时的自停装置。

（3）当夹麻器没有完全推入升降架轨道时的自停装置。

（4）机器在开动的情况下，人进入机内，或打开机器安全罩时的自停装置。

上述几项自停装置，有的是机械式的，有的是电气式的，或者是机械、电气混合式的。

目前，国内使用的 Ч—302—Л 型亚麻栉梳机的主要技术特征见表 4 - 1。

表 4 - 1　Ч—302—Л 型亚麻栉梳机的主要技术特征

项目名称	参数
针帘道数	16
升降架升降高度（mm）	500 ~ 700
全机夹麻器数量（块）	55
上针帘轴直径（mm）	70
下针帘轴凸钉轮直径（mm）	241（含皮带厚）
针帘的总宽度（mm）	2800
针帘上的针板数（块）	24
针帘间的针距（mm）	67.6
毛刷辊直径（mm）	光面280，带毛340
剥取辊直径（mm）	光面250，包针270
针帘的线速度（m/min）	7 ~ 36
机台生产能力［kg/（台·班）］	950 ~ 1370

五、影响亚麻栉梳工艺的因素

1. 亚麻栉梳工艺的技术指标

（1）梳理度。梳理度是衡量打成麻在栉梳机上受梳理作用强弱的指标，一般以栉梳机的梳理机件——针帘在单位时间内作用在一定纤维量上的钢针数来表示。我国目前采用的栉梳机都是18道针帘，每道针帘上有24块针板，每块针板长为30.5cm，全是定数。所以梳理度只与针帘的速度、植针的密度成正比，而与升降架的升降次数、麻束的重量成反比。

（2）梳理效率。梳理效率是衡量栉梳机梳理能力好坏的指标，用以表示梳成麻各项质量指标（如含杂、分裂度、可挠度等）的情况。

（3）梳成率。梳成率是打成麻经栉梳机梳理后梳成长麻的制成率。

（4）纤维质量利用系数。这是一项综合评定栉梳机梳理工艺的技术经济指标。计算公式如下：

$$K = \frac{N_0}{N}$$

式中：K——纤维质量利用系数，一般以 K 值稍大于 1 为好，多在 1 ~ 1.08；

N_0——梳成麻纤维的平均麻号；

N——打成麻的麻号。

2. 设备因素

（1）栉梳机的结构。

①帘上针板的安装情况。针板安装在针帘上的要求有以下两点：一是保证梳针能穿透纤维束；二是保证针板上的梳针都以水平位置梳理纤维。如达不到这两项要求，就会影响栉梳机的梳理质量。

②针帘道数。针帘道数与梳理质量成正比，而与梳成长麻率成反比。虽然有12道、16道、18道、22道针帘的栉梳机，但目前国内外普遍采用18道针帘的亚麻栉梳机。

③针板上梳针的直径和植针密度。为了符合对纤维"由浅入深、由弱到强"的梳理原则，所用梳针的直径是按1~18道针帘的次序由粗变细，而梳针在针板上的密度（即植针密度），则由稀到密。

④植针方法和配置情况。为了保证由浅入深、由弱到强地梳理纤维，并使夹麻器中的纤维都能受到梳针的梳理，针帘上针板的植针方法和配置情况就显得十分重要。

针板的植针方法分为等距植针和不等距植针两种。所谓等距植针，就是针板上钢针的间距 t 都相等。所谓不等距植针，就是针板上两相邻钢针的间距 t 不相等，而平均间距相等。

针板的配置情况，一般分为分组配置和不分组配置两种。这里的分组，是对24块针板分成的组。在亚麻纺纱生产中，针板的配置和植针常采用下述三种方法。

a. 普通植针法（又称等距植针法）。这种植针方法针板上的针距为 t，而相邻两块针板上针所移过的距离 d，以目前我国用的18道针帘的栉梳机来说，第一道针帘的针距 $t = 50.8mm$，针帘上的针板数是24块，则相邻针板上针所移过的距离等于2.12mm。这表明针板上梳针在纤维上行经的路线（即梳理点）间隔也是2.12mm。这种植针方法的特点是梳理线长，而梳理麻束的宽度窄。

b. 分组植针法。为了增加对麻束的梳理宽度，可以把24块针板分为若干组，如分为两组，则每组12块，如分为三组，则每组8块。这种植针方法的特点是梳理的宽度随着分组数的增加而加宽，但是它们的梳理线却缩短，这会导致重复梳理线增加的缺陷。

c. 不等距植针法。为了避免梳理线太短而造成重复梳理的缺陷，又为了防止梳理宽度太窄的弊病，就采用了不等距分组的植针方法。

目前，国内亚麻厂所用栉梳机采用等距和不等距结合的植针法，各道针帘上针板的植针方法和配置情况见表4-2。

表4-2　植针方法和配置

针帘道数	国内针密（根/英寸）	国际针密（根/英寸）	针号	梳针直径（mm）	植针方法	组数
1	无针	无针	—	—		—
2	U	U	—	—		—
3	1/2	2	10	3.4	不等距植针	1
4	3/4	3	11	3.04		1
5	1	4	12	2.76		1
6	1.5	6	13	2.41		2
7	2	8	13	2.41		4
8	3	12	14	2.1	分组距植针	4
9	4	16	15	1.82		8
10	6	24	15	1.82		8
11	8	32	16	1.65		12
12	10	40	17	1.47		12
13	12	48	18	1.31		24
14	14	56	19	1.06	分组等距植针	24
15	16	64	20	0.9		24
16	18	72	21	0.8		24
17	22	88	23	0.63		24
18	10	—	17	1.47		—

注　1英寸=2.54cm。

⑤针帘传动装置。为了保证对纤维的梳理速度，栉梳机必须具备差微机构。梳理速度计算式为：

$$v_1 = v_2 \pm v_3 \pm v_0$$

式中：v_1——梳理速度；

　　　v_2——帘速度；

v_3——升降架速度；

v_0——差微速度。

针帘的速度 v_2 的计算方法：根据针帘传动系统，针帘的转速 n_2 由下针帘轴获得，即：

$$n_2 = n_{28} \pm 2n_0$$

式中：n_{28}——下针帘轴上一只28牙齿轮的转数，是差微机构上臂的转数；

n_0——差微机构链轮的转速。

因为下针帘轴上装有一只11个凸钉的传动轮，与带有24块针帘的皮带上的皮带眼咬合，所以针帘线速度：

$$v_2 = n_2 \times \frac{11}{24} \times 1.68 = n_2 \times D_{11} \times 3.14$$

式中：1.68——1圈的针帘长度，mm；

D_{11}——11个凸针的传动直径，为240mm。

⑥升降架上下运动与停动的控制机构。原则上希望升降架下降的时间尽量拉长，因为这时麻束端部首先被梳理，随着下降，被梳理的纤维亦增加，当处于最低时，麻束的最厚部分才被梳到。这种情况符合纤维应由浅入深接受梳理的原则。为此，栉梳机上配备了一只130齿的附有凸轮的中心控制轮。

（2）工作机构的安装和调整。

①针帘隔距。针帘隔距是影响梳成率和梳成麻质量的重要因素。针帘隔距是指右面和左面上梳针间的距离。两针面间离隙称为正隔距，两针面正好相碰称为零隔距，两针面交叉称为负隔距。一般小隔距对成品质量有利，大隔距对提高梳成率有利。在生产中，栉梳机的针帘隔距随着针帘道数的次序而逐渐减少，即由正隔距趋向负隔距，保证纤维得到逐步梳理。常用的隔距是 +3mm ~ 0 ~ -3mm，具体依照纤维性状做如下区分：粗的纤维采用 +2mm ~ 0 ~ -2mm；正常的纤维采用 +1.5mm ~ 0 ~ -2.5mm；细的纤维采用 +1mm ~ 0 ~ -3mm。

②针帘的速度调整。针帘速度是影响梳理度、制成率及梳理后平均麻号的重要指标。针帘速度高，纤维易被梳断，使长麻制成率低而落麻率高。因此，实际生产中，针帘速度可按纤维性质的不同而调整。

对于粗硬的、不易分梳的打成麻，针帘速度可以选得高些，达 10 ~ 11m/min；对于正常的亚麻打成麻，针帘速度可调整为 8.5 ~ 9.5m/min；对于强度小的亚麻打成麻，针帘速度应选得小些（7.5 ~ 8.5m/min）。

在生产中，习惯把针帘速度大于 9.5m/min 的工艺叫强梳或深梳工艺；把针帘速度小于 8.5m/min 的工艺叫轻梳或弱梳工艺。

③倒麻装置的调节。在栉梳机上，纤维束端部受到梳理时间长，而近夹麻器处的纤维，只有在夹麻器处于最低位置（停顿）时才受到梳理，这样，就不可避免地存在着梳理死区。为此，当纤维一端梳完后，将要梳理另一端时，必须使近夹麻器处的纤维能够得到重复（即二次）梳理。重复梳理区的大小，主要取决于倒麻装置抽取纤维束长度 d，而 $d = a + 2b + c$，如图 4 - 6 所示。

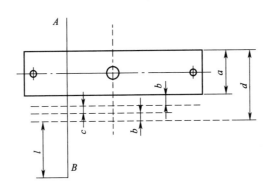

图 4 - 6　麻束抽取长度示意图

a—夹麻器的宽度（mm）　　b—夹麻器边缘受到梳针梳理的距离（mm，俗称死区）
c—纤维束受到重复梳理的长度（mm，又称重复区）　　d—抽取纤维束长度（mm）

倒麻装置抽取纤维束的长度，应该小于已经梳理完一端的梳理长度 l。

④升降架在最低位置时与针帘相对位置的调节。原则上，升降架应尽量的低，使夹麻器与针帘之间的缝隙为最小，即梳理不到纤维的死区为最小，但这个最小缝隙，不一定为两者的合理位置。两者合理的相对位置，应该是这样决定的：当梳理麻束梢部时，应该比夹麻器与梳针的最小缝隙大 10～15mm；当梳理麻束的根部时，应比梳梢部时的位置再大 10mm。所以右部梳理机和左部梳理机，可以按梳针梳理麻束的梢部或根部情况，正确调节升降架最低位置与针帘的相对位置。

⑤夹麻器扳手的调节。为了保证夹麻器中的麻在梳理时不致成束地从打成麻丛中抽出，应该使栉梳机上前后自动机的拧紧夹麻器扳手紧紧地拧牢夹麻器螺帽，使夹麻器对纤维有足够的握持力。

⑥皮带张力的调节。为了保证针帘有足够的张力，稳定梳理速度，使梳理过程顺利进行，应经常调节针帘皮带的张力。

（3）麻束重量。麻束重量与机器的生产率、梳成长麻的制成率及质量都有很大关系。麻束重，机器产量高，但是梳成长麻率低，机器落麻多，且落麻中的麻结（麻粒子）数增加；麻束轻，对梳理质量有好处，但形成的麻层薄，工人铺麻时要达到均匀一致就有一定困难。所以，打成麻束的喂入重量，是按打成麻的麻号规定的。所规定的麻束重量，已经考虑了对各项工艺因素的影响。

（4）麻束喂入夹麻器的方法。亚麻纤维束具有这样的结构特点，即在离其根部 1/3 处，纤维束最重且粗。为了在梳理麻束的根端与梢端时，既能梳到这部分纤维，又能避免梳针损伤纤维，提高梳成长麻率，最好的办法就是使夹麻器夹持在喂入麻束的最重处。具体地说，根据栉梳机上先梳麻梢、后梳麻根的实际情况，麻束根部露出夹麻器的长度应占麻束总长度的 1/3 左右。

（5）影响栉梳工艺的其他因素。

①机器的工作状态。包括针板固装在针帘上的情况，针板上梳针的缺损、弯曲等情况；

夹麻器胶垫的磨损及固装情况；毛刷滚筒上的毛秃情况；斩刀的剥麻工作情况；针帘皮带的张紧程度、伸张程度以及皮带传动眼损坏情况等。

②操作情况。包括工人在喂麻时，是否使麻束根部露出夹麻器总长的 1/3；将麻束铺放在夹麻器中时，是否厚薄一致；是否及时挑出未梳透的麻束；已经梳过的梳成长麻与机器短麻的评号是否正确等。

③纤维的回潮率。要求上栉梳机梳理的打成麻回潮率冬季为 14% ~ 17%，夏季为 17% ~ 18%。只有在这种回潮率下，才能确保梳成长麻率高，并且梳理质量好。

④车间的温湿度。一般规定栉梳机车间的温湿度条件：冬季室温为 18 ~ 20℃、相对湿度为 60% ~ 65%；夏季室温为 21 ~ 25℃、相对湿度为 60% ~ 65%。

六、梳成麻的重梳及其麻号评定

从栉梳机上获得的梳成长麻，还要进行重梳。

1. 重梳的目的与条件　重梳的目的一是为了获得高号的梳成麻，二是为了把过多的梳成麻麻屑或附着物梳去。这是因为由栉梳机输出的梳成麻中，麻屑或附着物含量常超过规定要求。只有经过重梳才能达到规定要求。目前，国内外普遍采用在栉梳机上进行重复梳理的措施，即在后几道针帘上使用双针排梳针板，且使用扁针，以加强针密，达到梳成麻再梳理的目的。

2. 梳成麻的麻号评定　打成麻经过栉梳机梳理后，将得到梳成长麻和梳成短麻（即机器短麻），这两种麻统称为梳成麻。梳成长麻和短麻的百分比，因打成麻的麻号不同而不同。一般在梳理高号打成麻时，大约可得到 65% 的长麻、32% 的短麻及 3% 的落麻（包括麻屑、尘屑等）。在梳理低号打成麻时，可得到 30% 的长麻、65% 的短麻以及 5% 的落麻。

打成麻经过栉梳机梳理后，梳成长麻的麻号普遍提高 2 ~ 6 号，机器短麻应考虑先梳梢端后梳根端以及先针稀后针密的情况，分别评定麻号。不论长麻号或短麻号，都将决定纤维的可纺性。梳成麻的麻号越高，其可纺性能也越高。

（1）梳成麻的分号情况。

①梳成长麻。梳成长麻共分 10 个等级，它们是 14#、16#、18#、20#、22#、24#、26#、28#、30#、36#。一般由栉梳机梳理后，能够获得 22# 及其以下各号麻，而 22# 以上各号梳成长麻，都得经过重梳才能获得。

②机器短麻。机器短麻共分 9 个等级，它们是 4#、6#、8#、10#、12#、14#、16#、18#、20#。一般由栉梳机梳下的短麻，可获得 10# 及其以下各号麻，而 10# 以上各号短麻，由重梳的落麻获得。

（2）梳成麻麻号的评定。梳成麻麻号的评定，目前国内外普遍采用感官评定和仪器鉴定两种方法，在工厂，这两种方法是交替使用的。

①感官评定法。这是以人的手感和惯例为主的定性评定方法。根据工人熟练的技巧，按梳成麻束的长度、手感柔软的情况及色泽，迅速地判断麻号。

②仪器鉴别法。这是借助各种试验仪器，对梳成麻的内在质量进行定量分析的方法，试

验比较费时，要求工人进行正确的操作。

③评定梳成麻麻号的质量指标。长麻和短麻对纺纱有不同的要求，它们的鉴定项目也不同。

梳成长麻的鉴定项目：包括纤维麻条的强度（含纤维湿态和干态的断裂强度）、纤维的可挠度、纤维强度和可挠度不匀率之乘积、纤维附着物（含木质素）含量、纤维的麻屑（含麻皮）含量、未梳透纤维的含量、纤维的分裂度以及20g纤维内的麻粒子（麻结）数。

短麻的鉴定项目：包括加捻纤维麻条的断裂强度、纤维的分裂度、纤维的主体平均长度、纤维的附着物（含木质素）含量以及20g纤维内的麻粒子（麻结）数。

以上虽然规定了麻号评定的详细项目，但梳成麻的质量标准主要有两项，即梳成麻的麻粒不超过4个/20g、梳成麻的分裂度（细度）不超过25dtex。

第三节　亚麻长麻的生产工艺过程

长麻纤维织物较轻薄、挺括，长麻纤维的生产工艺为：

成条→并条→粗纱→细纱→络纱→织造→成品

一、成条

1. 亚麻成条的目的　亚麻成条是在亚麻成条机上进行的，它是亚麻长麻纺纱系统中的第一道工序。它的目的就是将一束束尚未完全具备纺纱特性的梳成麻，制成连续不断的且具有一定细度、结构均匀的长麻条。要使梳成麻麻束在成条机上成条，成条机必须具备两个基本条件：一是梳成麻麻束在成条机上排列时，可以相互重叠一段长度；二是成条机本身具有使纤维相互移动的能力，即牵伸的能力。

2. 亚麻成条机的工艺过程　如图4-7所示，工人站在喂麻台的两旁，将麻束按规定要求均匀地铺放在6根（有的机台为4根）喂麻皮带上。喂麻皮带1由传动辊2传动，麻束经喂入引导器3使麻束处于需要的宽度后进入喂麻罗拉4和5。喂麻罗拉4以顺时针方向转动，喂麻罗拉5以逆时针方向转动，将纤维导向针排6。针排区中的针排由螺杆转动而推向前方，

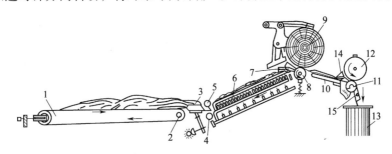

图4-7　成条机工艺简图

1—喂麻皮带　2—传动辊　3—引导器　4、5—喂麻罗拉　6—针排　7—牵伸引导器　8、9—牵伸罗拉
10—并合板　11、12—出麻罗拉　13—麻条筒　14—加湿装置　15—淌条板

这时纤维再经过牵伸引导器7，即被牵伸罗拉8和9握住。由于针排的运行速度接近喂入罗拉的速度，而牵伸罗拉的速度大大高于喂入罗拉的速度，所以纤维被牵伸罗拉引出时麻条就变细了。6根变细的麻条从牵伸罗拉引出后，又在并合板10上进行并合，再由出麻罗拉11和12把麻条引出，经涮条板15送入麻条筒13中。当麻条纺到规定长度时，由满筒自停装置使机台停转。

3. 成条机的主要机构及其作用

（1）喂入机构。喂入机构由铺麻皮带、铺麻皮带传动辊及喂入引导器组成。它的作用是使梳成麻麻束按工艺要求铺放，并将铺好的麻条送入牵伸机构。

（2）牵伸机构。牵伸机构包括牵伸罗拉、喂入罗拉、针排机构及罗拉加压机构。牵伸罗拉是由一只金属下罗拉和一只由弹性材料制成的加压上罗拉组成的。喂入罗拉是由两只金属罗拉组成的。针排机构是由上行螺杆、下行螺杆及许多块针板组成的。牵伸机构的主要作用，是使麻条沿着前进方向均匀地伸长拉细。为了保证麻条中纤维与纤维之间的变速位移，牵伸罗拉除了必须具有比喂入罗拉较高的线速度外，还必须具有足够的摩擦引导力。为此，对成条机上的弹性加压罗拉必须施以4910N左右的力，成条机的加压系统一般都采用杠杆式。

（3）圈条器。圈条器的作用是使麻条桶以一定速度回转，使输出的麻条能以一定圈形叠铺在桶内，以增加麻条桶内的麻条容量。

（4）压条器。压条器的作用是不断压缩麻条桶内的麻条，以增加麻条桶内的麻条容量。

（5）测长器。麻条测长器可使工人掌握铺麻的情况，用以调节自己的操作。当麻条桶纺完规定长度时，能够发出信号，工人可以及时落桶。

（6）麻条的给乳装置。牵伸后的麻条由输出罗拉引入麻条桶时，给乳装置即对麻条适当给乳，以适当提高麻条的回潮率及含油率，这对改善细纱品质、降低细纱断头有显著效果。

（7）横动机构。在成条机下牵伸金属罗拉的头端，装置着横动机构。该机构能使麻条在牵伸罗拉上缓慢移动，让麻条与金属罗拉的接触摩擦面加大，以避免局部磨损，延长牵伸罗拉对的使用寿命。

（8）针板打击缓冲机构。在针排区前方的两侧，都装了弹簧式缓冲机构。该机构可控制针板下降在一定的水平位置上，防止由上打下的针板碰击滑轨，以减少滑轨和针板的磨损。

4. 自动成条机与栉梳成条联合机 细致而均匀地将梳成麻麻束自动铺放在成条机的喂麻皮带上，在国外已经采用了AP—500—Ⅱ型自动成条机。因为有了自动成条机，所以可将自动成条机直接与栉梳机相连，形成栉梳—成条联合机。这样，使栉梳机输出的梳成长麻麻束，直接由自动成条机铺放在成条机的喂麻皮带上，省去了中间储存的环节，也省去了部分人工。

二、并条

1. 亚麻并条的目的 不论是成条机制成的长麻麻条，还是由联合梳麻机制成的短麻麻条，统称为生麻条。

生麻条的结构存在着以下缺点：生麻条中的纤维平行伸直程度还较差，还存在着不少弯钩纤维，这对成纱极为不利；生麻条的长片段存在不匀；生麻条的粗细程度还不能满足细纱机纺成细纱所需的牵伸能力要求。

因此，并条的目的是：

（1）提高麻条中纤维的平行伸直度，要尽可能地消除弯钩纤维。

（2）降低麻条的长片段不匀率，亦即降低麻条线密度的不匀率。

（3）完成对麻条的伸长拉细，以达到成纱所要求的细度。

（4）均匀地混合纤维，以提高麻条结构均匀度，这对亚麻与其他纤维混纺来说，具有重要意义。

（5）进一步分劈和梳理纤维，即把粗的工艺纤维分劈成较细的工艺纤维，梳去杂质和不可纺纤维。

并条对亚麻工艺纤维纺纱具有特殊的意义。经过并条后的麻条，称为熟麻条。

2. 亚麻并条机的种类及工艺过程　亚麻并条机一般有下列两种：一种为推排式亚麻并条机；另一种为螺杆式亚麻并条机。

（1）推排式亚麻长麻并条机。如图4－8所示。

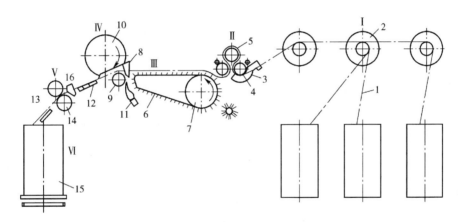

图4－8　推排式亚麻长麻并条机工艺简图

1—麻条　2—小转子　3—喂麻引导片　4—下喂麻罗拉　5—自重加压罗拉　6—针排　7—链轮齿
8、16—牵伸引导片　9、10—牵伸罗拉　11—喷嘴　12—并合板　13、14—引出罗拉　15—麻条筒

麻条1从麻条筒中引出后，经导条小转子2沿着喂麻引导片3进入喂麻罗拉。喂麻罗拉由两只下喂麻罗拉4和一只自重加压罗拉5组成。麻条通过喂麻罗拉后，进入针排6。针排区由许多针栉杆组成，通过链轮传动，将针栉杆推向前方，同时把麻条带向牵伸引导片8。麻条经牵伸引导片，被引入牵伸罗拉9和10。因为下牵伸罗拉9是金属材料，上牵伸罗拉10的表面包覆有弹性材料，它们组成强有力的牵伸钳口，将麻条伸长拉细后送出，导向并合板12，使几根麻条在此叠合成一根麻条后，通过引出罗拉13进入麻条筒15中。

在针排区的前下方，装有喷嘴11，高压空气由喷嘴11吹出，使麻条顺利地从针排区退下，并引向牵伸罗拉。残留在针排中的纤维，由逆时针方向旋转的毛刷罗拉刷下。

并条机上装有的自停机构，当麻条断头或用尽时、当麻条缠绕在喂入罗拉上时、当麻条塞住针栉不能运动时、当纺满麻条筒时，能通过自停机构使整机自停，保证机台安全。

长麻并条机由于加工的纤维长，所以牵伸罗拉与喂麻罗拉间的隔距比短麻并条机大，且在针排区至喂入罗拉对间，装有两只自重加压罗拉，有利于建立一个附加摩擦力界区，有效地控制纤维运动。

（2）螺杆式亚麻长麻并条机。图4-9所示为CFI—La型单针排螺杆式亚麻长麻并条机工艺简图。

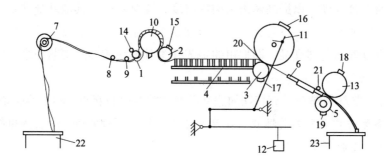

图4-9　CFI—La型单针排螺杆式亚麻长麻并条机工艺简图

1、2—喂入罗拉　3—牵伸下罗拉　4—针排　5—送出下罗拉　6—并合板　7—导条轮　8、9—引导杆
10—加压罗拉　11—牵伸上罗拉辊　12—重锤　13—送出上罗拉　14、15、16、17、18、19—绒辊
20—引导器（牵伸）　21—引导器（送出）　22—麻条筒（喂入）　23—麻条筒（送出）

麻条自喂入架下的麻条筒22中拉出，经引导杆8和9，然后在喂入罗拉1下、加压罗拉10上和喂入罗拉2下喂入，最后通过牵伸系统进入针排区4，针排由螺旋杆传动，它的上升和下降由位于螺旋杆前端或尾端的凸轮来完成，针排的升降前后凸轮，在导杆下通过上螺旋杆针排向前运动，下螺杆向后运动，麻条在喂入罗拉钳口处，以喂入罗拉速度运动，离开喂入罗拉不久即被针排梳针刺透并被引向前，直至牵伸下罗拉3及牵伸上罗拉11的接口处被握持而送出，针排的速度接近或稍大于喂入罗拉的表面速度，这种现象称为前导。前导使麻条紧张，使针排上的梳针易于插入麻条，有利于对纤维的控制，由于牵伸罗拉、喂入罗拉及针排的速度不同以及针排梳针的作用，将麻条拉细，使纤维伸直平行。牵伸罗拉握持纤维的作用是通过加压机构完成的，通过带有压力杆的重锤和牵伸轴上的加压罗拉，给麻条以适当的牵伸加压，在牵伸罗拉与针排之间，针排以不同的速度运动来完成牵伸工艺，这个加压系统在机器运转中工作性能稳定，麻条自牵伸罗拉3和11输出后由牵伸集合器引导，在并合板6处进行并合，麻条经并合后，由麻条引导器21导入，经送出罗拉5和13引出送入麻条筒23中。

在喂入罗拉、牵伸罗拉和出麻罗拉处，为使麻条按一定方向前进并保持一定的宽度，均使用喇叭形的导条器。因为引出的麻条必须以适当的形式放入条筒内，直到均匀地放满为止，所以机器装有一个能使条筒在一根垂直轴周围做间歇性转动的机构，并给放入条筒内的麻条加压，为了使麻条连续生产，机器装有一个机后喂入断条监视和机前并合监视系统，这个系统在机器运转中，监视着每一根麻条，如有麻条断开，它相应的监视部分就自动停机，麻条接上后，可以重新开动机器。

三、成条、并条原理

1. 针排

（1）针排的作用。

①针排形成的摩擦力界，能很好地控制浮游纤维，又不妨碍快速纤维从它的控制下抽出。这种中间附加摩擦力界，在纺纱上被称为滑溜钳口，它与前罗拉钳口的间距，不受纤维长度的限制，两者的接近程度，是积极加压罗拉钳口所不能及的。

②针排作为附加摩擦力界装置，可减少牵伸区中纱条的扩散，使牵伸纱条上各部分（特别是近前罗拉钳口处）纤维之间有良好的接触，让快速纤维及慢速纤维可以很好地发挥引导及控制作用。

③针排本身能起积极引导作用，即必须将纱条握住并送向前钳口，以防止纱条自由伸缩。

因此，应用针板作为中间附加摩擦力界，对更好地控制纤维运动，提高牵伸效果和改善成纱品质是极为有益的。

（2）使用针排的原因。

①亚麻纺纱工艺的特定要求。

a. 亚麻工艺纤维的细度要求。亚麻纺纱的纤维为工艺纤维，工艺纤维的分裂程度（即细度）直接关系到纱条的均匀度。在纱条细度一定的情况下，纤维越细，纱条横截面中的纤维根数越多，其不匀率越低。因此，在牵伸过程中，把粗的工艺纤维分劈成较细的工艺纤维，具有重要的意义。

b. 亚麻纺纱中决定牵伸隔距的特殊性。亚麻纺纱中的牵伸隔距，是由纱条中最长纤维决定的。如不用附加装置，会使大量短纤维成为浮游纤维，这些纤维在牵伸过程中不规则地运动将使细纱条干恶化。但使用针排机构后，针板不仅能对纱条的纵向而且对纱条的横向都能进行很好的控制，大大减少浮游纤维的不规则运动。

②针排本身具备的特点。

a. 针排能使牵伸区中纤维的变速点，尽可能靠近前罗拉钳口。

b. 针排所建立的附加摩擦力界基本上是稳定的，可获得控制纤维的内外摩擦力界符合摩擦力界分布的理论要求。

c. 针排运动的速度基本上接近后罗拉速度。

d. 针排上的钢针，不仅对纱条的纵向，而且对纱条的横向能有良好的控制。

e. 钢针还能使纤维得到很好的梳理。

当纤维的前端被前罗拉钳口握持后，在以较高的速度从针排中抽出的同时，其后端也很好地受到钢针的梳理，因而实现了纤维的伸直与平行。

2. 麻条的牵伸与并合

（1）亚麻的牵伸。将麻条拉长变细的过程称为牵伸。牵伸使单位长度的重量变轻，即麻条横断面内的纤维根数减少，还能使麻条中纤维伸直平行。麻条牵伸的程度用牵伸倍数来表示。如麻条单位长度的重量或麻条横断面内纤维根数减少到原来的$1/E$，或麻条长度为原来的E倍时，则牵伸倍数就是E倍。牵伸倍数可按机台传动图进行计算，所得数值称机械牵伸倍数或理论牵伸倍数。由于牵伸过程中有纤维散失、胶辊滑溜及麻条加捻时有捻缩等，考虑这些因素后所得的牵伸倍数称实际牵伸倍数。实际牵伸与机械牵伸之比的倒数称配合率。此值根据生产实际的积累取统计值。

为了实现牵伸，必须沿麻条轴向施以外力，以克服存在于纤维间的抱合力与摩擦力，同时牵伸过程必须是一个连续的过程。实现牵伸过程必须具备如下条件：第一，麻条上必须具有积极握持的两点，且两握持点之间具有一定的距离；第二，积极握持的两处必须具有相对运动，输出一端的线速度大于喂入一端的线速度。麻条的拉细程度与握持处的相对速度和握持力有关，在麻条上，握持处的相对速度很小或握持力不大时，麻条的伸长只是由纤维的伸直及伸长而引起的，这时，纤维间不产生相对移动，这种牵伸称为张力牵伸。张力牵伸在麻纺中有广泛的应用。当麻条握持处的相对速度增大，握持力足以克服纤维间相互移动的摩擦阻力时，纤维间产生移动，麻条伸长，为拉细产品，必须采用这种牵伸。

在上述条件下进行牵伸时，两握持点所组成的区域称为牵伸区，两握持点之间的距离称为隔距，罗拉握持纤维条的地方称为钳口。

（2）亚麻的并合。麻条喂入时，无论是轻重搭配的麻条，还是亚麻与其他纤维混纺时，一般都采用间隔配量的方式喂入，如图4－10所示。这种喂入方式，既有利于麻条均匀，又有利于纤维混合。在亚麻并条机上，是利用并合板进行并合的，其实质如图4－11所示。利用并合板并合，前罗拉送出的麻网上横向各点到达并合点的时间和距离是不同的，使原来处于同一横向各点的纤维，分布到麻条的较长片段上，使麻条通过并合达到均匀。

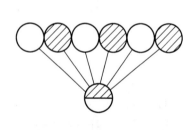

图4－10　麻条的混合喂入法

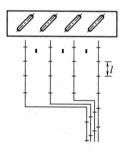

图4－11　并合板的斜纺原理

（3）并合与牵伸的关系。在并条中，并合与牵伸往往同时应用，并合可以弥补麻条的不匀，但使麻条变粗，增加了本工序的牵伸负担，牵伸可使麻条拉细，然而又会引起麻条的附加不匀，附加不匀随牵伸倍数的增加而增加。因此对麻条的均匀度来说，增加并合数，对较长片段的均匀度是有帮助的，对于控制线密度不匀、线密度偏差有好处，然而增加牵伸倍数对麻条短片段均匀度就不一定有效，因此并合时，必须考虑牵伸倍数对麻条不匀率的影响。

在亚麻纺纱中，并条工序可以提高麻条的均匀度，还担负着拉细麻条产品的作用，所以每道并条机的牵伸倍数均大于并合数。因此，牵伸引起的附加不匀，均大于并合所能提高的麻条均匀度。

并合只有在下列情况下采用才是有利的，首先是喂入半制品的均匀度较差，其次是并合牵伸过程中纤维控制良好，在较高的牵伸倍数时，牵伸的附加不匀较小，不致使麻条的均匀度恶化。在亚麻纺纱中，并合和牵伸的综合作用后，带给输出麻条的总不匀率可用如下经验公式计算。

$$C_1 = \left(C_0^2 + 10^4 \times \frac{1000}{Tt} \times \frac{E-1}{n} \right)^{1/2}$$

式中：C_1——梳成长麻麻条牵伸并合后的不匀率；

  C_0——喂入麻条的不匀率；

  Tt——喂入麻条的线密度，tex；

  E——机台的牵伸倍数；

  n——麻条并合数。

由上面的经验公式可知，为了减少麻条的不匀率，适当增加牵伸倍数和并合数是有利的，因为在一定范围内牵伸所造成的附加不匀较小，而并合对条子的均匀作用又超过了它，所以在这种情况下，可以合理地增加并合工序道数。

四、影响亚麻成条、并条质量的因素

1. 原料的影响　生麻条的均匀度较差，则经并条后造成的不匀率亦较大。如果选用梳成麻号高、分裂度高、纤维长、含杂少且强力高的纤维纺纱，则并条后麻条品质好，线密度不匀率及短片段不匀率都会下降。只有在亚麻配麻时，严格执行配麻原则，才能保证并条后熟麻条的线密度稳定。

在成条机上，铺麻质量直接影响细纱质量，为此要求每米长度上铺的麻重应为：

$$T = \frac{mg}{v}$$

式中：T——成条机每米长度的麻重，g/m；

  g——每束麻的重量，一般在50g左右；

  v——成条机喂麻皮带的速度，m/min；

  m——每分钟铺上的麻束数。

麻束与麻束的叠合长度（搭头）（L）：

$$L = l + s$$

$$s = \frac{v}{m}$$

式中：l——麻束的长度，cm；

  s——每束麻应占有的铺麻长度，cm。

在亚麻纺纱中，轻重搭配也是一个很重要的问题，生条头道并条，必须按其喂入数配组，即把轻麻条和重麻条分配在一个组，避免轻配轻，重配重，以保证喂入纱条的均匀，提高纱条的并合效果。

2. 工艺的影响

（1）牵伸倍数。牵伸倍数的大小，与麻条品质有着直接关系，所以牵伸倍数的选择应适

当。如果增加牵伸倍数，附加不匀率也增加；牵伸倍数较低，虽可相应减少附加不匀，然而增加了后部工序的牵伸负担，特别是增加了细纱机的牵伸负担，对细纱机产品质量有影响。

各道并条机之间牵伸倍数的分配有两种方式，一种是由大到小；另一种是由小到大。目前生产中实际采用由小到大，即各道牵伸倍数逐渐增加，这是由于开始时麻条中的纤维不够平行伸直，若采用较大的牵伸倍数，纤维易断裂，还会产生较大的附加不匀。在螺杆式并条机上，纺长麻时，牵伸倍数一般应选在 8～12 倍；在推排式并条机上，纺长麻时，牵伸倍数一般应选在 4～6 倍。

（2）麻条单位线密度。麻条的单位线密度是指产品单位宽度上的麻条支数，是衡量牵伸罗拉对握持纤维制品厚薄的指标。用公式表示如下：

$$Tt_1 = Tt_2 \cdot B$$

式中：Tt_1——麻条单位线密度，tex；

$\qquad Tt_2$——牵伸罗拉下的麻条线密度，tex；

$\qquad B$——牵伸罗拉下的麻条宽度，即牵伸引导器宽度，cm。

由此可知，Tt_1 小表示牵伸罗拉下麻条厚，纤维易分层且罗拉在纤维上打滑；Tt_1 大表示牵伸罗拉下的麻条薄，影响牵伸力，所以纤维易缠皮辊罗拉。为此，并条机 $Tt_1 = 1.2～1.8$。生产中可用改变牵伸引导器宽度来达到。

3. 机械的影响

（1）针排的影响。螺杆式梳箱机构的针排运动，是借螺杆回转作用实现的，它生产的麻条质量好，不易产生麻粒子。但由于它的针板速度受导头打击次数的限制，不能太高，因此它的产量稍低，占地面积大。螺杆式针排的垂直速度（即降落速度）十倍于水平速度，相对停顿时间少。推排式梳箱机构的针排运动是回转式的，主要靠针排的相互推动，因此它的产量高，占地面积小。其缺点是梳理质量差，且易产生麻粒子。推排式针排的垂直速度与水平速度近于相等，故停顿时间长，且针在走出纱条时，有把纤维带走的现象。

（2）罗拉与皮辊。罗拉与皮辊是牵伸装置的主要部件，在亚麻纺纱中，为减少无控制区对麻条不匀的影响，一般选用较小的前下罗拉直径，甚至将一只前下罗拉，改为两只更小的前下罗拉。但是，罗拉太小影响机台的生产率，所以罗拉直径必须恰当。目前，成条机采用的罗拉直径为 105mm，并条机采用的罗拉直径为 45mm。为了使罗拉钳口准确地握持纤维，皮辊要承受较大的压力，而且它能使压力均匀地传播到钳口内的纤维上。在亚麻纺纱中，皮辊的直径总比金属下罗拉大，且都采用软木或牛皮作为包覆物。

（3）皮辊加压机构。皮辊加压是为了保证钳口具有足够的握持力，这样才能防止皮辊在纤维上打滑并防止纤维分层。目前，亚麻纺纱中的皮辊加压形式有三种，即重锤加压（又称杠杆加压）、弹簧加压和空气加压。

4. 其他因素的影响

（1）工人的操作水平。

①成条机工人的铺麻。要求每米长度上所铺麻重均匀，且每束麻的搭头（即叠合）长度保持一致。

②正确配用轻重麻条。在头道并条机前，应该使轻重麻条配备在一组中使用，以保证输出麻条均匀，提高麻条并合效果。

③挡车工应及时处理多股、缺股、皮辊或罗拉缠麻等现象，并保证每次接头的质量等。

（2）工艺设计的影响。在成条、并条工艺设计中，如牵伸倍数、麻条单位线密度、引出麻条速度等各项参数选择不当，都将使麻条的品质恶化，保证不了车间的均衡生产。

（3）纤维的回潮率与空气湿度。在牵伸过程中，纤维间、纤维与梳针及罗拉间的摩擦，都会产生静电。静电会使麻条中的纤维松散、机台不易正常开出。为此，生产中要求成条机、并条机上所用亚麻纤维的回潮率在14%～16%，车间空气的湿度在55%～65%。

五、亚麻粗纱

1. 粗纱的目的　由熟麻条纺成细纱，一般需要比较大的牵伸，按目前亚麻混纺细纱机的牵伸能力，粗纱机需分担5～13倍牵伸。其任务如下：

（1）将麻条进一步伸长拉细，以适应细纱机的牵伸能力。

（2）给纱条施以适当捻度，用来增加纱条强力，以承受卷绕和退留时的张力，并有利于细纱的牵伸和成纱质量。

（3）做成适当卷装，以适于细纱机喂入、储存和运输等方面的要求。

（4）进一步分劈纱条中的工艺纤维，清除不可纺纤维和杂质。

2. 粗纱机的种类　亚麻粗纱机与棉纺、绢纺及毛纺弱捻机基本相同，不同之处主要有两点：一是牵伸装置除靠两对罗拉，即喂入罗拉和牵伸罗拉外，其中间全靠针排，即单针排螺杆式针板牵伸装置。亚麻纤维通过牵伸区时，靠一排排针将纤维进一步分劈，提高亚麻纤维的分裂；二是纱管成形装置是由双盘式加捻卷绕机构组成的，其特点是容量大，不易脱落。

（1）按加捻和卷绕结构的形式分类。按此分类有平锭粗纱机和悬吊式锭翼粗纱机。这种结构的锭翼，上龙筋是固定的，下龙筋做升降运动。它又分为钟罩式吊锭翼和开式悬吊锭翼两种形式。

（2）按加工亚麻纤维的种类分类。可分为长麻粗纱机和短麻粗纱机。

长麻粗纱机即打成麻经栉梳机梳理后的梳成麻，再经长麻加工系统的粗纱；长麻粗纱机采用的牵伸倍数是9～13。

3. 亚麻粗纱机的工艺过程　不论哪种形式的亚麻粗纱机，其工艺过程基本相同，如图4－12所示。麻条自麻条筒2引出，经导条转子1，经喂入引导器3进入喂入罗拉对，喂入罗拉对由两只下金属罗拉4和一只自重加压罗拉5组成。麻条由喂入罗拉进入针排区6，针排的移动靠螺杆的回转，麻条从针排出来经过牵伸引导器11后进入牵伸罗拉对，牵伸罗拉对由下牵伸罗拉7（金属的）和上加压罗拉8组成，麻条由喂入罗拉到牵伸罗拉之间，受到牵伸作用后变成较细的麻条，这种麻条从牵伸罗拉输出后直接进入锭翼9，麻条从上面穿入锭翼顶部的孔中，由锭翼侧孔引出，通过锭翼臂中空腔导向筒管10。锭翼固套在锭子上，与锭子一起回转。因此，锭子转一转，麻条即被加上一个捻回。为使牵伸罗拉的麻条有规律地卷绕在筒管上，要求筒管转速大于锭翼转速，两者之差即是粗纱管单位时间内的卷绕数。同时，依

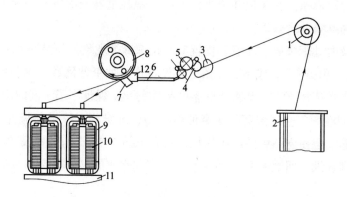

图4-12 亚麻吊锭粗纱机

1—导条转子 2—麻条筒 3—喂入引导器 4—下金属罗拉 5—自重加压罗拉 6—针排区
7—下牵伸罗拉 8—上加压罗拉 9—锭翼 10—筒管 11—龙筋 12—牵伸引导器

靠成形机构的作用，使上龙筋带着筒管一起按一定规律做升降运动，使粗纱卷绕成规定形状的粗纱管。

4. 亚麻粗纱机的主要机构及作用

（1）喂入机构。亚麻粗纱机的喂入机构，主要是一套装在轴上的导条轮分成两列，麻条自麻条筒中引出，分别由粗麻的导条轮及装在喂入罗拉后的喂入引导器而进入牵伸区。麻条经过的路途很长，导条轮和引导器不会相互干扰，导条轮在轴上的装置，除活套在轴上外，还可与轴固定死，但这时轴需积极回转，使导条轮的表面速度略低于喂入罗拉，以形成一定张力。导条轮与轴固定死比活套要好，可以避免活套装置的横向移动或因轴有麻绒而使轮回转不灵活。

（2）牵伸装置。亚麻粗纱机的牵伸装置，属单针排螺杆式针板牵伸装置。不过牵伸装置的具体工艺参数，如粗纱机针板上植针密度、牵伸倍数都较单针排螺杆式并条机要大。在粗纱机的牵伸装置中，靠近前罗拉处，装有集合器，其形状是进口大、出口小，俗称集麻喇叭口，具体尺寸可根据所纺粗纱的线密度确定。粗纱机上集合器的作用是使牵伸纱条的纤维适当密集，产生附加摩擦力界，有利于对浮游纤维的进一步控制，提高粗纱的质量。粗纱机与并条机的区别是：在粗纱机上麻条牵伸后不并合，所以在粗纱机上没有送出罗拉。

（3）加捻机构。不论是吊锭粗纱机或是平锭粗纱机，锭翼是完成加捻作用的主要机件。其锭翼的两臂是相同的，都是空心的，都可作为纱条的通道，臂的下端有导纱眼，可以使纱由空心臂引向筒管。

平锭粗纱机上锭翼的锭帽具有顶孔和侧孔，内孔焊有马钉，该钉坐落在锭子的螺旋形凹槽内，使锭翼和锭子连成一体，一起回转；吊锭粗纱机上，锭翼和锭帽是分开的。锭帽上也有顶孔和侧孔，下端与锭翼用螺纹相连。上端起锭子作用，带着锭翼一起回转。粗纱机的加捻过程如图4-13所示，须条自粗纱机前罗拉钳口输出，进入锭帽顶孔，从锭帽的侧孔中穿出，绕过锭帽表面若干弧度后，进入锭翼空心管臂。

由图 4 – 13 可知，边孔 b 为加捻点。纱条在 b 点获得捻度后传向钳口，使加捻区 acb 段纱条都有捻度。

加捻机件不可能安在极靠近前罗拉钳口的地方，而必须保持一定的距离。由于纱条有转移的特性，因此加捻点所加的捻回，可迅速地到达前罗拉钳口处，使松弱的须条在出前罗拉钳口后，就被加上捻回而具有一定强度，保证粗纱工序的顺利进行。加捻过程中，锭帽上的 c 点是阻止捻转移的地方，因此，在 ab 纱段上，bc 段纱的捻度大，而 ca 段纱的捻度小。结果是 ca 段常发生断头。在实际生产中，为了减少这一因素的断头，使 c 处与纱条有足够的摩擦力，就常在锭帽上刻槽或增加一只摩擦系数大的附件，如丁腈橡胶帽套等，用以增加 ca 段纱的捻度，从而提高了纱的强度，减少断头。

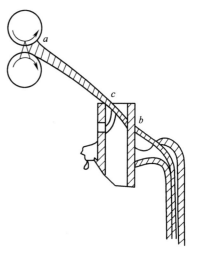

图 4 – 13　粗纱机的加捻

（4）卷绕成形机构。粗纱机上卷绕的基本机件是筒管和锭翼。要使筒管和锭翼的转速差，符合卷绕的四个基本要求，仅有筒管和锭翼是不够的，还必领有差动机构、变速机构、摆动机构、升降机构、成形机构及辅助机构等。这些机构总称为粗纱机的卷统成形机构。它们各自所起的作用如下：

①差动装置。差动装置装在粗纱机的主轴上，差动装置就是把变速机构的变化速度恒定的主轴速（翼使速）合成后传给筒管，以保证粗纱卷绕过程中的转速和载有粗纱管的龙筋升降变化的需要。

a. 粗纱机采用差动装置的优点。

• 筒管的传动可由传动龙筋的下铁炮担任；

• 铁炮只传递筒管回转所需要的一小部分动力，而主要动力来自主轴，可减轻铁炮皮带负荷，稳定皮带工作条件，减少滑动；

• 从主轴到差动装置的传动全部使用齿轮，因此，不存在滑动影响；

• 欲变更捻度齿轮时，粗纱的输出速度会相应按比例变化，卷统速度也随比例变化。

b. 差动装置的形式。粗纱机上的差动机构装在主轴上，其结构是一周转轮系，包括首轮、末轮和转臂三部分。亚麻粗纱机常用的差动装置形式有多种，如正常轮式、日星式、同旁式、偏心套筒式等，无论哪一种差动装置，应力求达到以下几点：

• 机构简单，保全保养方便；

• 平衡状态良好，回转时振动小；

• 机械效率要高，磨损要小；

• 传动正确。

偏心套筒式适用于 P—164—Л1 型、PO—164—Л 型长短麻亚麻粗纱机。为此，在设计差动装置时，除考虑机构简单外，一般使套筒回转方向与主轴相同，这样速度小，因而减小了磨损。此外，应使差动装置恒速部分与锭速间的偏差为零，即不一致系数为零。所谓不一致系数，就是差动装置的恒速部分与锭速间偏差对锭速的百分率。

c. 差动装置的传动计算。无论哪种形式的差动装置，都可用统一的维里斯公式计算：

$$i = \frac{M - n}{m - n}$$

或

$$M = im + (1 - i)n$$

式中：M——主轴转速（恒定速度，又称首轮转速）；

m——末轮转速（传向筒管的齿轮转速）；

n——传动铁炮变速臂的转速（由铁炮传来的变速）；

i——首轮到末轮的传动比，定首轮与末轮同向为 " + "，反向为 " - "。

例如，偏心套筒式差动装置的传动计算：

$$i = \frac{48 \times 72}{36 \times 60} = 1.6$$

$$M = 1.6m + (1 - 1.6)n = 1.6m - 0.6n$$

②变速机构。粗纱机变速机构，一方面是通过差动装置控制筒管的速度；另一方面又要控制升降速度。变速机构分为双曲线圆锥铁炮和直线型圆锥铁炮两种。亚麻粗纱机上都用直线型圆锥铁炮。上铁炮的速度是不变的，作为变速机构的主动件，下铁炮为被动件。由于皮带的移动，分别接触在上下铁炮直径比值不同的部位，因此，上铁炮的速度虽为恒值，而下铁炮的转速则随皮带位置的不同而异。这样在下铁炮端装有齿轮，通过这种齿轮把变化的速度传向差动装置传动龙筋的升降轴。

为了使下铁炮的转速符合粗纱卷绕速度和筒管升降速度，直线型锥形上铁炮的外形曲线应变为：

$$R = a - bx$$

下铁炮的外形曲线应为：

$$r = (K - a) + bx$$

式中：R，r——分别为上铁炮和下铁炮的半径；

a，b——常数，分别为铁炮皮带的起始位置和粗纱的卷绕层数；

x——铁炮皮带的位移值；

K——上下铁炮半径之和，即 $K = R + r$。

③摆动装置。差动装置的合成速度，由其末轮通过一系列齿轮或链轮传给位于上龙筋上传动全部筒管的长轴，差动装置末轮轴心就是主动轴轴心，其位置固定不变，但筒管长轴要随龙筋升降而升降（摆动）。所以，这两轴心的相对位置在运转过程中是不断变化的。为了在粗纱机运转过程中，任何时候都能把差动装置的末轮的转速传给筒管长轴，它们之间的传动结构，即要满足长轴上下摆动又能屈伸自如的条件。这种机构在粗纱机上称摆动装置。

常用摆动装置的形式很多，但它们的作用原理相同。运动中对摆动装置的要求是：机构简单、摩擦和噪声小、由摆动装置引起的回转误差近于零。因此亚麻粗纱机上常用四齿轮式摆动装置，如 P—164—Л 型与 PO—164—Л 型长短亚麻粗纱机和链轮式装置（如 PH—216 型与 PM—216A 型粗纱机）。

④龙筋及其升降机构。装载全部筒管及其传动长轴做升降运动的粗纱机前横梁俗称龙筋。其主体是 T 形铸铁横梁，由数节连接而成。载有筒管的龙筋升降，是由变速机构通过一系列齿轮传动的，在传动轮系中，有一对交换与主动轮 A 啮合的伞齿轮 B_1 和 B_2，称为齿合牙，如图 4 - 14 所示。

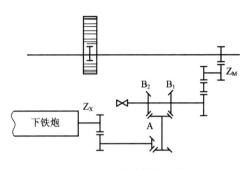

图 4 - 14　升降换向机构

当齿轮 A 由 B_1 啮合改为和 B_2 啮合时，升降轴的转向亦随之改变。改变咬合齿的动作由成形机构在龙筋每次上升或下降到端点时实现，因而龙筋能每次准时改变运动方向。

⑤成形机构。在亚麻粗纱机卷绕过程中，每层粗纱卷绕完毕后，卷绕机构应完成下列两个动作：第一，铁炮皮带在铁炮的轴向移过一定的距离，以改变变速机构的输出速度；第二，立即改变龙筋的升降方向。

这两个动作在粗纱机上由成形机构实现。龙筋升降齿杆，由升降齿轮传动升降，当上升到最高点时，定位销钉将龙筋上降齿杆向逆时针方向转，这时龙筋升降齿杆也向逆时针方向转，因上摇架与龙筋升降齿杆死固，所以也逆时针方向转。当上摇架上调节螺杆下压到下摇架面上时，迫使下摇架也逆时针方向转，由于下摇架活套在龙筋升降齿杆上，这时下摇架下端的横动装置做逆时针方向摇动，即把横动轴向右移动，造成轴上的合牙与之脱开，而使合牙与下摇架啮合，达到龙筋升降运动换向，下摇架摇动一次，其下端连成一体的拨杆就将直立掣子拨动一次，使棘轮与它暂时脱开，并且在重锤作用下转过一角度，同时铁炮皮带向右移过一定距离，达到每绕完一层粗纱，使铁炮皮带沿铁炮轴方向移动一定距离。

第四节　亚麻短麻工程

亚麻原料中，65% ~75% 是短纤维。亚麻纺织厂所生产的细纱中，55% ~65% 是短麻细纱。在国外，短麻纺纱普遍采用干法纺纱方法，而在国内，多采用湿法纺纱方法。在亚麻短麻制条中，所用短麻原料有以下几种：

（1）在栉梳机梳理打成麻时所获得的机器短麻；

（2）降级麻，即将短的麻和低级打成麻经开松机（或粗梳机）处理后的短纤维；

（3）粗麻，即将亚麻原料初加工，在制取打成麻时获得的一粗和二粗，经除杂（包括去除麻屑）处理后所获得的短纤维；

（4）由手工初梳、整梳或重梳后所得的短麻（现基本为栉梳重梳所获得的短纤维）；

（5）纺织厂各生产工序中产生的回丝。

以上短麻原料具有一个共同的特点，就是纤维混乱且相互纠缠，同时还含有大量的麻屑和纤维结等。而且纤维的各项技术指标，如长度、细度、强度等，等级不一致。但现在工厂中主要以机器短麻为主。

亚麻短麻纺纱的工艺流程为：

干法：混麻加湿→联合梳麻→预针梳→精梳→二道、三道针梳→干纺环锭细纱

湿法：混麻加湿→联合梳麻→二道预针梳→（再割）→精梳→四道针梳→短麻粗纱→粗纱煮漂→湿纺环锭细纱→细纱干燥→络纱

一、亚麻混麻加湿机

1. 亚麻混麻加湿机的主要任务

（1）把短麻原料（主要是机器短麻）制成具有一定结构的麻卷，以便后工序继续加工。

（2）尽可能去除短纤维中含有的草杂及不可纺纤维。

（3）开松、均匀混合各种短麻成分，使麻卷的结构均匀一致。

2. 亚麻混麻加湿联合机的工艺过程　如图4－15所示，首先把麻包解开送到喂麻帘子上，而后纤维进到混麻箱1内，角钉帘子从给混箱内抓取纤维后向上输送。角钉帘子抓取的纤维经过剥麻栉时被剥下，并送入倾斜式运输帘上，进入到第二混麻箱2内，纤维进一步混和后经运输帘的运输落到成层槽3中，成层槽可使纤维均匀并成层。按规定密度形成的麻层被送到成片机4上，成片机开松并清理纤维将其制成麻片。给乳后麻片在成卷机构上成卷，最后麻卷被置于麻卷架上。

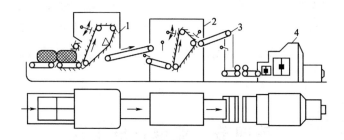

图4－15　亚麻混麻加湿联合机

1—混麻箱　2—第二混麻箱　3—成层槽　4—成片机

3. 混麻加湿机的主要机构及作用

（1）混麻箱。被松解的纤维经运麻帘输送到混麻箱内，底帘与角钉帘子同时运动，使混麻箱内的短纤维向角钉帘子靠拢，目的是使角钉帘子各部分所抓取麻层的密度均匀一些，并使其向前集中。角钉帘子把纤维从混麻箱内抓取后向上提起，若角钉帘子抓取纤维过多，上下摆动的上下均麻栉将其送回箱中。被角钉帘子带走的纤维，经过剥麻栉时被剥下，并送到混麻帘上。

（2）成层槽。如图4－16所示，成层槽借助托座1固定于支架2上的直角槽。槽的后壁是固定的，而活动的前壁用来调节输出纤维的间隙，调节范围为160～250mm。为了使成层槽出口处的纤维层均匀，槽上装有调节器，它可以保证纤维装入成层槽的指定位置。调节器

上装有经过后壁切口伸入槽里的侧板3，侧板固定在活动轴4上，并控制槽的宽度。活动轴4上还固定着杠杆5和侧板的平衡锤。当槽内纤维水平增高时，侧板向左倾斜，杠杆5经过无触点传送器6关闭喂麻机，停止向槽内供应纤维。随着纤维从槽内送出，槽内纤维面降低，侧板放开，传送器接通，恢复向槽内供麻。纤维从槽内出来落到有压辊8的运麻帘7上，然后进入运麻帘9。自重辊10将纤维压在运麻帘上，运麻帘9将纤维供给成片机的喂入装置。

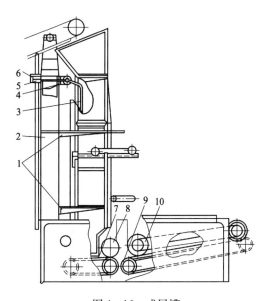

图 4-16　成层槽

1—托座　2—支架　3—侧板　4—活动轴　5—杠杆
6—传送器　7、9—运麻帘　8—压辊　10—自重辊

（3）成片机。成片机由2只喂麻罗拉、1只转移辊、1只锡林及输出罗拉组成。形成的麻片由给乳装置加湿送到成卷机构上成卷。

（4）成卷机。如图 4-17 所示，从成片机引出的麻片12进入引导罗拉13，再被紧压滚筒14引到离合套筒15，套筒以端面的齿牙将麻条挂住，因此麻条开始卷到套筒上。制动带11保证了麻条结实地卷绕。随着麻卷直径的增加，制动带可以阻止紧压滚筒向外偏移。用螺丝拉紧制动带，以螺丝10拧紧制动带，以调节滚筒压向麻卷的力量。制动带的另一端与绕轴8转动的杠杆7相连，杠杆7的另一端装有被凸轮4控制的转子3，凸轮4安在分配轴6上，连杆2装有弹簧5，同成卷盘1的摇架相连，并操纵其中一个成卷盘。需要的时候，它可以放松麻卷并让其滑到麻卷架上。当转子3沿着凸轮4的凸部滑动时，带动杠杆7的下端向右移动，而上端则向左移动。此时制动带夹紧制动盘，使滚筒14保持在卷绕麻卷的位置上。当麻卷绕满时，分配轴6转动一圈，转子3已移到凸轮4的小半径上，因而带动杠杆7的下端向左移动，而上端向右移动，使得制动带放松，从而解脱了对滚筒的制动作用。

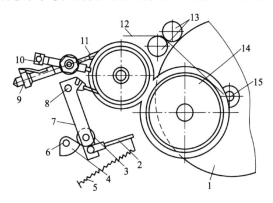

图 4-17　成卷机

1—成卷盘　2—连杆　3—转子　4—凸轮　5—弹簧　6—分配轴　7—杠杆　8—绕轴
9、10—螺丝　11—制动带　12—麻片　13—引导罗拉　14—紧压滚筒　15—离合套筒

二、高产联梳机

1. 亚麻高产联梳机的任务　亚麻高产联梳机，是亚麻短麻纺纱工程对纤维梳理的第一道工序，它有下列任务：

（1）制成麻条。把亚麻混麻加湿制得的麻卷，制成具有一定线密度且结构均匀的麻条，以便后工序继续加工。

（2）除杂。去除短纤维中含有的大量杂质和不可纺纤维。

（3）混和纤维。纤维得到进一步的混和，使麻条的结构均匀一致。

（4）分劈纤维。短麻纤维经过联梳机的梳理后，能将粗的工艺纤维分纫成较细的工艺纤维。

（5）牵伸与并合。将麻条拉细抻长，并通过并合达到麻条条干均匀。

2. 高产联梳机的工艺过程　高产联梳机由退卷装置、预梳机、梳麻机、自动调整牵伸倍数的牵伸车头和自动换筒机构组成。其工艺过程如图4-18所示。

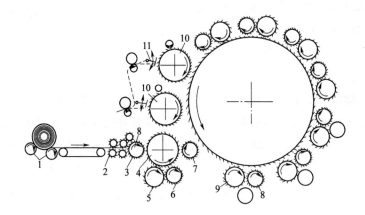

图4-18　高产联梳机工艺简图

1—退卷滚筒　2—喂麻罗拉对　3、5—清除罗拉　4—预梳滚筒
6、8—工作罗拉　7—传送辊　9—剥麻罗拉　10—道夫　11—斩刀

从退卷辊筒1下来的麻卷（9~10根）经喂麻帘子进入喂麻罗拉2。为了更好地握持和控制纤维的喂入量，机器上安有两对喂麻罗拉。两对喂麻罗拉又将纤维输送到预梳机上，它由预梳滚筒4、清除罗拉5和工作罗拉6及向锡林输送纤维的传送辊7组成。在清除罗拉5和工作罗拉6的配合下进行预梳理。经预梳理后的纤维，由传送辊7将它输给锡林，经过7对剥麻罗拉9和工作罗拉8组成的梳理区，完成对纤维的梳理，最后由两只道夫10凝聚纤维，被斩刀11斩下后，输往牵伸头。图中的3称为清除罗拉，它的作用是清除第2对喂麻罗拉上的纤维，并将它转移给预梳滚筒4。

3. 高产联梳机的主要机构及作用

（1）退卷装置。退卷装置是由一对退卷辊筒组成，麻卷放在退卷辊筒上面，退卷辊筒顺时针转动，使麻片均匀退绕铺放在喂麻帘子上。

（2）梳理机构。梳理机构是联梳机最基本的组成部分，联梳机的几项重要任务主要由梳理机完成。这里所说的梳理机包括预梳部分及主体梳理部分。

①梳麻机的拉松作用。梳麻机的拉松作用是在纤维被积极握持的情况下，由高速回转的梳针插入纤维块中，使纤维得以分解而实现的。在梳麻机上，发生纤维拉松作用的地点是喂麻罗拉对与锡林处，当喂麻帘子上的麻纤维露出喂麻罗拉对时，立即受到高速回转锡林上梳针密集的梳理作用，促使纤维得以松解。

梳麻机上纤维的松解程度，取决于锡林的速度、锡林与喂麻罗拉的速比、锡林与喂麻罗拉间的隔距以及喂入纤维的性状等。

②梳麻机的梳理作用。梳麻机的梳理作用，主要发生在锡林与工作罗拉处，其次是锡林与喂麻罗拉对和道夫锡林处。

由梳麻机的工艺过程可知，锡林在喂麻罗拉对上抓取纤维，松解纤维的同时就有梳理作用。之后，锡林带走的纤维，经过第一对工作罗拉与剥取罗拉时，其中一部分纤维被工作罗拉抓取，抓取纤维的同时，纤维受到了梳理。被工作罗拉抓取的纤维，又被剥麻罗拉剥取，再转移给锡林，锡林带着这部分已被梳过一次的纤维，通过第二只工作罗拉时，有可能被工作罗拉再抓取，而受到重复的梳理。梳麻机上共有 7 对工作罗拉与剥麻罗拉，锡林带着纤维经过如此 7 个梳理点的梳理及重复梳理。经梳理后的工艺纤维被分裂成分裂度更大的、长度更短的工艺纤维。

③梳麻机的混合作用。梳麻机混合纤维的作用，主要发生在锡林与工作罗拉及剥麻罗拉之间，此外，是在锡林与道夫之间。

a. 锡林与工作罗拉及剥麻罗拉之间。当锡林上一部分纤维转移到工作罗拉上时，因为工作罗拉的表面速度远较锡林慢。这样，先前在锡林表面上的薄层纤维，密集地凝聚到工作罗拉的针面，起到了混合纤维的作用。当工作罗拉上的纤维层被剥麻罗拉剥下并转移给锡林时，将与锡林带来的纤维重合，又一次发生了混合纤维的作用。

b. 锡林与道夫间的混合。高速回转的锡林带着纤维通过道夫作用区时，就凝聚到慢速回转的道夫针面上，起到了混合纤维的作用。锡林带着纤维通过道夫作用区时，不是将全部纤维转移给道夫，而有相当数量的纤维仍被锡林带走，成为返回负荷，这些纤维又与新喂入机内的纤维混合，达到混合纤维的作用。

④梳麻机的均匀作用。梳麻机对改善麻条短片段不匀率有明显的效果。

纤维在梳理过程中，经受多次反复的并合作用，在梳麻机上，由于各机件的表面速度不同，会分别产生凝聚或分散现象。高速回转机件上的纤维转移到低速机件上时，就产生纤维的凝聚现象，如锡林上的纤维转移到工作罗拉上或道夫上的情况。当低速回转机件上的纤维转移到高速机件上时，就产生纤维的分散现象，如喂麻罗拉或剥麻罗拉上的纤维，转移给锡林针面的情况。纤维的这种分散或凝聚现象，就是纤维得到充分混合的过程。

锡林表面的返回负荷及锡林针板具有积累纤维的能力。因为锡林上的针板具有一定的弹性，纤维又是一种半弹性体。当针板上的纤维量增加时，挤压力增大，纤维层压缩而使针板吸收一部分纤维；而当针板上的纤维量减少时，挤压力变小，这时就在高速离心力的作用下，将原先积聚在针板上的部分纤维输出，而补偿一部分纤维，保证了麻条短片段的均匀。

⑤梳麻机的除杂作用。除杂是梳麻机的重要任务。梳麻机清除杂质及短纤维的作用，主要发生在剥麻罗拉与工作罗拉之间的剥麻区，其次是剥麻罗拉及锡林的表面。剥麻罗拉与工作罗拉之间的除杂情况主要在工作罗拉与剥麻罗拉的工作区。由于速度较快的剥麻罗拉从工作罗拉上剥取纤维时，纤维层变薄，使短纤维及杂质处于浮游状态，在钢针的不断打击下发生抖动，达到除杂效果。剥麻罗拉与锡林表面的除杂，是根据杂质与纤维间的不同密度。由于剥麻罗拉与锡林的高速回转，它们获得不同的离心力，达到去除纤维中杂质的效果。

梳麻机的除杂效果，与纤维层的厚度、杂质在纤维层中所处的位置以及剥麻罗拉和锡林的表面速度等因素有关。

梳麻机在发挥上述作用的同时，可能产生一些不良的副作用，就是形成麻粒子（麻结）。扭结在一起的纤维团叫麻结，俗称麻粒子。它是评定梳麻机工作质量的重要指标。梳麻机上形成麻粒子的原因有下列两点。第一，纤维在梳理过程中断裂。即当纤维被两针面握持后，在握持力或梳理力大于纤维强力时就发生断裂。断裂时纤维产生急弹性变形，使纤维端急剧回缩，与邻近的纤维扭结在一起，形成麻粒子。第二，纤维在两针面间的搓动或滚动。即纤维没有被两个针面中任意一个针面握持，两针面间的隔距较大时，纤维就出现搓动现象，使几根纤维搓成麻结。在两针面的隔距较小时，纤维就出现滚动现象，使纤维滚成一团形成麻结。

（3）牵伸车头。联梳机的牵伸车头装有自调匀整装置，如图4-19所示。车头由机械传送器的测量辊1、分条板2（能将麻条分成形状特殊的两根麻条）、喂入引导片3、紧压辊4、推排式针排5、牵伸罗拉6、送出引导片7和送出罗拉8组成。

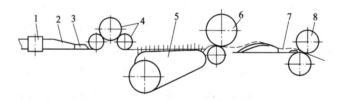

图4-19 联梳机的牵伸车头
1—测量辊 2—分条板 3—喂入引导片 4—紧压辊 5—推排式针排
6—牵伸罗拉 7—送出引导片 8—送出罗拉

自调匀整装置能自动改变牵伸罗拉的线速度，从而改变牵伸倍数，自动地调节麻条线密度，使麻条均匀。其工作原理是由一对检测罗拉将从麻条上检测到的不匀信号，通过杠杆机构传送给一个电气装置。该电气装置改变电动机和传动轴的转数，从而改变牵伸罗拉和引出罗拉转速。根据不同用途，麻条单位重量为12~20g/m，重量偏差为10%~20%。梳理亚麻短纤维可获得20~40mm的针梳落麻，短纤维的质量不同，针梳落麻的数量也不同。一般针梳落麻可占被梳理亚麻短纤维的10%~35%。

针梳落麻中包含5%~10%的麻屑和其他杂质，在振荡机和除尘机上加工后，这些麻屑和杂质可用于生产非织造织物，在个别情况下，也用于纺制粗特纬纱。梳麻机下边的落麻用气流清除，灰尘用集尘器抽出。

4. 联合梳麻工艺参数

（1）工艺隔距。隔距是梳麻机的一个重要工艺参数。生产中调整隔距，是控制梳麻机质量最常用的手段之一。

①调整与选择隔距的基本原则。符合纤维的梳理原则，即纤维受到的梳理，应由浅入深，由弱到强。正确选定轻打轻梳，或轻打重梳，或重打轻梳，或重打重梳的工艺原则。

所谓轻打、重打，是在工艺上表示纤维喂入机内时所受到锡林梳针打击作用的强弱或轻重情况，体现在喂入机构与锡林间的隔距上。此隔距小为重打，打击作用强烈；反之为轻打，打击作用弱。

所谓轻梳、重梳，是在工艺上表示纤维受到梳理作用的强弱情况，体现在锡林与工作罗拉间的隔距上，此间隔距小为重梳，梳理作用强；反之为轻梳，梳理作用弱。

②亚麻梳麻机上常用的隔距。

a. 喂麻罗拉与锡林间的隔距。这处隔距将决定纤维重打或轻打的程度，即直接影响到梳理后纤维的长度并影响到产生麻粒的多少。所以这是梳麻机的重要工艺参数之一。

b. 工作罗拉与锡林间的隔距。这处隔距影响锡林与工作罗拉间的分配系数，即涉及梳理程度和混合的效果，因此也是梳麻机的重要工艺参数之一。选择时，应使1~7工作罗拉与锡林的隔距，依纤维的行进方向逐渐变小，使纤维受到的梳理作用逐渐加强。

c. 工作罗拉与剥麻罗拉的隔距。这处隔距的配置应能保证工作罗拉针面上的纤维能被剥麻罗拉全部剥下，使工作罗拉以干净的表面去抓取锡林上的纤维。为此，这处隔距在两个针面不碰针的情况下，以较小为好，并按纤维逐渐梳松的情况，依1~7的顺序，工作罗拉与剥麻罗拉间的隔距逐渐变小。

d. 剥麻罗拉与锡林的隔距。这处隔距的配置应保证剥麻罗拉从工作罗拉剥取的纤维，能全部转移给锡林。因此，这处隔距也以较小为好，并按纤维的运动方向，依1~7的顺序，作用区隔距逐渐变小。

e. 道夫与锡林的隔距。这处隔距既关系到机台的产量，又关系到锡林与道夫间的分配系数，因此在生产中一般都采用小隔距。

f. 道夫与斩刀的隔距。这处隔距的配置应保证将凝聚在道夫上的纤维，尽可能全部被斩刀剥下。

③梳麻机生产中常用的隔距值见表4-3。

表4-3　梳麻机生产中常用的隔距值

隔距名称	隔距（mm）	隔距名称	隔距（mm）
喂入罗拉与锡林	3~3.5	6~7剥麻罗拉与锡林	0.9
1~3工作罗拉与锡林	1.3	1~3工作罗拉与剥麻罗拉	1.7
4~5工作罗拉与锡林	1.1	4~5工作罗拉与剥麻罗拉	1.3
6~7工作罗拉与锡林	0.9	6~7工作罗拉与剥麻罗拉	0.9
1~3剥麻罗拉与锡林	1.5	上、下道夫与锡林	0.8、0.7
4~5剥麻罗拉与锡林	1.3	道夫与斩刀	1.5

（2）工作机件的速度。工作机件的速度对梳麻机的产量和质量有重大影响。通常将两个工作机件的线速度比值称为速比。因此，速比也是梳麻机的重要工艺参数。

①锡林的速度。梳麻机锡林的回转直径较大，高速将受到限制，一般亚麻梳麻机的锡林转速是 140～180r/min。欲改变工作机件的速比，一般是改变其他工作机件，很少变动锡林的转速。

②锡林与喂麻罗拉的速比。此速比间接地反映出喂麻罗拉喂入单位长度的麻层受到锡林梳针作用数的多少以及纤维所受打击力的大小。生产实践中，对于强力差的纤维，此速比为 700～800，而对于强力高的纤维，此速比可选 1300～1500。

③锡林与工作罗拉的速比。在亚麻纺纱中，锡林与工作罗拉的速比又称梳理程度。可见，此速比对梳麻机的梳理质量具有重要的作用。对于品质正常的亚麻纤维来说，一般选用 80～100 的速比，稍差的亚麻纤维，速比略低些，品质较好的亚麻纤维，速比可稍高些。

④剥麻罗拉与工作罗拉的速比。为了保证剥麻罗拉能将工作罗拉表面上的纤维层全部剥下，又能很好地除杂，剥麻罗拉与工作罗拉的速比应在 5 倍以上，生产中是根据短麻情况选定剥麻罗拉转速的。湿纺短麻，剥麻罗拉转速选 200～800r/min；干纺短麻，剥麻罗拉转速选 150～250r/min；粗麻，剥麻罗拉转速选 200～300r/min。

⑤道夫的速度。道夫的转速在 6～18r/min，一般选用 10～12r/min。这样的转速能使锡林上的纤维较好地凝聚到道夫上，并被斩刀顺利剥下。在生产中，当选定道夫转速后，一般不轻易变动。

⑥牵伸罗拉（引出罗拉）与喂麻罗拉的速比。此速比称为梳麻机的牵伸倍数，纺短麻时选 13～17；纺粗麻时，选 10～15。实践表明，输出麻条线密度不变，或者单位时间内的喂麻重量不变时，选用较小的速比，即较小的牵伸倍数，会使输出麻条的质量提高。

⑦斩刀摆动次数。斩刀摆动次数太少，会影响麻条的均匀度，斩刀摆动次数太多，又容易使斩刀部件损坏。所以，生产中一般根据加工纤维的长度，选定斩刀的摆动次数：纺高号（即 12 号及其以上）短麻时为 75 次/min，纺一般短麻时为 80 次/min 以上，纺粗麻时为 95 次/min 以上。

5. 牵伸头（引出车头）工艺参数

（1）出条重量。出条重量与梳麻机的产量直接有关，还与头道并条机的针板负荷直接有关。生产中经常选用的出条重量为 14～16kg/km。

（2）牵伸头的牵伸倍数。牵伸头的牵伸倍数由梳麻机输出麻条的重量决定，而这个重量又与梳麻机上道夫的负荷有关。因此在生产中，纺短麻时用 2～3 倍，纺粗麻时用 2.5～3.5 倍。

6. 牵伸头针栉与喂麻罗拉的速比 为了保证麻条不浮在针面上，针栉速度应比喂麻罗拉线速度高一些，其高出的百分率称为超速比。在生产中，纺短麻时，超速比应选 6%～9%；纺粗麻时，超速比应选 9%～13%。

三、亚麻精梳

精梳在短麻加工中采用得比较普遍，少数国家也有对打成麻直接采用不同于栉梳机梳理的精梳工艺。亚麻精梳工艺以其能利用低等原料纺出更细、表面更干净的细纱而占有特殊的地位。在亚麻短麻麻条中，含有一定数量的长达50mm的较短纤维和麻屑粒子等，这些物质影响纺纱工程的顺利进行和成纱质量。为了提高短麻纤维的纺纱性能，就需采用短麻精梳工程，采用的精梳机称亚麻短麻精梳机。

1. 精梳的目的

（1）除去麻条中不适应纺纱要求的短纤维，提高产品内纤维的长度、整齐度，并稍许增加长纤维的含量，短纤维的存在会大大影响纺纱性能，使牵伸困难，条干不匀，强力降低，断头增加。

（2）较为完善地除去纤维疵点和细小麻屑等杂质，减少细纱和成纱疵点。

（3）使纤维在梳理中进一步顺直平行，分纰成较细的工艺纤维，提高麻条的条干均匀度。

（4）使纤维得到进一步的混合。

在精梳过程中，精梳落麻的数量多，可以提高麻条中纤维的平均长度，改善纺纱性能，但同时也降低了麻条的制成率；减少精梳落麻的数量，可以提高麻条的制成率，降低成本，但对麻条质量会有影响，因此要控制好精梳落麻率，以提高麻条质量。

2. 亚麻精梳机的类型和特点　　目前国内外使用的亚麻精梳机都是前摆动、间歇式直型精梳机，它们的工作特点为：梳理是间歇式、周期性进行的；去除麻粒和草杂的效果好；精梳落麻低，但产量也较低。

在直型精梳机中，由于拔取部分的喂入部分的摆动形式不同，又区分为前摆动（拔取部分摆动）、后摆动（喂入部分摆动）和前后摆动（拔取、喂入部分相对摆动）三种。亚麻精梳机为前摆动式，这种直型精梳机也称固定钳板式精梳机，其主要特点是：喂入钳口固定不动，拔取车做前后摆动，以完成对纤维的分段定向梳理工作。在这类机器上，麻网易风动，而且传动机构复杂，不宜高速。我国国产短麻精梳机由毛纺B311型精梳机改装而来，分为A型和B型，A型是扇形摆动齿传动（亚麻精梳机用此类型），B型是链条轮传动。

3. 亚麻精梳机的工作过程　　亚麻精梳机的工作过程如图4-20所示。

麻条筒中的麻条，经导条辊按顺序穿过导条板1和2的孔眼，移至托麻板3上，麻条在托麻板上均匀地排列，形成麻片，喂给喂麻罗拉4，喂麻罗拉间歇性转动，使麻片沿着第二托麻板5周期性地前进。当麻片进入给进盒6时，受给进梳7上的梳针控制，喂给时给进盒与给进梳握持麻片，向张开的上、下钳板8移动一些距离，麻片进入钳板后，上、下钳板闭合。把悬垂在圆梳14上的麻须丛牢牢地握持住，并由装在上钳板的小毛刷，将须丛纤维的头端压向圆梳的针隙内，接受圆梳梳针的梳理，并分离出短纤维及杂质。

须丛纤维经圆梳梳理后得以顺直。除去短纤维及杂质，由圆毛刷15从圆梳针板上刷下来，圆毛刷装在圆梳的下方，其表面速度比圆梳快，以保证清刷效果。被刷下的短纤维由道夫16聚集，经斩刀17剥下，储放在短麻箱18中，而草杂等经尘道19被抛入尘杂箱20中。

当圆梳梳理纤维丛头端时，拔取车便向钳口方向摆动，此时，剥取罗拉13做反向转动，

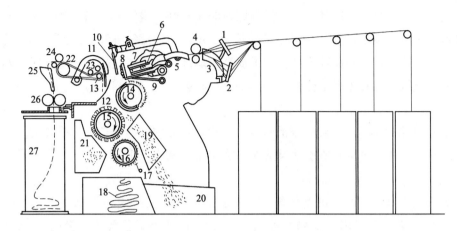

图 4 - 20 精梳机工艺简图

1、2—导条板　3—托麻板　4—喂麻罗拉　5—第二托麻板　6—给进盒　7—给进梳　8—下钳板　9—铲板　10—顶梳
11—上打断刀　12—下打断刀　13—剥取罗拉　14—圆梳　15—圆毛刷　16—道夫　17—斩刀　18—短麻箱　19—尘道
20、21—尘杂箱　22—拔取皮板　23—拔取导辊　24—卷取光罗拉　25—集麻斗　26—出麻罗拉　27—麻条筒

把前一次已梳理过的须丛纤维尾端退出一个长度，以备和新梳理的纤维头端搭接。为防止退出纤维被圆梳梳针拉走，下打断刀 12 起保护须丛的作用，圆梳梳理须丛纤维头端完毕，上、下钳板张开并上抬，拔取车向后摆至近处，此时剥取罗拉在转，由铲板 9 托持须丛头端送给剥麻罗拉剥取，并与剥麻罗拉退出的须丛叠合而搭好头，此时，顶梳 10 下降，其梳针插入被剥取罗拉剥取的须丛中，使须丛纤维的尾端接受顶梳的梳理，拔取罗拉在正转剥取的同时，随拔取车摆离钳板，以加快长纤维的剥取。此时，上打断刀 11 下降，下打断刀 12 上升成交叉状，压断须丛，帮助进一步分离长纤维。

须丛纤维被剥取后，成网状铺放在拔取皮板 22 上，由拔取导辊 23 使其紧密，再通过卷曲光罗拉 24、集麻斗 25 和出麻罗拉 26 聚集成麻条后进到麻条筒 27 中，由于麻网在每个工作周期内随拔取车前后摆动，拔取罗拉正转前进的长度大于反转退出的长度，因而麻条周期性地进入麻条筒中。

4. 亚麻精梳机的机构

（1）喂入机构。此机构包括条筒喂入架、导条板、喂麻罗拉、喂麻托板、给进匣和给进梳等。

（2）钳板机构。此机构包括上、下钳板和铲板。

（3）梳理机构。此机构包括圆梳和顶梳，有的机构包括给进梳。

（4）拔取分离机构。包括剥取罗拉、拔取皮板、上下打断刀等。

（5）清洁机构。包括圆毛刷、道夫、斩刀和落物箱等。

（6）出条机构。包括出条罗拉、喇叭口、紧压罗拉和麻条筒等。

5. 亚麻精梳机的工艺　我国亚麻纺纱厂内，只采用短麻精梳机，所以仅对短麻精梳工艺做一简介。

（1）梳理死区。当钳板握持麻片的头端由锡林进行梳理时，未能被锡林钢针梳理的一段

长度，称为精梳机梳理死区。梳理死区的长度 a，可通过图
4-21所示的几何关系求得：

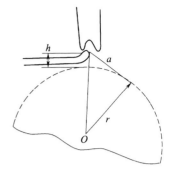

$$a = \sqrt{(r+h)^2 - r^2} = \sqrt{2rh + h^2}$$

式中：h——锡林针尖到钳板钳口线的最小间距，mm；

r——锡林的半径，mm。

图4-21 精梳机梳理死区

亚麻式精梳机梳理死区的长度为12.5mm，为了尽可能避免麻片中有漏梳现象，要求顶梳插入麻片的最初位置，不应落在梳理死区，应该大于这个死区长度，即插入的位置尽可能靠前。

（2）拔取隔距。从钳板对麻片的钳制线到拔取罗拉的中心线之间的距离，称为拔取隔距，常用 R 表示。拔取隔距的大小，应根据纤维的长度来决定，拔取隔距太大会增加精梳落麻，影响精梳制成率；拔取隔距太小会使短纤维进入精梳麻条中，影响精梳麻条的纤维平均长度及质量。精梳机的拔取隔距可在 $39 \sim 46$mm 之间调整，经常采用的拔取隔距为43mm。

（3）喂给系数。精梳机在拔取过程中，顶梳前进的距离与喂入长度的比值，称为喂给系数，用 a 表示。根据定义：

$$a = \frac{s}{F}$$

式中：s——顶梳插入麻丛的前进距离，mm；

F——每次精梳机的喂给长度，亦即给进匣（喂麻盒）的动程，mm。

从上述公式中可知，如 $s = 0$ 时，$a = 0$，表示在拔取过程中，不向机台喂麻；如 $s = F$ 时，$a = 1$，表示在拔取过程中，向机台喂给 F 长度麻片；如 $s < F$ 时，$a < 1$，表示在拔取过程中，先喂入机台长度为 aF 的麻片，而待顶梳抬起后要补充喂入余下长度为 $(1-a)F$ 的麻片。

目前，我国的亚麻短麻精梳机，所采用的喂入方式都属第二种，即 $s = F$ 时的情况。喂给系数 a 的大小，直接关系到精梳机的落麻率。喂入长度 F，可在 $6 \sim 11$mm 内调节，一般采用 $F = 7$mm。

（4）圆梳（锡林）的转速。圆梳（锡林）的转速，同其梳理速度和机台的产质量有关。精梳机的设计中，圆梳（锡林）的梳理速度是变化的，即梳理区的速度应高于非梳理区的速度，而且就是梳理区的速度，也应由慢逐渐变快到由快逐渐变慢。这样变速的目的，在于减少纤维在梳理过程中的损伤，且提高梳理效果。亚麻生产中，圆梳（锡林）的转速是 $90 \sim 105$r/min，经常选用的是95r/min或100r/min。

（5）影响短麻精梳工艺指标的因素。

①精梳纤维的长度。精梳麻条中的纤维最短长度 I_0 及精梳落麻中的纤维最大长度 L_g，也是衡量精梳机工艺质量的重要指标。它同精梳机的拔取隔距 R、纤维的伸直情况 H 及喂入长度 F 有关。

在实际生产中，精梳麻条中的最短纤维长度 I_0 应符合：

$$I_0 = (R - F) \cdot H$$

精梳落麻中最大纤维长度 L_g 应符合：

$$L_g = R \cdot H$$

当 $I_0 < (R - F) \cdot H$ 或 $L_g > R \cdot H$ 时，表示精梳机工艺选择得不合理，应及时给以调整。

②精梳机的落麻率。精梳机的落麻率是衡量产品成本和质量的重要指标。在亚麻短麻精梳中，落麻率指标一般控制在 20% ~ 25%。落麻率高，表示制成率低，产品成本将提高；落麻率低，表示精梳麻条中该去除的短纤维残留得较多，影响麻条质量。该指标与拔取隔距 R、喂入长度 F、喂给系数 a 和纤维的伸直情况 H 有关。

③精梳机的梳理程度。精梳机的梳理程度，是指麻网中工艺纤维受到锡林和顶梳钢针平均作用的针数。这是衡量精梳麻条质量的一项重要指标。

影响梳理程度的因素很多。在其他条件相同时，圆梳针密与梳理程度成正比；喂入麻片的特数越低（即越薄），梳理程度越高；拔取隔距越大，梳理程度也越大；喂给长度小，因梳理的重复次数多，故梳理程度也越高；锡林梳理的纤维长度占整根纤维长度的百分率越高，则梳理程度也越高。

6. 国外精梳机 国外比较先进的精梳机有法国 NSC 公司的 PB29 型、意大利太玛太克斯公司的 TT80 型，车速达 180 钳次/min。现列举 PB29 型加以叙述。

（1）PB29 型精梳机为前摆动、间歇式直型精梳机。该机车速最高可达 180 钳次/min，喂入量高达 360g/m，喂入纤维长度 4.5 ~ 8.8mm/钳次，产量 17.3 ~ 20kg/（台·min）。该机去除麻粒、草屑能力强，它以链条传动代替传统的扇面牙传动，以气流吸风装置代替传统的打断刀装置。这两个机构的改进，减少了运转中的往复振动，因而达到了高速、高产的目的。

（2）PB29 型精梳机的优点。该机除喂入麻条纤维顺直程度好以外，还具有下列优点。

①上下钳口形状为直角（图 4-22），咬合点多，而且由于弹簧作用使钳口握持力大。钳口紧握须丛进行梳理，精梳短麻中长纤维含量少（仅 6% ~ 10%），可提高制成率。

②第一块圆梳为金属针布结构（图 4-23），齿深 4.1mm，$\alpha = 56°$，$\beta = 44°$，金属针布的结构特点，决定了可容纳较多的纤维量。

③圆梳梳针表面光洁，减少了纤维深入针齿的摩擦阻力，为增加喂入量创造了条件。

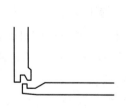

图 4-22 精梳机上下钳口

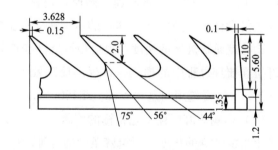

图 4-23 金属针布外形尺寸

（3）加强梳理的几个特点。

①减少了梳理死区长度。根据直型精梳机工艺理论，圆梳对须丛梳理时总有 a 长度（梳理死区）的须丛不能得到梳理，通过图 4-21 分析得知：

$$a = (2rh + h^2)^{1/2}$$

式中：h——最后一排圆梳针夹到钳板距离（PB29 型为 $0.2 \sim 1$ mm）；

　　　　r——圆梳半径。

PB29 型精梳机梳理死区长度 $a = 5.52 \sim 12.37$ mm，死区长度小，所以麻粒、草屑被清除得彻底。

②圆梳结构特点。第一块圆梳为金属针布结构，能承受较大的梳理力，不易损坏。第二块圆梳梳针为扁针，扁针除能提高钢针抗拉强度，增大钢针受力外，还可加大梳针密度与纤维的接触面积，对去除麻粒、草屑十分有利。

③圆毛刷的特点。该毛刷以植物性草根作为毛刷材料，刚度优于猪鬃和尼龙，而且有严格的调节和更新周期，所以毛刷能在每一循环中对圆梳进行彻底的清洁。

第五节　亚麻细纱与干燥

一、亚麻细纱

1. 细纱的目的　细纱就是将粗纱或麻条纺成具有一定细度且符合国家质量标准要求的纱线，供捻线、织造等使用。为此，细纱的目的是：

（1）牵伸。将喂入的粗纱或麻条均匀地抽长拉细到成纱所要求的线密度。

（2）加捻。将经过牵伸后的纱条加上适当的捻回，使成纱具有一定的强度、弹性和光泽等物理、机械性能。

（3）卷绕成形。将纺成的细纱按一定的成形要求，连续不断地卷绕在筒管上，以便于运输、储存和后加工。

2. 细纱机的类型

（1）按加捻卷绕机构的形式分类。

①环锭细纱机。环锭细纱机的加捻卷绕机构主要由带着细纱筒管一起高速回转的锭子、环形钢领及套在其上运动的钢丝圈（或铜丝钩）组成。目前，国内亚麻湿纺系统中，均采用这类细纱机。

②吊锭细纱机。其加捻卷绕机件系吊锭式，即锭翼单独悬挂高速回转，锭子仅作为细纱筒管的竖轴。目前，国内亚麻干纺系统中，采用这种细纱机。

③离心式纺纱机。其加捻卷绕机构主要为一高速回转的离心杯。

④自由端纺纱。包括气流纺纱、静电纺纱、尘笼纺纱、平网吸附纺纱、涡流纺纱、插锭纺纱和搓捻纺纱等形式。

⑤非自由端纺纱。包括自捻纺纱、喷气纺纱和包缠纺纱、黏合纺纱、集聚无捻纺纱、轴向纺纱和科弗纺纱等。

（2）按纺纱方法分类。

①干纺细纱机。这种细纱机纺纱时没有任何给湿机构。这是各纺纱系统中普遍使用的细

纱机。

②湿纺细纱机。这是亚麻纺纱系统中一类特殊的细纱机。该机在粗纱进入牵伸机构前，先通过特制的水槽进行浸湿，使粗纱在完全湿润的状态下进入牵伸区受到牵伸作用，最后纺成湿纺细纱。

（3）按细纱机的牵伸能力分类。它分为普通细纱机和大牵伸细纱机。亚麻纺纱中普通细纱机的牵伸倍数不超过 15 倍。凡牵伸倍数在 15 倍以上的细纱机，都称为大牵伸细纱机。目前亚麻大牵伸细纱机的牵伸倍数最大可达 40 倍。

（4）按牵伸机构的形式分类。它可分为二罗拉式、二罗拉挡杆式、二罗拉胸板式、二罗拉针排式、三罗拉式、单皮圈轻质辊和双皮圈式等。

3. 细纱机的工艺过程

（1）湿纺环锭细纱机的工艺过程。亚麻细纱工程中既有湿纺工程也有干纺工程，这是它与其他纤维细纺工程最大的差异之处。亚麻湿纺过程中，粗纱在牵伸前先经 60℃ 左右热水浸润数秒钟，这样，亚麻工艺纤维（约 2tex）上黏合单纤维的果胶等伴生物（果胶、半纤维素、木质素等）由于热水的作用，发生溶胀，使单纤维间黏合力减弱，在牵伸罗拉强力的作用下，工艺纤维产生分纤，须条中不是原先的工艺纤维，而是由分纤成较纤细纤维束组成的细纱。因此，湿纺细纱比干纺细纱条干均匀、强度高、毛羽少，湿纺工程，细纱强度对单纤维强度利用系数在 38% 左右，湿纺细纱断裂长度为 17～18km，强度不匀率为 15%～17%。

按一般机械纺纱要求，若要保证纱有足够强度、均匀条干和正常断头率，每根纱中至少有 50 根纤维。亚麻纤维的线密度（分裂度）约 2tex，按此计算，亚麻干纺细纱的线密度为 $2 \times 50 = 100$tex。实际也是这样，干纺纱可纺线密度为 50～120tex。干纺纱的单纤维强度利用系数仅比混纺纱低 30%。

图 4 - 24 所示是我国普遍采用的 ΠM—88—Л5 型湿纺环锭细纱机。其工艺过程为：多孔粗纱筒管 1 放置在回转的蘑菇状托盘上，粗纱较容易地从筒管上退绕下来，经过转动的引导转子进入水槽 2，粗纱在水槽内受热水浸润后，绕过强制回转的喂入辊，再进入皮圈牵伸装置 3，该机的牵伸机构由喂入罗拉、中间的单皮圈轻质辊和牵伸罗拉组成，浸透的粗纱由喂入罗拉喂入，经中间单皮圈轻质辊托持，到达牵伸罗拉，由于牵伸罗拉的表面速度较喂入罗拉快得多，所以粗纱在此间受牵伸作用，工艺纤维受到了进一步分纤，纱条的线密度得到提高。由牵伸罗拉输出的纱条，受到加捻作用，使纱条具有一定的强力而成细纱。这时，细纱通过叶子板上的导纱瓷眼，穿过骑在钢领上的钢丝圈（或铜丝钩），被卷绕于插在锭子 5 上的纱管上。

这种细纱机的加捻作用，发生在牵伸罗拉的输出处与钢丝圈（或铜丝钩）间，这时牵伸罗拉握持着不断输出的纱条一端，另一端则由钢丝圈以锭子的高速沿着钢领轨道回转，每回转一圈，纱条就得到一个捻回。为了使单个锭子停转，在每个锭子旁边都装有人工操纵的锭子停转装置。

该湿纺环锭细纱机有较完善的锭子传动装置，该装置是由滚筒盘 4 带动的。该机还安有须条断头时能停止粗纱喂入的专门机构，其工作原理如下：当须条从牵伸装置进出后，一个

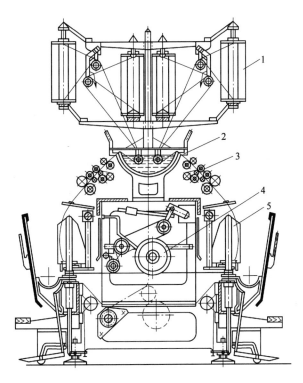

图 4 - 24　亚麻湿纺细纱机

1—粗纱筒管　2—水槽　3—皮圈牵伸装置　4—滚筒盘　5—锭子

探杆周期性地探触须条，判断是否发生断头。若出现断头，有一专门的离合器会使喂入机构的罗拉盘停止转动，粗纱喂入立即停止。亚麻环锭细纱机采用圆锥形短动程卷绕成形，为此，钢领板每次升降的高度是相同的（即卷绕圆锥的高度），而且每完成一次升降后级升一次。

（2）干纺吊锭细纱机的工艺过程。图 4 - 25 所示是我国亚麻纺纱厂内普遍使用的 ΠΡ—108—Л 型干纺吊锭细纱机。

该机的工艺过程如下：粗纱管 1 斜装于粗纱架的钢芯上。从纱管上退下的粗纱，穿过横动导纱杆 2 的孔眼，引入喂入罗拉 3 和 4，每只喂入罗拉的工作表面都有沟槽。粗纱从喂入罗拉出来后，通过中间导杆 7 和 8，滑过胸板 9，经集麻器 10 后进入牵伸罗拉 5 和 6。这两只牵伸罗拉的工作表面都是光滑的，然而上罗拉为金属表面，下罗拉却是表面包有牛皮的皮辊，压力加在皮辊上，使牵伸罗拉具有足够的握持力。输出罗拉的表面速度大于喂入罗拉的表面速度，

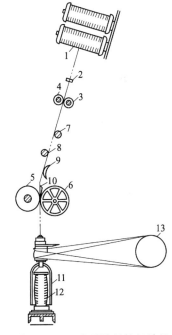

图 4 - 25　亚麻干纺吊锭细纱机

1—粗纱管　2—横动导纱杆　3、4—喂入罗拉
5、6—牵伸罗拉　7、8—中间导杆　9—胸板
10—集麻器　11—吊锭　12—纱管　13—滚筒

使纱条受到牵伸作用后变细。

在干纺吊锭细纱机的牵伸区中，只发生工艺纤维的移动，不像湿纺细纱机那样存在工艺纤维的分纫。为此，机台的牵伸隔距也较湿纺细纱机大。在两对罗拉之间有中间导杆 7 和 8、胸板 9 及集麻器 10，目的是在牵伸区中增加中间摩擦力界，有利于对浮游纤维的控制。变细后的纱条由牵伸罗拉输出后，导入吊锭 11 上端锭带盘的管孔中，绕过锭臂，并穿过锭臂下端的孔眼，由此导向纱管 12 而得到加捻和卷绕。

该机吊锭的回转是由白铁滚筒 13 通过锭带传动，转速可达 4500r/min。纱管的转动是由细纱拖动的，其转速比吊锭要慢，两者的转速差形成了卷绕速度。这种细纱机装有自动落纱机构，它可使落纱时间大为缩短，而机台的有效时间系数增大。该细纱机两个操作面的结构虽然相同，但分别由两台电动机单独传动，根据需要每面可以独立进行纺纱。

4. 亚麻细纱机的主要机构及其作用

（1）细纱机的喂给机构及其作用。亚麻细纱机的喂入半制品，可以是粗纱，也可以是麻条。目前我国亚麻纺纱厂均采用粗纱喂入。为了保证粗纱的喂入，细纱机的喂给机构包括以下机构：

①纱架与纱管支持器。亚麻细纱机中，常见的纱架及其纱管支持器有插入式、直立式、悬挂式和托锭式四种。

a. 插入式。插入式是亚麻干纺细纱机采用的形式，如图 4 - 26 所示。该纱架用螺钉固装在机架上，且成一定的倾斜角度。纱架上装有锭杆，粗纱插在其上，当引纱退绕时，纱管在粗纱的拖动下，可以自由回转，但是，由于粗纱管底部与纱架接触产生摩擦，粗纱管孔与锭杆的接触也产生摩擦，使退绕张力达到很大，因此，这种喂入形式，只适用于绝对强度较高的粗特纱。

b. 直立式。这是亚麻湿纺细纱机上采用的形式，如图 4 - 27 所示。该纱架由机面上装起的撑脚支持，粗纱在其上面分布成两层，粗纱管装在木锭上，木锭的下端镶有坚硬的木料做成尖形，支持在瓷碗内，其上端穿在纱架的孔眼中。当粗纱退绕而拖动粗纱管回转时，木锭随粗纱管一起回转，由于木锭下端与光滑的瓷碗之间的摩擦阻力很小，故其适用性较广。

图 4 - 26　插入式纱架

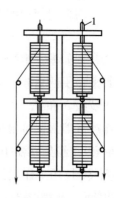

图 4 - 27　直立式纱架

c. 悬挂式。经煮练、漂白的粗纱喂入细纱机，多采用这种形式，如图 4 - 28 所示。粗纱经煮练与漂白后，重量增加很多，退绕回转阻力增加且锭尖易于磨损，故不采用直立式喂入机构，而采用把粗纱悬挂起来的粗纱管支持器。

d. 托锭式。在ΠM—88—Л5型细纱机上采用这种形式，如图4-29所示。多孔粗纱管放置在能够绕轴心自由回转的蘑菇状托盘上，粗纱管上端顶在能绕吊杆自由回转的半圆球面上，粗纱退绕阻力很小，因此，托锭式是湿纺细纱机较理想的喂入机构。

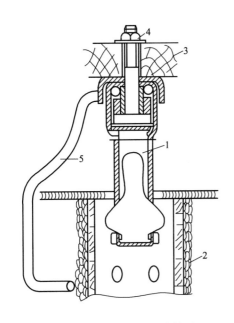

图4-28　悬挂式纱管支持器

1—粗纱管支持器　2—粗纱管　3—纱架横梁（顶板）

4—固定螺栓与螺母　5—粗纱管挡杆

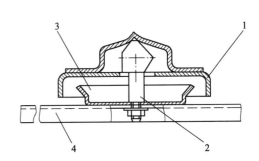

图4-29　托锭式喂入机构

1—托架壳　2—销子　3—支撑器　4—机架板

②导纱轮。导纱轮的作用是引导粗纱管上退绕下来的粗纱喂入牵引罗拉，进入牵伸区。导纱轮是可绕水平轴自由回转的轮子。导纱轮由粗纱架上的支架支持，为使粗纱退绕张力均匀、合适，其安装位置应相当于粗纱管高度的1/3。

③导纱器及横动装置。细纱机上的粗纱在进入牵伸装置前，要先通过装在钢条上的导纱器，即喂入喇叭口。为使细纱机上的罗拉或皮辊的磨损较均匀，增加其使用寿命，不让粗纱在某一固定位置通过，亚麻湿纺细纱机上采用了横动装置。

④断头停止喂给机构。ΠM—88—Л5型及FIU—75型亚麻湿纺细纱机都装有杠杆摆动式断头自停喂给机构。

（2）亚麻细纱机的牵伸机构及其作用。

①使用胸板或挡杆的两罗拉牵伸机构。亚麻纺纱厂较广泛使用的ΠM—108—Л型干纺吊锭细纱机和ΠM—88—Л8型湿纺细纱机的牵伸机构如图4-30和图4-31所示。

这两种牵伸装置，是在两对简单罗拉牵伸区的中间，装上一只弧形板（胸板）或一只挡杆，其位置应装得突出于两对罗拉的钳口连线，使牵伸区内的纱条被紧紧地压在其表面，形成一定的摩擦力界，以便更好地控制区内纤维的运动，胸板在干纺吊锭细纱机上，是为了阻止粗纱捻度向前转移，所以它的位置不能离前罗拉太近。为了补充胸板至前罗拉间对纤维运动的控制，一般在进入前罗拉钳口处，加装一只集麻器，以进一步改善牵伸作用。

在牵伸隔距更大的细纱机上，还可在前后罗拉之间既装有档杆又装有胸板。这种牵伸装置的最大优点是结构简单，维修方便，对纤维长度和细度有更大的适应范围，但缺点是细纱条干较差。ΠP—90—Л 型亚麻干纺吊锭细纱机，就属于这种牵伸装置，如图 4 - 32 所示。

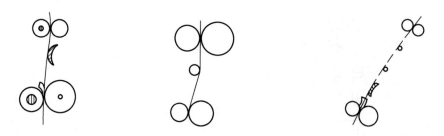

图 4 - 30　胸板式牵伸机构　　图 4 - 31　挡杆式牵伸机构　　图 4 - 32　胸板、挡杆组合式牵伸机构

②双皮圈三罗拉式牵伸机构。FIU—75 型湿纺环锭细纱机和 F—561 型干纺环锭细纱机均采用这种装置，如图 4 - 33 所示。

③单皮圈和轻质辊的牵伸机构。ΠM—88—Л5 型湿纺细纱机就采用这种牵伸装置。如图 4 - 34 所示，在喂入和牵伸罗拉之间设置一只中间罗拉，其表面包覆橡胶，靠摩擦带动单皮圈转动，单皮圈之上装有两只轻质辊，从而构成了中间附加摩擦力界。这种牵伸装置一方面利用皮圈控制纤维均匀、柔和及控制面较广的特点，另一方面又利用了轻质辊本身所具有的优点，当喂入粗细不匀的粗纱时，轻质辊靠自身重量上抬或下降机构。因而，这种牵伸机构对纤维的工艺特性有较大的适应性。其牵伸倍数也较高。

图 4 - 33　双皮圈式牵伸机构　　　　　图 4 - 34　单皮圈和轻质辊

④加压机构。加压机构的加压方式有杠杆加压、摇架加压、弹簧加压和空气加压四种。

a. 杠杆加压。该机构主要由重锤和杠杆组成。该加压机构结构简单，维护调整方便；缺点是加压时有波动。目前亚麻纺纱厂内使用的干纺和湿纺细纱机中仍在采用该机构。

b. 摇架加压。该机构主要由四连杆和压缩弹簧组成，这种加压机构，结构复杂，维护调整较繁，加压量正确，操作方便。目前在 FIU - 75 型亚麻湿纺细纱机上采用。

c. 弹簧加压。主要依靠弹簧的变形量获得所需的压力。目前 ΠM—88—Л5 型亚麻湿纺细纱机的后罗拉钳口上采用该机构。

d. 空气加压。利用压缩空气的压力来调节罗拉加压，这是目前细纱机上采用的一种先进加压方式。它的优点是加压、卸压方便，所加压力均匀。我国亚麻纺纱厂中的 ПМ—88—Л5 型湿纺细纱机的牵伸罗拉钳口，就采用这种加压方式。

（3）加捻卷绕机构及其作用。

①干纺吊锭（翼锭）细纱机的加捻卷绕机构。吊锭细纱机的加捻卷绕过程基本与粗纱机相似，由于锭翼的高速回转，及时给从前罗拉钳口送出的纱条加上捻回，利用筒管和锭翼的转速差，使细纱卷绕到筒管上。

不过，因粗细纱工艺要求不同，它们的加捻卷绕机件的结构存在着许多重要差别，除机件尺寸有明显的差别外，还存在下面几个显著特点。

a. 锭翼不是通过齿轮积极传动，而是利用锭带消极传动的。当某一锭子发生断头需要接头时，不需整台机器停下来，只要断头的锭子停下即可。

b. 筒管的转动不是由机件传动的，而是由细纱本身拖着回转的，所以筒管的转速总是落后于锭翼，于是产生了卷绕作用，也具有了卷绕张力，确保了细纱的卷绕密度。

c. 锭翼转速可以大大提高，可达 4000r/min 以上。

d. 可以实行落纱自动化，这是由于锭翼高吊和筒管由纱拖动的消极传动，为落纱自动化提供了方便。

吊锭细纱机因锭翼受到变形及材料质量等因素的限制，速度不能太高；又因细纱要带动筒管转动，形成纺纱张力大，故不能纺细特纱；加之锭翼的尺寸较大，故每台细纱机的锭子数不能太多。

②湿纺环锭细纱的加捻卷绕机构。与毛、棉环锭细纱的加捻卷绕机构基本相似，其加捻卷绕过程如图 4-27 所示。细纱管紧套在锭子上，跟随锭子一起回转，使纱条获得捻度成为细纱。细纱拖着钢丝圈，沿着钢领表面的轨道一起回转，由于钢丝圈和钢领摩擦的结果，使得钢丝圈的转速比纱管的转速小，两者之差形成了卷绕速度。同时，因细纱拖动钢丝圈回转，产生了一定的纺纱张力，使得细纱卷绕到筒管上有一定的卷绕密度。

（4）成形机构。目前常用环锭细纱机成形机构。环锭细纱机上的卷绕作用是依靠钢丝圈或钢丝钩与纱管的转速差实现的，钢丝圈以固定在钢领板上的钢领作为跑道，进行平面回转运动。而纱管套牢在居于钢领中心的锭子上，因此，只要钢领板沿锭子轴向做有规律的上下运动，就能获得细纱的相应成形，钢领板运动的规律是由成形机构中的成形凸轮支配的，其机构如图 4-35 所示。

成形凸轮 1 由车头主轴积极传动，它迫使升降杆（俗称琵琶杆）2 做上下摆动。每摆动一次，即相当于钢领板上下升降一次。在升降杆 2 的另一端装有一套轮系，该轮系中 17 是撑头牙（锯齿牙），撑头（即掣子）19 与其连在一起，每当升降杆摆动至下方时，固定凸钉 21 使撑头顺时针转动，推动撑头牙转过若干牙，这时与撑头牙同心的螺杆 16 把转过若干牙的弧度传给蜗轮 15，与蜗轮同轴的链条盘 3 也就回转若干弧度，即在其上绕取一定长度的链条，使钢领板的基本位置向上升起若干，使细纱层逐渐绕向纱管的顶部。

开始卷绕时，纱管上的锥形卷绕面是利用成形机构实现的。卷绕成形开始时，由于把被链条盘上的凸钉 27 弯曲而储藏的部分链条送出，使链条盘在每次绕取相同长度链条的情况

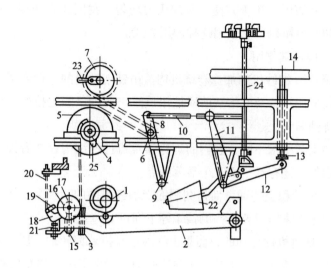

图 4 - 35　环锭细纱机成形机构

1—成形凸轮　2—升降杆　3、5、7—链条盘　4—链条轴　6—固定轴　8、11、12、14、18、24—连杆

9—轴　10—链条　13—调节螺母　15—蜗轮　16—螺杆　17—撑头牙

19—撑头　20—拉杆　21—固定凸钉　22—锥形卷绕轴　23、25—凸钉

下，钢领板每次递升的高度较小，因此，在纱管底部的绕纱量较多，使纱管直径迅速增大，很快形成锥形卷绕面，达到增加管纱容量和缩短纺纱张力较大的小纱期。

成形凸轮一般升弧与降弧比为 3：1，即钢领板上升所需的时间长，这段绕在纱管上的纱层称为绕纱层，而钢领板下降所需的时间短，称为束纱层。

二、亚麻细纱的干燥

1. 干燥的目的和原理　由亚麻湿纺细纱机上落下来的细纱，回潮率为 70% ~ 100%，这样湿的纱不能供应给下道工序或供市场销售。为此，必须对湿纺细纱进行干燥，使其达到国家规定的回潮率在 12% 以内的要求。

（1）干燥的目的。

①去除细纱中多余的水分，以防止细纱发霉变质，从而损害物理机械性能和外观质量；

②为了便于运输、销售、后道工序使用及入库保存。

（2）干燥的原理。其基本原理就是让干燥的空气吸收湿纺细纱因受到热源作用后而蒸发出来的水蒸气，通过排放设施排放出来，使湿纺细纱逐渐干燥。

2. 干燥设备　干燥设备主要有下面两种。

（1）箱式干燥机。箱式干燥机的结构如图 4 - 36 所示。该机主要由离心式风机 2、载湿纺细纱管小车 1 和管式加热器 3 组成。这种干燥机的最大特点是占地面积小。如 CYI—2 型箱式干燥机的占地面积为 2m×3m，适用于小批量湿纺细纱的干燥，一般每只箱有两扇门。箱内放置小车 1 台。每台小车可推 1350 ~ 1620 只铝管湿纱。目前，有的工厂将载湿纺细纱的小车改为旋转式载纱器，以使上、下层和前、后层管纱受热均匀，减少管纱之间的回潮率差异。

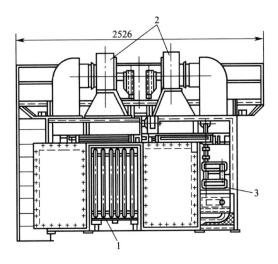

图 4 - 36　箱式干燥机

1—载湿纺细纱管小车　2—离心式风机　3—管式加热器

（2）隧道式干燥机。隧道式干燥机的结构如图 4 - 37 所示。该机主要有轴流式风机 1、运输链轨 2、管式加热器 3、离心式排气风机 4 组成。这种干燥机占地面积大，如 СП—88—Л2 型干燥机的占地面积为 4526mm × 9907mm，由 TTH 型绞纱干燥机改装的隧道式干燥机的占地面积为 17405mm × 4570mm，但是它的生产率高，每小时可干燥细纱 400kg 左右。

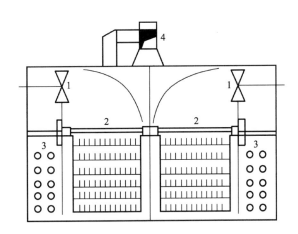

图 4 - 37　隧道式干燥机

1—轴流式风机　2—运输链轨　3—管式加热器　4—离心式排气风机

3. 干燥工艺参数　通常根据湿纺细纱烘前回潮率、烘后所要达到的回潮率及设备干燥能力等因素确定工艺参数。

（1）混纺细纱回潮率。一般要求混纺细纱烘前回潮率为 90%，烘后回潮率达到 4% ~ 7%。出箱后放置在常态空气条件下，平衡回潮率达 10% 左右。

（2）干燥机内温度。干燥机内温度一般在 90 ~ 100℃，开始时温度最高可达 110℃，终了时温度不得低于80℃。温度的最高限为110℃，因为超过此限度纱线颜色变黄，从而影响质量。

（3）蒸汽耗量。每千克湿纺细纱耗用蒸汽量为18～23kg。

（4）湿纺细纱干燥时间。根据供热能力，一般在6h左右。

温度与时间都要服从质量，即要求达到烘后回潮率。烘后回潮率是指平均回潮率，包括上层管、下层管和管纱的内、中、外层纱的平均回潮率。要求回潮率差异要小。因此，在温度较高时，纱中水分蒸发速率较高，时间可短一些；温度低时，纱中水分蒸发速率较低，时间要长些。应根据实际情况确定时间的长短。

4. 干燥纱线的质量及注意事项 除按规定达到烘后的平均回潮率之外，还要求管纱之间和管纱各纱层之间的回潮率差异要小。特别注意箱式干燥机中靠近箱门和最里面的管纱之间的回潮率差异，烘燥不好时，靠近箱门的纱出现"阴阳面"。即管纱一面颜色白，而另一面颜色发暗，造成色差。此外，操作时，要轻拿轻放，一是要防止污染管纱；二是防止碰乱原有成形状态，防止管纱"发毛"而造成退绕困难。

亚麻经过上述过程之后就可以进行络筒、经纱上浆，然后进行织造。

第六节　织　造

织造工艺过程见图4－38。

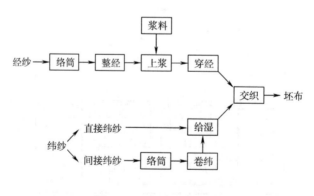

图4－38　织造工艺过程

一、络筒

把细纱机上生产的管筒绕在宝塔型筒子纱上，同时清除较大纱疵，并使绕卷密度和强度均匀，便于高速退绕。

二、整经

整经是将一定根数的经纱按照规定的长度和宽度平行卷绕在经轴或织轴上的工艺过程。

经过整经的经纱供浆纱和穿经之用。整经要求各根经纱张力相等，在经轴或织轴上分布均匀，色纱排列符合工艺规定。

三、上浆

上浆是将整经后的经纱经过经纱机使经纱表面形成一层均匀的浆膜。纯麻纱线通常采用淀粉浆料，涤纶织物常采用聚乙烯醇（PVA）、聚丙烯酸酯等。将其加水调成一定浓度和湿度的糊状，并使经纱通过其中。经纱在织造过程中需要多次开口，受到反复拉伸，所以要求其表面光洁和耐磨，并有较好的弹性和强度及较高的捻度。经纱只有经过上浆后才能满足这一要求，而纬纱为了避免在织造过程中产生扭结，其捻度不能太高，也无须上浆。

四、穿经

一般采用手工穿经。人工分纱后，先用穿经钩将经纱穿入经停片和棕眼中，然后借插筘刀把经纱插入筘片隙缝中。手工穿经劳动强度高，产量低，但适宜于复杂的组织和小批量生产，穿经质量较高，便于棕、筘和停经片的清理和保养。

五、卷绕

将筒子纱卷绕成尺寸适合梭子的纬纱。

卷绕时要求张力均匀，卷绕紧密，成形良好，以免织造时造成脱纬、纬缩等织疵而增加纬纱断头和织机停台，影响织机生产效率。

六、织造

是用装有纬纱的梭子在经纱间按一定顺序往复穿梭而成，织成坯布，再送印染厂加工。

第七节　亚麻纱性能指标及其测试

一、纱的细度

细度是纱线最重要的指标。纱线的细度不同，纺纱时所选用纤维原料的规格、质量不同，纱线的用途及纺织品的力学性能、手感、风格等也就不同。纱线的细度，可以用直径或截面积表示。但是由于纱线表面有毛羽，截面形状不规则且易变形，测量直径或表面积不仅误差大，而且比较麻烦。因此广泛采用的表示纱线细度的指标，是与截面积成比例的间接指标——线密度（Tt）、公制支数（N_m）、英制支数（N_e）。亚麻纤维通常用公制支数表示。

线密度是1000m长的纱线在公定回潮率时的重量（g），其单位为特［克斯］。线密度属于定长制，纱线越粗，特数越大。设纱线试样的长度为 L（m），在公定回潮率时重量为 G_k（g），则线密度 Tt 的基本公式为：

$$Tt = \frac{G_k}{L} \times 1000$$

公制支数是在公定回潮率时，1g重纱线（或纤维）所具有长度的米数。公制支数属于定重制，纱线越细，支数越高，表示纱线的质量越好。设纱线或纤维的长度为 L（m），公定回潮率时的标准重量为 G_k（g），则公制支数 N_m 的基本公式为：

$$N_m = \frac{L}{G_k}$$

英制支数是在公定回潮率9.89%时，1磅重纱线所具有的长度为840码的倍数。它属于定重制，纱线越细，支数越高。设纱线的长度为 L'（码），在公定回潮率9.89%时的重量为 G_k（磅），则英制支数 N_e 的基本公式为：

$$N_e = \frac{L'}{840 \times G_k'}$$

我国表示线密度的法定计量单位是"tex"，但一些企业仍在使用非法定计量单位公支和英支。因此纱线的细度即公支数是衡量纱线质量好坏的重要指标。

目前亚麻生产厂家常以公制支数来表示亚麻纱的细度，其支数一般在24公支左右，质量好的在36公支左右。因此，如何采用特殊的新兴的亚麻前处理工艺提高亚麻纱的公制支数，是纺织行业值得研究的课题。

二、纱的匀细度

纱线的细度不匀，是指沿着纱线的长度方向的粗细不匀。细度不匀是影响纱线质量的最重要指标，它不仅会使纱线的强力下降，在织造过程中增加断头、停台，而且影响机织物和针织物的外观，降低其耐穿耐用性。纱线不匀是由于纤维的性质不匀、纱断面内纤维的根数分布不匀以及纺纱机牵伸机构作用不完善造成的。

测量纱线不匀率的方法很多，目前我国主要采用电子均匀度仪法。

当前使用最广泛的电子条干均匀度仪，是电容式均匀度仪，国外简称乌斯特均匀度仪。我国有YG131型和YG133型均匀度仪。电子均匀度仪上有几组由平行金属板组成的电容器或测量槽，各电容器两极板间的距离由小到大，极板的宽度由窄到宽为8～20mm。当纱条试样以一定的速度进入由两块平行金属板组成的空气电容器时，会使电容器的电容量增大。当连续通过电容器极板间纱条的线密度变化时，电容器的电容量也相应地变化。将电容量的变化转换成电量的变化，即可得到纱条的线密度的不匀率，可以用平均差系数 $U\%$ 或变异系数 $CV\%$ 表示。因为由纱条线密度不匀引起的电容量的变化，在数值上是很小的，所以需要用灵敏度较高的电路进行测量。

电容器极板间纱条试样的充满程度，对测量的结果有影响。为了使检测电容的电容量变化与电容器极板间纱条线密度的变化呈线性关系，纱条在电容器极板间的充满程度，不能超过一定的限度。因此在测量仪上设有极板间距离不同的测量槽4～8组，以适应不同线密度的条子、粗纱、细纱进行测量时选择使用，保证纱条试样在测量槽内有较小的充满程度，使测量能够在稳定的线性条件下进行。此外，试样的回潮率在纱线长度方向上分布不匀时，也会影响测量结果，因此，在测量前，试样要经过调湿平衡处理。

在测量场中，纱条试样的线密度变化情况，被具有一定宽度的极板扫描。细纱试样一般采用的极板宽度为8mm，测得的是连续测量的细纱8mm片段的不匀率。当极板的宽度变大时，测得的不匀率的数值将减小。

电子均匀度仪附有绘图仪，可以作出不匀率曲线。有积分仪，可直接读出平均差系数或变异系数的数值。有波谱仪，可以直接作出波长图，进一步对纱条的不匀率的结构进行分析，判断不匀率产生的原因和对机织物及针织物外观的影响，以便检查和调整纺纱工艺。此外，仪器上还附有疵点仪，可以记录纱条上的粗节、细节和棉结的数目。

三、纱的捻度

纱线单位长度的捻回数叫捻度。纱线因加捻而引起长度的缩短，叫捻缩。捻缩通常用捻缩率来表示。捻缩率 μ 是加捻前后纱线的长度差（$L_0 - L_1$）和加捻前长度（L_0）的比值，用百分数来表示：

$$\mu = \frac{L_0 - L_1}{L_0} \times 100\%$$

捻度是影响纱线质量的重要因素，在生产中需要定期检查纱线的实际捻度是否符合标准，考核捻度不匀率是否正常。纱线的捻度不但影响纱线的强度、断裂伸长率、体积、重量和直径，而且影响织物的厚度、强度、耐磨性、手感和风格。

1. 加捻的作用

（1）纱线捻度对纱线强力和断裂伸长率的影响。一段纱线在拉力的作用下，断裂总发生在纱线最薄弱的断面上。通过纱线断面的纤维，一部分断裂，另一部分滑脱。加捻使纱线中的纤维产生了向心力，增大了纤维间的摩擦力，这会使纱线断裂时滑脱的纤维根数减少。同时纱线的细度不匀，导致捻度分布不匀。在纱线较细的地方，捻度较大；纱线较粗的地方，捻度较小。纱线的强度不匀会因加捻作用而得到改善。纱线中纤维间摩擦力的增大和纱线不匀率的降低，都是纱线强度增大的原因。所以在一定范围内，纱线的强度会随着捻度的增大而增大。另外，加捻作用使纱线中的纤维产生预应力，并使纱中各层纤维与纱轴成不同角度，使纤维强度的轴向分力减小。这两项因素，使纱线强力随着捻度的增大而减小。因此加捻作用对纱线强力的影响是这两方面的对立和统一。在捻度较小的情况下，加捻作用主要表现为纱线强度的不匀率和减少纱线断裂时的滑脱纤维的根数，随着捻度的增大而增大；当捻度达到一定程度时，加捻作用主要表现在增大纱中纤维的预应力，减小纤维强度的轴向分力，于是纱线的强度随着捻度的增大而降低。

（2）对纱线直径的影响。加捻作用使纱的紧密程度增加，纱的可缩性逐渐减少。在一定范围内，纱的直径随着捻度的增大而减小。当捻度超过一定范围以后，加捻对于纱的直径影响较大。一方面随着捻度的增大，纱外层纤维的向心力增强，使纱的直径缩小；另一方面，随着捻度的增大，纱的直径增大。

纱的捻度对于织物的厚度、强力、耐磨性以及织物的手感和风格也会产生影响，因此测定和理解纱的捻度，也是评价织物性能的一个重要指标。

2. 测定捻度的方法 测定捻度的方法很多，目前工厂中测定捻度的方法主要有解捻法和张力法。它们都是在捻度仪上进行的。

（1）解捻法。将纱线固定在一定距离的两个夹头内，回转一个夹头使纱线解捻，直到纱线中的纤维与纱线轴平行为止，记下回转夹头的捻回数，可以计算出纱线的捻度。解捻法是测定纱线捻回数最基本的方法，测定结果比较准确，常作为考核其他测量方法准确性的标准。但是其生产效率比较低。而且测定单纱捻度时，退捻作用往往不能使纱中的纤维完全伸直。解捻法在生产中主要用于测定股纱和粗纱的捻度。

（2）张力法。张力法也叫解捻加捻法。一段纱线，在一定张力作用下，当解捻时的伸长与反向加捻时的缩短在数值上相等时，解捻数与反向加捻数也相等。应用这种原理常在Y331型捻度仪上测定纱线的捻度。将纱线的左端夹持在连接有指针和张力杠杆的纱夹内，由重锤杆及砝码对纱线施加一定的张力。再将纱线引入右端夹的中心位置，至纱线左端连接的指针指在扇形刻度尺"0"上时，旋转右端纱夹的螺丝。开动仪器，右端纱夹回转，使纱线经过解捻而伸长，指针在扇形刻度尺上向左移动。为了避免纱线因伸长过多而发生断裂，在仪器上装有档片，将纱线伸长控制在一定范围内。纱线的捻回退完后，仍继续回转，使纱线反向加捻而缩短。当纱线的长度回缩到原来的长度时，即指针回转到扇形刻度尺的"0"时，从仪器的记数刻度盘上，记下总捻回数 n_0。n_0 就等于 Lcm 纱线具有捻回数的 2 倍，如果 $L = 25$cm，则 n_0 相当于 50cm 长纱线的捻回数。

四、纱的强度

纱线强度是评定纱线质量最重要指标之一，是最重要的常规检验项目。有两种测试纱线强度的仪器和表示纱线强度的方法，即单纱强度和断裂强度、缕纱强度和品质指标。

1. 单纱的强度和断裂强度 拉断单根纱线所需要的力，叫单纱强度或单纱强力，单位是牛［顿］。单根测试的优点是能够反映出纱线的强度分布，可以得到纱线的强度伸长。随着单纱强力机自动化程度的提高，其应用日趋广泛。

单纱强力的大小，不仅和纱线本身的强弱有关，而且和纱线的细度有关。为了反映纱线本身的强弱，以便不同特数的纱线之间进行比较，可以采用断裂强度 P_0，它等于单纱强度 P 与纱线线密度 Tt 之比。又叫单纱断裂强度或单纱相对强度。

2. 缕纱强度和品质指标 生产上采用缕纱强度机测定缕纱强度。在拉伸断裂过程中，缕纱的各根纱线不是同时断裂，所以缕纱强度小于缕纱各根单纱强度之和，它们的比值叫缕比。

五、纱的毛效

亚麻纱经过前处理后，通常用亚麻纱的毛细管效应表示杂质特别是果胶、脂蜡质等的去除程度。毛细管效应的高低直接影响后加工的质量，是染整生产过程中主要质量指标之一。它可以在一定程度上反映处理后的亚麻纱对染整加工过程中染化药剂的吸附性能，也能反映亚麻产品的最终加工质量和档次。织物毛细管效应的测定方法：一种方法是将一定规格的试样悬挂在支架上，液体即沿毛细管上升至一定的高度，以 cm 表示；另一种方法是以上升一定高度（1cm）所需的时间（s）表示。此外，还有滴水法，是将水滴于一定高度下滴至试样表面，测定水滴消失的时间。实际测量时通常选定第一种测定方法。测毛细管效应时应该用经向 30cm、纬向 5cm 的布条来测一定时间内液体上升的高度。而对于亚麻纱毛效的测试可以用单根亚麻纱在 30min 内液体上升的高度来表示。可以在毛细管效应仪上进行测试。

第五章 染整用水及表面活性剂

第一节 染整用水

一、染整加工对水质的要求

染整厂用水量大，因此染整厂必须建立在水源丰富或有充沛自来水供应的地区。而且染整厂对水质的要求比较高，除了无色、无臭、透明、pH 为 6.5 ~ 7.4 外，对水质的其他要求，见表 5 - 1。

表 5 - 1 染整厂对水质的要求

总硬度（mg/kg，以 $CaCO_3$ 计）	0 ~ 25
铁（$mg \cdot kg^{-1}$）	0.02 ~ 0.1
锰（$mg \cdot kg^{-1}$）	0.02
碱度（以甲基橙为指示剂，用酸滴定，mg/kg，以 $CaCO_3$ 计）	35 ~ 64
溶解的固体物质（$mg \cdot kg^{-1}$）	65 ~ 150

大量而稳定利用的天然水主要有自来水、地面水和地下水。自来水是经过自来水厂加工后的天然水，质量高。地面水是指流入江、河、湖泊中储存起来的雨水。雨水流经地面时带走了一些有机和无机物质，当流动减弱后，悬浮杂质发生部分沉淀，但可溶性的有机和无机杂质仍然残留在水中。地面中的有机物可能被细菌转化为硝酸盐，对染整加工过程无大妨碍。一般来说，地面水中无机物含量较地下水少得多，但有浅泉水流入地面水中，含有的矿物质较多，有时还具有一定色度。地下水有浅地下水和深地下水之分，浅地下水主要是指 15m 以内的浅泉水和井水，它是由雨水从地面往下在土壤或岩石中流过较短的距离形成的。由于土壤具有过滤作用，浅地下水含有的悬浮物杂质极微，但含有一定量的可溶性有机物和较多的二氧化碳，当与岩石接触时，溶解的二氧化碳可使不溶性的碳酸钙转变为碳酸氢钙而溶于水中，因此浅地下水含有的杂质视雨水流过的地面和土壤情况而定。深地下水多指深井水，由于雨水透过的土壤和岩石的路程很长，经过过滤和细菌的作用后，一般不含有机物，但却溶解了许多矿物质。

二、水的硬度

天然水由于来源不同含有不同的悬浮物和水溶性杂质。悬浮物可通过静止、澄清（如明矾、碱式氯化铝等澄清剂）或过滤等方法去除，无很大困难；水溶性杂质种类很多，其中最常见的有钙和镁的硫酸盐、氯化物或酸式碳酸盐，它们含量的多少，可以用硬度来表示。一般天然水都含有暂时硬度和永久硬度。

1. 暂时硬度　由重碳酸盐所造成的硬度，在沸煮后会去除，称之为暂时硬度。这是由于天然水中常含有二氧化碳，当与岩石接触时，能使不溶于水的碳酸钙和碳酸镁，转变为溶于水的重碳酸盐，形成水的暂时硬度：

$$CaCO_3 + CO_2 + H_2O \longrightarrow Ca(HCO_3)_2$$
$$MgCO_3 + CO_2 + H_2O \longrightarrow Mg(HCO_3)_2$$

重碳酸盐在加热沸煮的情况下，能重新分解为二氧化碳和不溶于水的碳酸盐：

$$Ca(HCO_3)_2 \longrightarrow CaCO_3 + CO_2 + H_2O$$

含有暂时硬度的水用于锅炉中，将有碳酸钙或氢氧化镁沉淀析出，形成水垢。

2. 永久硬度　溶于水中的钙、镁等的氧化物、氯化物、硝酸盐或硫酸盐等，沸煮的时候不会发生沉淀，仍留在水中，故称永久硬度。

水的硬度一般是以 100 万份水中钙镁盐含量换算成碳酸钙的份数表示，即 mg/L。一些国家对水的硬度的表示见表 5 – 2。

表 5 – 2　一些国家对水硬度的表示

国别	水硬度 1 度的定义	相当于 "mg/L" 的数值（以 CaCO$_3$ 计）
美国	每美加仑水中含 1 格林 CaCO$_3$	17.1
英国	每英加仑水中含 1 格林 CaCO$_3$	14.3
法国	每 10^5 份水中含 1 份 CaCO$_3$	10
德国	每 10^5 份水中含 1 份 CaO	17.9
俄罗斯	每 10^6 份水中含 1 份 Ca	2.5

水的硬、软无截然的界限，仅以含钙、镁量多少而定，见表 5 – 3。

表 5 – 3　硬水和软水的区别

水质	以 CaCO$_3$ 计（mg/L）	英制度数
软水	0 ~ 57	0 ~ 4
略硬水	57 ~ 100	4 ~ 7
硬水	100 ~ 286	7 ~ 20
极硬水	>286	>20

3. 水的硬度对染整加工的影响

（1）在工艺方面，硬水能使肥皂等发生沉淀。例如：

$$2C_{17}H_{33}COONa(油酸皂) + CaSO_4 \longrightarrow Na_2SO_4 + (C_{17}H_{33}COO)_2Ca(钙肥皂)\downarrow$$

由此可以说明，练漂加工过程中使用硬水会浪费肥皂，消除 1 份 CaCO$_3$ 大约要耗用 6 份肥皂。

（2）钙、镁皂沉积在织物上，会对织物的手感、色泽产生不良影响，硬水还能使某些染料发生沉淀，不仅造成浪费，还会造成染色不匀的缺点。水中若含有较多的铁、锰等离子，在漂白的过程会引起纤维脆损。

（3）锅炉中若使用硬水，暂时硬度在加热时会迅速转变为碳酸钙和氢氧化镁沉淀，在锅炉的内表面和管子内形成水垢。硫酸钙虽然是水溶性的，但溶解度不高，能在锅炉的加热面上析出。暂时硬度能形成疏松的水垢，而硫酸钙却能形成黏着比较牢固的坚硬水垢。大部分天然水中都含有硅酸镁，虽然含量较少，但会形成薄而硬的硅酸钙、硅酸镁的水垢。水垢沉积在加热面上，会降低导热系数。

如果锅炉用水不当，还会引起锅炉的腐蚀。锅炉腐蚀最普遍的原因，是由于水中含有氧和二氧化碳，特别是在高压炉中，二氧化碳和铁作用生成碳酸亚铁，然后进一步水解成氢氧化亚铁。

$$Fe + H_2O + CO_2 \Longrightarrow FeCO_3 + H_2 \uparrow$$
$$FeCO_3 + H_2O \Longrightarrow Fe(OH)_2 + CO_2 \uparrow$$

这些反应是可逆的，能迅速达到平衡状态。但氧能使微溶于水的氢氧化亚铁转变成为不溶于水的氢氧化铁，因而破坏了平衡，使铁继续与二氧化碳反应而发生腐蚀现象。为了防止锅炉受腐蚀，可采取对水先预热或加入还原剂等措施，以除去溶解的氧，这对防止锅炉腐蚀有一定的效果。

三、水的软化

一般天然水中都含有暂时硬度和永久硬度，但比例有所不同，通常以二者之和来表示的，称为总硬度。

综上所述，染整厂用水的水质，与产品质量和成本都有很大的关系，若水质控制不当，不仅会造成药品的浪费，还会影响产品的质量，如手感、外观等，甚至在漂白的过程中引起纤维的脆损，因此对水质不容忽视。极纯的天然水源是很少的，染整厂用水量很大，其中半数以上是消耗在练漂过程的，全部采用软水费用很大，目前根据要求使用不同质量的水。例如，水洗过程的用水，只要是无色、无臭、透明、接近中性、重金属含量极微、硬度中等就可以满足要求。但在配制练漂用剂或染液时，一般以采用软水为宜。

自来水虽然是已经过某些处理的天然水，但仍有一定的硬度，对某些用途来说还需进行软化。硬水软化的方法如下。

1. 石灰—纯碱沉淀法

（1）暂时硬度的去除。造成暂时硬度的重碳酸钙，当用石灰处理时，会变成碳酸钙沉淀而析出。

$$Ca(HCO_3)_2 + Ca(OH)_2 \longrightarrow 2CaCO_3 \downarrow + 2H_2O$$

按照此式计算，去除每 162 份的碳酸氢钙，需 74 份的氢氧化钙或 56 份的氧化钙。

碳酸氢镁的反应与碳酸氢钙的反应略有不同，与石灰作用时，首先转变为微溶性的碳酸镁。

$$Mg(HCO_3)_2 + Ca(OH)_2 \longrightarrow MgCO_3 + CaCO_3 \downarrow + 2H_2O$$

因此未得到充分的软化，需继续加入氢氧化钙才能转变为不溶性的 Mg（OH）₂ 沉淀而析出。

$$MgCO_3 + Ca(OH)_2 \longrightarrow Mg(OH)_2 \downarrow + CaCO_3 \downarrow$$

由此可知，1mol 的碳酸氢镁需要 2mol 的石灰才能获得完全的沉淀。当水用石灰处理时，溶解的二氧化碳也被去除。

$$CO_2 + Ca(OH)_2 \longrightarrow CaCO_3 \downarrow + H_2O$$

（2）永久硬度的去除。造成永久硬度的硫酸钙和硫酸镁与碳酸钠作用，才能成为碳酸盐沉淀。

$$CaSO_4 + Na_2CO_3 \longrightarrow Na_2SO_4 + CaCO_3 \downarrow$$

$$MgSO_4 + Na_2CO_3 \longrightarrow Na_2SO_4 + MgCO_3 \downarrow$$

当水中的硫酸钙转变为碳酸钙沉淀后，有相当量的硫酸钠残留在水中。硫酸镁转化为碳酸镁后，还需要进一步用石灰处理，使之转化为氢氧化镁沉淀。如果石灰的用量足够时，可使全部的镁盐沉淀析出，并有硫酸钙生成。

$$MgSO_4 + Ca(OH)_2 \longrightarrow Mg(OH)_2 \downarrow + CaSO_4$$

硫酸钙需要进一步与碳酸钠作用转化为碳酸钙。实际上水经处理后，其中的锰盐、铁盐也转变为不溶性的氢氧化物沉淀析出而被除去。

工业上采用石灰—纯碱法进行软化时，可将水与需要量的化学药品在反应器中混合、沉淀，放出软水，沉淀物可由反应器的底部析出。采用此法软化的水，其硬度可降至 10mg/L 以下，呈现碱性，碱性的大小以 CaCO₃、Mg（OH）₂ 的溶解度为限，若存在过量的处理剂，碱性还要偏高一些。

2. 离子交换法 离子交换法包括泡沸石、磺化媒以及离子交换树脂法等。

（1）泡沸石。泡沸石是一种多孔状的水化硅酸钠铝，其通式为（Na₂O）$_x$（Al₂O₃）$_y$（SiO₂）$_z$（H₂O）$_n$，有天然的，也有人造的。若用 Z 代表 Al₂O₃·SiO₂·H₂O 部分，可按照下式发生离子交换作用。

$$Na_2O \cdot Z + Ca(HCO_3)_2 \longrightarrow CaO \cdot Z + 2NaHCO_3$$

$$Na_2O \cdot Z + CaSO_4 \longrightarrow CaO \cdot Z + Na_2SO_4$$

$$Na_2O \cdot Z + Mg(HCO_3)_2 \longrightarrow MgO \cdot Z + 2NaHCO_3$$

$$Na_2O \cdot Z + MgSO_4 \longrightarrow MgO \cdot Z + Na_2SO_4$$

经过离子交换后，水的硬度可降低至 2mg/L 左右。泡沸石经过一段时间的使用，效率降低，必须用食盐处理数小时，使其重新得到活化。

$$Ca(\text{或}Mg)O \cdot Z + 2NaCl \longrightarrow Ca(\text{或}Mg)Cl_2 + Na_2O \cdot Z$$

洗去 CaCl₂、MgCl₂ 和 NaCl 后，便可继续对水进行软化。泡沸石可继续长期使用，但日久后粒状泡沸石会缓慢地破裂成粉状。

暂时硬度经泡沸石作用转变为碳酸氢钠，若泡沸石含量过大，不仅对染色过程产生不良影响，而且在高温下会放出二氧化碳，能引起锅炉的腐蚀。如果水的硬度过高，通常可先用石灰—纯碱处理，然后再进行离子交换，以进一步降低水的硬度。

（2）磺化媒。最早替代泡沸石的是磺化媒，它是用浓硫酸在 150 ~ 180℃ 下处理褐煤得 H 型产品，用碱处理后得 Na 型产品，可分别以 H（K）、Na（K）表示，它们都有软化水的作用。

$$2Na(K) + CaSO_4 \longrightarrow Ca(K)_2 + Na_2SO_4$$

$$2H(K) + CaSO_4 \longrightarrow Ca(K)_2 + H_2SO_4$$

经过长期使用后，磺化媒逐渐丧失软化能力，但可用食盐或浓硫酸液使之重新活化。用稀硫酸活化，可得 H 型磺化媒，用它处理后的水呈酸性，所以染整厂大多使用食盐活化，以期获得 Na 型磺化媒。

（3）合成有机离子交换树脂。在硬水软化中，目前泡沸石大多已被合成有机离子交换树脂代替。

在工业上获得成功的阳离子交换树脂为交联型的聚苯乙烯，其化学稳定性好，直径为 0.1 ~ 0.5mm。用硫酸处理后可引入磺酸基，其能与钙、镁离子进行交换，具有软化水的作用，它的工作原理与磺化媒相似。

如果在交联型的聚苯乙烯上引进碱性基团，便成为阴离子交换树脂。例如，聚苯乙烯与氯甲醚发生反应（以 $AlCl_3$ 为催化剂），再用三甲胺处理，便可获得季铵化合物，反应如下：

经碱处理后，便具有与阴离子交换的能力。

硬水经过阳离子交换树脂处理后，水中残留一定量的酸，再经阴离子交换树脂处理后，便可以获得无离子的水。这种处理成本较大，对实际应用要求过高。

3. 软水剂软化法 染整厂除了锅炉用水必须软化外，在一般的漂染加工中，若无软水供应不得不使用硬水时，为了避免钙、镁等产生的不良影响，往往在硬水中加入一些软水剂便可达到目的。某些磷酸盐具有这样的效果，例如，六偏磷酸钠，它的结构比较复杂，常以 $Na_4[Na_2(PO_3)_6]$ 表示，与钙、镁离子能按下式形成比较稳定的络合物：

$$Na_4[Na_2(PO_3)_6] + Ca^{2+} \longrightarrow Na_4[Ca(PO_3)_6] + 2Na^+$$

稳定络合物形成后，在温度不高的情况下，不再具有硬水的性质，便不会与肥皂等发生沉淀。

效果最好的软水剂是胺的醋酸衍生物，例如，氨三乙酸钠和乙二胺四乙酸钠（EDTA）已获得工业上的应用。它们与碱土金属或铜、铁金属离子结合能生成水溶性的络合物，可以避免由于钙、镁、铜、铁等金属离子存在而引起的疵病。

第二节 表面活性剂

表面活性剂，通常是指在水中只需加入少量，便能显著降低水的表面张力的物质。

一、表面活性剂的结构和性质

表面活性剂的分类和作用多种多样，但它们的分子结构都具有共同的特征。

表面活性剂分子都是非对称性的大分子，一端是亲水性的极性基团，如—OH、—COOH、—SO_3Na 等，另一端是疏水基或憎水性或亲气、亲油的非极性基团，如各种烃基（$CH_3CH_2\cdots\cdots CH_2$—$CH_2$—等）。当表面活性剂进入水中时，亲水端受到水分子的吸引，憎水端受到水分子的排斥，使表面活性剂的分子趋向于在水面上停留，即形成了亲水基向内、憎水基向外伸入空气的一层表面膜（图5-1），使水的表面张力降低。当水中表面活性剂的浓度增加时，表面膜达到饱和，水的表面张力降到最低。若此时继续增加表面活性剂的浓度，多余表面活性剂的分子就会在水中聚集形成憎水基向内、亲水基向外的稳定胶束，如图5-2所示。

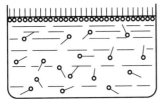

图5-1 表面活性剂分子在水中分布的示意图　　图5-2 表面活性剂在溶液中形成胶束示意图

表面活性剂形成胶束所需要的最低浓度，也是溶液表面张力降到最低时所需要的表面活性剂的最小浓度，叫临界胶束浓度（CMC）。不同的表面活性剂具有不同的临界胶束浓度，这与许多因素有关。

（1）疏水基的碳链越长，越饱和，CMC 越小。

（2）亲水基的亲水性越强，数目越多，CMC 越大。亲水基处于末端时的 CMC 较处于中央时要小。

（3）温度越高，CMC 越大。

（4）加入电解质使表面活性剂具有聚集的作用，CMC 下降。

某些表面活性剂的临界胶束浓度见表5-4。

临界胶束浓度是一个很重要的指标，它常和某些重要的性能，如电导率、折光率、渗透压、黏度、洗涤性等联系在一起，因此表面活性剂的浓度应大于临界胶束浓度，才能充分发挥其作用。表面活性剂的临界胶束浓度一般都不高，多为 0.001 ~ 0.02mol/L 或 0.02 ~ 0.4g/L。

表5-4　某些表面活性剂的临界胶束浓度

表面活性剂	测试方法	温度（℃）	临界胶束浓度（mol/L）
棕榈酸钠盐	电导率	52	0.0032
$C_{12}H_{25}OSO_3Na$	电导率	25	0.0081
十二烷基苯磺酸钠	折光率	35	0.010
$C_{12}H_{25}$—〈苯环〉—SO_3Na	电导率	60	0.0012

二、表面活性剂的作用

1. 润湿和渗透作用　在一个洁净的玻璃平面上滴一滴水，水滴能很快地在玻璃表面上铺开，这种现象称为润湿。若玻璃表面上涂上一薄层石蜡，则水滴不能在石蜡面上展开，几乎以圆珠状存在，这种现象说明水不能润湿石蜡表面。但如果将四氯化碳一类的有机溶剂滴到石蜡表面，则会迅速铺开而不形成珠状。因此，亲水性表面可以被水润湿，而疏水性的表面能被疏水性的有机溶剂润湿。

织物的情况比一般固体表面要复杂得多。织物中纤维的内部、纤维和纱线之间有大小不同的空隙，常称作毛细管，形成了多孔体系，毛细管中充满了空气。将未精练的亚麻布等纤维素纤维织物投入水中，由于含有太多的杂质，如蜡状物质等，以至于水不易在纤维表面展开，当然也就不易透入纤维和纱线之间的空隙中，更不用说纤维内部的空隙了，而使织物久久地浮在水面上。若在水中加入润湿剂，织物便能迅速润湿，并沉入水下。所以在退浆、煮练、染色或整理的工作液中，常常加入一些润湿剂，以利于溶液与纤维的接触，加速作用的进行。虽然润湿剂只有加速液体在固体表面铺开的作用，但对许多有空隙的纺织品来说，实际上在被润湿的同时，液体也渗入各种空隙中，因而润湿剂也可称为渗透剂。

液体在固体表面，由于润湿程度不同，可以从完全展开到球珠状之间呈现不同的外貌，如图5-3所示。从液滴的形状可以看出，图5-3（a）比（b）润湿性好，（c）不润湿，接触角与界面张力之间的关系如图5-4所示。

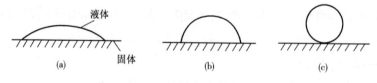

图5-3　液体在固体表面上的不同润湿情况

在图5-4中，A点是空气、固体和液体三者相交处的一点，该点受到液体的表面张力γ_L、液固界面张力γ_{LS}和固体表面张力γ_S的作用。自A点沿液滴表面做一切线，该切线与固体平面间的夹角（θ），叫作接触角。液滴的重量忽略不计，作用于A点的力应满足下面的关系：

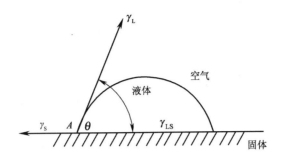

图 5 - 4 接触角与界面张力之间的关系

$$\gamma_S = \gamma_{LS} + \gamma_L \cos\theta \qquad 或 \qquad \cos\theta = \frac{\gamma_S - \gamma_{LS}}{\gamma_L}$$

接触角越小（$\cos\theta$ 越大），说明润湿情况越好；反之，润湿情况不好。$\theta = 0$ 时，液体铺开，$\theta = 180°$ 时，液滴呈球珠状，处于完全不润湿状态。对于某物体来说，γ_S 是不变的，因此 γ_{LS} 和 γ_L 越小，越有利于润湿。

水滴滴在未经煮练的布上，由于水对蜡状物质的引力较小，即 γ_{LS} 较大，水的表面张力也较大，即 γ_L 较大，蜡状物质的表面张力较小，即 γ_S 较小，这样，$\cos\theta$ 值很小，为负值，水在布面上呈球珠状，不能被水润湿。

水中加入表面活性剂后，水的表面张力下降，即 γ_L 变小，表面活性剂还降低了水和油蜡类杂质之间的界面张力，即 γ_{LS} 也减小，这样，$\cos\theta$ 值增大，θ 角变小，有利于润湿。γ_{LS} 值减小的原因是表面活性剂的分子在水和油蜡的界面上起着类似架桥的作用，增加了两者之间的相互吸引力。

综上所述，表面活性剂有使水的表面张力降低的作用，因而有助于水在油蜡表面的铺开，尽管在未精练布中的纤维含有一定量的油蜡，但含有润湿剂的水溶液能使它迅速润湿。

纺织物的表面与一般的固体不同，它是一个多孔体系，有无数相互连通、大小不等的毛细管，在典型的毛细管中，液体在毛细管中上升的液柱压力 p 与液体表面张力 γ_L、接触角 θ、毛细管半径 r 之间有下列关系：

$$p = \frac{2\gamma_L \cos\theta}{r}$$

若液体对管壁的润湿情况很差，即 $\theta > 90°$ 时，$\cos\theta$ 为负值，毛细管里的液体不上升，而且低于管外液面；反之，液体能润湿管壁，即 $\theta < 90°$ 时，液体便能在管内上升，使管内液面高于管外液面。因此，对于纺织品来说，只要使之发生良好的润湿，液体便能通过相互连通的毛细管，自动发生良好的渗透作用，从而有利于染整加工的进行。

2. 乳化和分散作用 一种液体或固体以极小的粒子均匀地分散在另一种互不相溶的液体体系，统称为分散体系。前者称为分散相或内相，后者称为分散介质或外相。但通常将一种液体分散在另一不相溶的液体中的作用叫乳化作用，得到的溶液叫乳浊液、乳状液、乳化液。将固体分散在不相溶的液体中的作用叫分散作用，得到的液体叫分散液或悬浮液。

大部分乳浊液和悬浮液是以水为介质的。在染整加工中主要用水溶解或者分散化学药品，在以后的论述中除特殊情况外，都是以水为介质。乳浊液有两种，一种是水分散在油中的，称为油包水型；另一种是油分散在水中的，称为水包油型。两者在一定条件下可以相互转化，称为转相。

油与水接触时，不能相互混溶，有尽量缩小两者接触面积的倾向。油浮在水上，分为上下两层，接触面积最小，因此也最稳定。如果加以搅拌和振荡，虽然油会变成微粒分散在水中，但由于油与水的接触面积增大，是一种不稳定的分散体系，较小的油粒有聚集成较大油粒、减小其表面能的趋势，以至于一旦停止搅拌和振荡，不需静置多久，就又重新分为上下两层。

但如果在水、油中加入一定量适当的表面活性剂（乳化剂），并加以搅拌、振荡，由于乳化剂对油和水都有一定的亲和力，以至于它能将油和水两相连接起来，组成比较稳定的乳液。若使用的乳化剂为离子型的，将会在油水界面上形成双电层和水化层，有防止油粒相互聚集的作用，从而使乳液获得比较稳定的状态。若使用的乳化剂为非离子型的，则会在油粒表面形成比较牢固的水化层，也具有类似的作用。

乳化剂和分散剂都是表面活性剂，但不是所有的表面活性剂都能成为良好的乳化剂和分散剂，视它们在水中形成胶束的稳定性而定，这与分子中疏水基、亲水基有很大关系。一般来说，疏水基在 $C_{12} \sim C_{18}$ 范围内有较好的分散乳化性能，例如肥皂、平平加 O 都是比较良好的乳化剂和分散剂。

当非水溶性的油，如苯和矿物油进入表面活性剂的水溶液时，能溶于表面活性剂胶束内，即分散和乳化的极限阶段，叫增溶现象。所形成的溶液，类似于透明的真溶液。

3. 匀染和促染的作用 匀染剂又叫缓染剂，主要起延长上染时间、降低上染速率、防止由于上染速率太快或上染百分率太高而产生染色不匀不透的现象。例如，在直接染料、活性染料以及还原染料隐色体钠盐的水溶液中加入一些阴离子型的表面活性剂，一方面它们会和这些染料的阴离子发生竞染作用，但该表面活性剂的相对分子质量要小于染料的相对分子质量，扩散性要好于染料的扩散性，与织物的亲和力要小于染料分子对于纤维的亲和力，这样它们才能优先于染料的色素阴离子扩散到纤维织物上，而后随着染料分子进入织物后最终被染料的分子取代，从而起到延缓上染时间、降低上染速率的目的，达到匀染的效果。

另一方面，这些表面活性剂在溶液中会和染料的色素阴离子产生一种不稳定的结合，降低溶液中单分子分散状态染料的数目，从而降低染料的上染速率。随着溶液中单分子分散状态的染料不断上染到纤维上，这种不稳定的结合逐渐释放出单分子分散状态的染料分子，并不断上染到纤维上，这种不稳定的结合逐渐破坏、逐渐释放出单分子分散状态的染料分子，直到上染结束。它可以防止由于上染速率太快，在短时间内大量单分子分散状态的染料离子被纤维的表面吸附，来不及向纤维内部扩散，导致纤维表面的染料由于浓度的增高而发生聚集，造成染色不匀不透，影响染色产品的质量和档次。表面活性剂所起到的这种作用叫匀染或缓染作用。

在亚麻织物的染色中，除了阴离子型表面活性剂可以起到匀染作用外，阳离子型或非离子型表面活性剂也可以通过和溶液中的染料的色素离子产生不稳定的结合而起到匀染的作用，但加入阳离子型表面活性剂容易引起染料的色素阴离子与之结合生成沉淀，发生不利于染色进行的变化。

促染剂起到的是增进染料上染的作用，在直接染料、活性染料、还原染料隐色体钠盐等阴离子型染料的染液中，常加入食盐或元明粉作为促染剂。在上染的过程中，亚麻等纤维素纤维在中性或碱性的条件下表面带有负电荷，如果在染浴中加入氯化钠或硫酸钠，依靠 Na^+ 离子对亚麻纤维表面负电荷的遮蔽作用，可减少亚麻纤维表面负电荷对染料色素阴离子的排斥作用，降低染料上染到亚麻纤维表面的活化能，从而增进染料对亚麻纤维的上染，起到增进染料上染的作用，即促染，作用的离子是 Na^+ 离子。

4. 净洗作用 人们日常生活中经常洗衣服，洗衣服实际上就是去污的过程。如果衣服上的污垢都是水溶性物质，只需将衣服在水中浸泡或搓洗多次就可以了。然而，通常都是把衣服浸在皂液中或在湿衣服上擦上肥皂，然后加以搅拌或搓擦，使污物脱离衣服转入溶液，再用清水将肥皂和污物洗去。

（1）洗涤剂的洗涤过程。洗涤剂的去污作用不是单一的一种作用，而是润湿、分散、乳化和增溶等共同作用的结果。一般纺织材料的洗涤过程包括三个主要步骤：

①依靠洗涤剂的润湿作用，使水润湿纺织材料，使不溶于水的油性污物与织物的黏着力减弱，界面逐渐缩小。

②依靠机械力作用，使污物从织物上下来，并通过乳化、分散作用，使污垢以极细的微粒稳定地分散在洗涤液中，或通过增溶作用发生部分的溶解。

③由于水溶液中的表面活性剂的存在，使形成的乳化或悬浮的污物在净洗液中具有良好的表面活性，不至于重新黏到被处理的织物上，因此具有良好的洗涤效果。

（2）影响洗涤效果的因素。洗涤效果的好坏，只与洗涤剂的表面活性有关，或者说与表面活性相关的界面强度（乳化、分散、胶体）有关，洗涤过程中最重要的就是这些性能，影响洗涤效果的因素有：

①污物的性质会影响洗涤效果。污物具有不对称性、低极性，则不容易被洗掉，甚至用非离子型表面活性剂也不易洗去；含极性基的动植物油脂比不含极性基的矿物油易于洗去。要除去这些难以去掉的油污，可增加这些油污的极化程度，例如，矿物油不易洗去，如果加入一些与矿物油相溶的油酸，再将油酸皂化，就易于洗去了。

②纤维材料的性质会影响洗涤效果。纤维材料中有未饱和的表面层，会增加洗涤效果。纤维的孔隙越小，吸附保留污物的能力越大，会降低洗涤效果。

③温度的影响。提高温度，会增强洗涤效果，因为增加温度，会使聚合在一起的污物分散成更小的颗粒或胶粒；增加温度，会使含有 12～14 碳氢基净洗剂的净洗能力下降，而使含有 16～18 碳氢基净洗剂的净洗能力增强。

④洗涤时间的影响。净洗过程的平衡可以表示为：

$$纤维上污物 \rightleftharpoons 污物胶粒$$

洗涤时间以刚达到上述平衡为好。洗涤时间短，平衡仍在左边，洗涤时间长，平衡反而向左进行，污物又会重新回到纤维上。其原因如下：

a. 洗涤时间过长，污物中的固体颗粒去除了油脂（污物表面的油脂被乳化），这种污物对纤维的亲和力增强了。

b. 由于胶粒在净洗过程中进一步被分散，界面增加，增加了胶粒量，即使稳定膜变弱了，降低了胶粒的稳定性，造成部分污物的粒子沉淀。所以净洗过程应刚好达到平衡为止，以避免进一步发生胶溶过程。

c. 洗涤时间长，由于污物分解的更细，较细的污物更易分散到纤维上，纤维对细粒子具有强烈的吸引力。

d. 洗涤时，净洗液中有各种粒子：中性粒子、离子、胶束、带电荷的胶束、中性胶粒，随着时间的推移，这个系统就要发生变化，变化的倾向是界面增大，由于胶粒分散成为带电胶粒或为中性胶粒，因此洗涤能力下降。

⑤泡沫的影响。它除了能起到除去纤维上杂质的机械作用，还具有净洗作用，其净洗作用是因为它对污物具有毛细管作用。

三、表面活性剂的种类

表面活性剂的种类很多，例如常见的肥皂、各种洗涤剂、红油、平平加等。它们与其表面活性直接相关的基本性质，主要有润湿剂、乳化剂、分散剂、洗涤剂等；它们与表面活性间接相关的性质，即所谓派生性质，主要有柔软剂、匀染剂、缓染剂、促染剂、抗静电剂等；按照溶于水后所带电荷的情况，又可以分为离子型和非离子型两大类，而离子型的还可以分为阴离子型、阳离子型与两性型三类。

1. 阴离子型表面活性剂

（1）常见的阴离子表面活性剂。

①拉开粉BX。学名叫异丁基萘磺酸钠或双异丁基萘磺酸钠，它是由异丁醇、萘缩合磺化而成的产品，分子结构为：

其外形为微黄色粉末。在空气中易吸湿成块状，易溶于水。1%的水溶液pH为7~8.5，能显著降低水的表面张力。对硬水、盐、酸及弱碱都较稳定，在浓碱中呈白色沉淀。加水重新溶解，其水溶液具有良好的润湿性、渗透性，再润湿性良好，有乳化、扩散能力，有起泡性。加入少量的食盐可增加渗透能力。遇铁、铝、锌、铅等重金属离子会产生沉淀，这些沉淀对纤维素纤维无亲和力。不适合与非离子型的表面活性剂混合使用，二者结合生成的化合物会失去表面活性。拉开粉大都用做染料溶解时的助溶剂和染色以及打底时的助剂。

②红油。又称土耳其红油或太古油，为蓖麻油酸硫酸酯钠盐。用蓖麻油以硫酸处理而得，油脂量为30%~35%，外形为琥珀色透明油状体，易溶于水，水溶液为弱碱性，不耐酸和硬度较高的硬水，有优良的扩散性、乳化性及润湿性能。主要用作煮练、染色的渗透剂，也可

用作上浆、上油助剂等。其分子结构大致可以表示如下：

$$CH_3 \!-\! (CH_2)_5 \!-\! \underset{\underset{O-SO_3Na}{|}}{CH} \!-\! CH_2 \!-\! CH \!=\! CH \!-\! (CH_2)_7 \!-\! COONa$$

③肥皂。肥皂是常用的洗涤剂，是高级脂肪酸的钠盐，大多是硬脂酸钠盐（$C_{17}H_{35}COONa$），有的是油酸的钠盐 [$CH_3(CH_2)_{37}CH \!=\! CH(CH_2)_7COONa$]。油酸皂较软，水溶性好。肥皂具有最佳的洗涤效能，几乎没有一种洗涤剂的洗涤能力能超过它，同时它的携污能力强，即洗下的污物不容易重新黏到洗涤物上。在弱碱的条件下，其洗涤能力更好。

肥皂能溶于水，溶解度随水温的升高而升高；浓皂液冷却后结成胶冻状，热时又恢复成溶液；不耐酸和硬水，遇硬水生成钙镁皂，钙镁皂不溶于水，是黏性物质，洗涤时黏附在被洗物上，使织物色泽变暗，手感发黏。还会使布身发硬，若黏在滚筒上会增加清洁工作的困难，所以使用肥皂时应用软化水。为了避免肥皂在水中发生水解和提高洗涤效果，使用时可加入适量的纯碱，使溶液的 pH 维持在 10 左右。肥皂在水中的溶解度不高，需加热助溶，适当提高温度，也有利于发挥肥皂的洗涤效能。

钙皂不溶于水，但能溶于油。它是油包水型的乳化剂，钙基润滑脂是以钙皂作乳化剂的油包水的乳化体。

④烷基磺酸钠（AS）。它实际上是一种长短不一的烷烃、烯烃的单或双磺酸钠的混合物，各组分的性能不一样，可以用 $R\!-\!SO_3Na$ 来表示。对洗涤剂来说，要求 R 为 $C_{14} \sim C_{16}$ 的直链烃基，磺酸基接在烃基的末端，其洗涤效果较好。若磺酸基接在碳链的中间，只适合作润湿剂。

烷基磺酸钠易溶于水，能耐酸和硬水的作用，价格也较低廉，但去污能力不及肥皂。

⑤烷基苯磺酸钠（ABS）。它的分子结构可以用 R—⟨◯⟩—SO_3Na 表示，也是一种混合物，R 为 $C_{10} \sim C_{16}$ 直链烃基。烷基苯磺酸钠 ABS 是合成洗涤剂的主要品种之一，它是市售洗衣粉的主要成分。洗衣粉中一般含有 20%～28% ABS，商品 ABS 为米黄色粉末或透明棕色液体，易溶于水，1% 水溶液的 pH 为 7～9。耐酸、碱和硬水，具有去污、渗透、乳化、起泡的功能，但携污能力即防止污物再黏附于被洗物的能力差，可以在洗衣粉的配方中加入一些羧甲基纤维素加以改善。ABS 主要用于洗涤、皂煮等工序，有时也可作为煮练的助剂。

⑥胰加漂 T。它是由酰氯（$C_{17}H_{35}COCl$）和 N – 甲基牛胆酸 [$H_2N（CH_3）—CH_2—CH_2—SO_3Na$] 反应生成的，洗涤效果好，能耐酸和硬水，但成本高。

⑦分散剂 NNO。又名扩散剂 NNO，它是 β – 萘磺酸甲醛缩合物。它不是单一的化合物，而常是缩合体的混合物，多用作分散剂。分子结构可以表示为：

NNO 为棕色粉末，易溶于水，1% 水溶液 pH 为 7~9，耐酸、耐碱、耐盐和硬水。有优良的分散能力和保护胶体的性能，无渗透性和起泡性。对纤维素纤维无亲和能力。

（2）阴离子表面活性剂的特点。阴离子型表面活性剂是当今世界上用量最多的一种表面活性剂。纤维素纤维用的洗涤剂和渗透剂大多为阴离子表面活性剂。其特性如下：

①憎水基呈阴荷性，不能与阳离子型的染料一起使用，否则会产生沉淀。

②不能与阳离子型的表面活性剂一起使用。

③对纤维素纤维无亲和力，或具有较小的亲和力，对动物纤维具有较强的亲和力。

2. 阳离子型表面活性剂 阳离子型表面活性剂主要是长链烷基季铵盐，它在染整加工中主要用作促染剂、匀染剂或固色剂。

利用四价铵盐正离子与阴离子型染料的色素阴离子结合，封闭染料分子中的耐水溶性基团或增大分子中的疏水性部分，从而提高染色物的耐水洗牢度。阳离子表面活性剂的特性如下：

（1）憎水基呈阳性，不能与阴离子型染料一起使用，否则易产生沉淀。

（2）不能与阴离子型的表面活性剂一起使用。

（3）对纤维素纤维具有较大的亲和力，因纤维素纤维在水中通常带有负电荷，正好吸附阳离子型的表面活性剂。与动物纤维结合得较少。

3. 非离子型表面活性剂

（1）非离子型表面活性剂的结构和类型。非离子型表面活性剂的分子结构和离子型表面活性剂一样，也是由疏水基和亲水基两部分组成的。不同的是，亲水基是由在水中不电离的醚（—O—）或羟基组成。仅依靠一个醚基和一个羟基不足以使具有很大疏水基的化合物获得水溶性，因此在非离子型表面活性剂分子中，必须有多个这样的亲水基才能有满意的溶解度。这类表面活性剂又可按水溶性基团分为聚乙二醇型和多元醇型两大类。

①聚乙二醇型非离子型表面活性剂。它是由既含有疏水基又含有活泼氢原子的化合物与环氧乙烷进行反应而制得的。活泼的氢原子常指羟基、羧基、氨基和酰胺基等基团中的氢原子。所以凡是含有这些基团的疏水性原料，例如，高级醇（R—OH）、高级脂肪酰胺（R—$CONH_2$）、烷基酚（R—Ar—OH）、高级脂肪酸（R—COOH）、高级脂肪胺（R—NH_2）等，都可以用来与环氧乙烷进行反应，以合成聚乙二醇型非离子型表面活性剂。

②多元醇型非离子型表面活性剂。主要是以高级脂肪酸为疏水性原料与甘油、山梨醇作用而得的。

甘油   山梨醇

例如，山梨醇和棕榈酸之间的反应可以表示为：

$$
\begin{array}{c}
\text{CH}_2\text{—OH} \\
|\\
\text{CH—OH} \\
|\\
\text{HO—CH} \\
|\\
\text{CH—OH} \\
|\\
\text{CH—OH} \\
|\\
\text{CH}_2\text{—OH}
\end{array}
\;+\; \text{C}_{15}\text{H}_{31}\text{COOH} \;\xrightarrow[\text{NaOH}]{190℃}\;
\begin{array}{c}
\text{CH}_2\text{—OOC}_{15}\text{H}_{31} \\
|\\
\text{CH—OH} \\
|\\
\text{HO—CH} \\
|\\
\text{CH—OH} \\
|\\
\text{CH—OH} \\
|\\
\text{CH}_2\text{—OH}
\end{array}
$$

山梨醇　　　　　　　　　　　　　　　山梨醇棕榈酸单酯

多元醇表面活性剂主要用作柔软剂，但在染整加工中很少使用。聚乙二醇型非离子表面活性剂在染整加工中用途很广，可以作润湿剂、分散剂、乳化剂和洗涤剂等。

（2）常见的非离子型表面活性剂。

①渗透剂 JFC（EA）。国外同类产品叫作 Lvandine JFC，是非离子型表面活性剂，系高级脂肪醇聚氧乙烯醚。它是异丁苯酚与聚环氧乙烷的缩合物，结构式可以表示为：

$$
\text{C}_4\text{H}_9\!\!-\!\!\bigcirc\!\!-\!\!\text{O}(\text{CH}_2\text{CH}_2\text{O})_n\text{CH}_2\text{CH}_2\text{OH}
$$

$$n = 3 \sim 4$$

其外形为淡黄色液体，可在水中溶解成澄清溶液，在冷水中的溶解度较在热水中的大。1% 水溶液的浊点为 $40 \sim 50℃$。渗透、润湿、再润湿性能好，并有很高的乳化和洗涤效果。耐酸、耐碱、耐热、耐硬水、耐重金属盐，可与各种类型的表面活性剂进行混用，也适合与合成树脂初缩体及生物酶混合使用。主要作为渗透剂，用于上浆、退浆、煮练、漂白、羊毛炭化等。在疏水基相同的情况下，这类试剂的亲水性取决于分子中聚环氧乙烷的 n 值，n 值越大，亲水性越高，因为它的亲水性是靠醚键获得的。

②平平加 O、匀染剂 O 和 TX - 10。平平加 O、匀染剂 O 和 TX - 10 的分子结构与润湿剂 JFC 相似。平平加 O、匀染剂 O 都是由 18 碳脂肪醇与聚环氧乙烷组成的。

TX - 10 是以烷基酚和环氧乙烷为原料的，是黄色黏稠液体，力份为 70% ~ 80%，1% 水溶液的浊点在 40℃ 左右。

③净洗剂 JU。其为高级脂肪醇聚氧乙烯醚，为非离子型的高效洗涤剂，外国同类商品名为 Utravan JU。净洗剂 JU 为黄色透明液体，易溶于水，1% 水溶液 pH 为 5 ~ 6，具有优异的洗涤性能和润湿性能，兼有分散和乳化的能力，耐硬水、酸、碱和电解质，不影响退浆酶的活性，适用于漂白和染色。

（3）非离子型表面活性剂的特点。非离子型表面活性剂具有很高的分散、乳化和去污能力，对酸、碱、硬水都比较稳定。非离子型表面活性剂的特性如下。

①对酸、碱、重金属离子等都比较稳定。

②对纤维无亲和力。

③与水形成氢键，高浓度、高温易从溶液中因溶解度下降而析出，溶液混浊。

第六章　亚麻纤维织物的前处理

第一节　概　述

亚麻纤维的前处理一般是在粗纱阶段进行的，甚至染色也可以在粗纱阶段进行，然后再织造。亚麻织物的前处理与棉织物的前处理过程很相近，都要经过退浆、煮练、漂白以及丝光等过程，但又不完全相同。

1. 前处理工序的安排不同　棉的前处理几乎都是在纺纱织造之后，以坯布的形式进行，也有少量是以棉纱线的形式进行；而对于亚麻来说，大部分是以纱线的形式进行前处理加工，提高其可纺性能后再进行织造，然后再进行其他染整后加工过程。

2. 退浆的目的不同　由于棉纤维的强力较低，棉织物在纺纱织造过程中，为了减少织造过程的断头，提高织品的质量，经纱必须要进行上浆，但织物上存在浆料会影响其润湿性和渗透性，影响染整加工过程的进行，因此在煮练、漂白等工序之前必须通过退浆去除织物上的浆料。亚麻纱线经过煮练、漂白，在织造前，为了提高织物的质量，有时要进行经纱上浆，但由于亚麻纤维的强力较强，经纱也可以不进行上浆。如果煮漂后经过染色的纱再经织造后，色织物可以不经过退浆或仅经轻度的退浆；但煮漂后的白纱织造后还需要进行后续的染整加工，特别是对于亚麻混纺织物，染色和印花前也要经过退浆过程，但为了保证亚麻织物原有的挺括身骨，退浆的程度要适度。

3. 前处理的条件不同　由于亚麻纤维中的杂质含量要比棉纤维的多，取向度和结晶度也比棉的高，结构紧密，再加上亚麻纤维属于韧皮纤维，因此亚麻织物的染整加工过程要比棉织物难以进行，工艺条件也比较苛刻。

亚麻织物的前处理过程为：将亚麻纱进行酸洗、煮练、漂白三个工序，从而生产出具有可纺性的亚麻纤维。传统亚麻粗纱漂白采用的是亚氧双漂，但由于亚氯酸钠漂白存在环境污染，目前逐步被双氧漂来代替。值得一提的是，亚麻纤维的染整加工过程中的煮练和漂白通常不是分开进行的，而是采用煮练和漂白一浴一步法进行，即煮漂一浴。为了使大家更多地了解各个工序的助剂以及使用情况，先分开介绍各个工序，然后再介绍亚麻织物的具体加工过程。

第二节　酸　洗

酸洗既可以在煮练和氧漂前进行，也可以在煮练和氧漂后进行。

一、酸洗的作用及其原理

（1）亚麻纤维中的杂质比较多，在酸洗过程中，胶类物质可以在酸的作用下水解，尤其是以钙、镁盐存在的果胶物质，在酸的作用下，会水解成果胶酸，可以在以后的碱煮过程中水洗去除，因此麻类纤维在煮练或脱胶前一般先进行酸洗处理，这样可以大大减轻煮练的负担。

（2）在酸洗过程中，可以去除原来存在于亚麻纤维中的双氧水分解酶，从而减少对双氧水漂白的影响。

（3）可以去除亚麻纤维中铁等有害的金属离子，防止在次氯酸钠和双氧水漂白过程中由于金属离子的催化作用对亚麻纤维的氧化损伤以及对双氧水的破坏与分解。

（4）在氧漂后和煮练前进行酸洗，可以去除残留在纤维上的碱，同时在煮练的过程中有一部分多糖类物质吸碱溶胀后发黏而吸在纤维上，酸洗过程可以减少其黏性，或将其水解成溶于水的多糖而易于水洗去除。

二、酸洗的工艺

如果除去纤维中的铁，可以采用硫酸与草酸相结合。一般情况下，采用硫酸来处理，其工艺配方如下：硫酸 $3 \sim 4g/L$；温度 $40 \sim 50℃$；时间 $30 \sim 60min$。采用硫酸或硫酸与草酸的混合酸进行处理，如果作为最后的整理工序，酸洗处理后一定要将织物上的酸洗干净，以免在以后使用过程中，酸对亚麻纤维的强力产生影响。水洗后，亚麻纤维上的 pH 一般不应低于 6。

第三节　煮　练

一、煮练的目的

众所周知，亚麻纤维属于韧皮纤维，韧皮中除了含有纤维素纤维，还含有半纤维素、果胶、木质素、碳水化合物、无机盐、色素等非纤维素成分，这些非纤维素成分统称为胶质。去除色素是通过漂白过程实现的，去除亚麻纤维其他杂质的过程叫脱胶。只有去除亚麻纤维中的这些非纤维素成分，才能使亚麻纤维具有良好的吸水性，在后面的染整加工中，溶液才能均匀地透入织物、纱线或纤维的内部，从而提高加工质量，而且可以使织物的外观比较洁净。

对于亚麻纤维来说，获得可纺性亚麻纤维之前的精练即脱胶过程对于染整加工的顺利进行是至关重要的，是亚麻纤维纺纱织造前必不可少的一道重要工序。亚麻纤维中的胶质基本上是无定形物质，在酸、碱的作用下可以发生水解。通常对亚麻纤维采用化学脱胶法和生物酶脱胶法，应用较多的是化学脱胶法，生物酶脱胶法正处在进一步的推广和应用中。化学脱胶法主要是利用碱减量进行煮练。

二、煮练助剂的作用

各种杂质在煮练过程中发生的变化以及煮练液中各种化学药剂的作用如下。

（1）碱的作用。煮练过程中，纤维素中的聚糖类半纤维素和果胶物质在碱的作用下水解成相应酸的钠盐和低聚糖，转变成小分子溶于水的物质；而含氮的物质在碱的作用下分解为氨基酸的钠盐，溶于水可以被去除。

（2）肥皂等助剂的作用。一方面有利于煮练液对织物的润湿和渗透；另一方面脂蜡脂在煮练过程中只有一小部分发生水解而被去除，大部分脂蜡脂由于达到了熔点，变成熔融的油滴，借助肥皂的乳化和增溶作用而被去除。

（3）硅酸钠的作用。煮练液中加入硅酸钠，可以吸附煮练液中从亚麻纤维上下来的杂质，防止这些杂质对亚麻纤维造成再沾污现象。

（4）亚硫酸钠的作用。煮练时加入亚硫酸钠，可以防止亚麻纤维由于带碱后被空气中的氧氧化；也可以去除亚麻纤维中的木质素，麻屑中的木质素经过亚硫酸钠作用后，再经过漂白工序容易被去除。

三、煮练工艺

亚麻的传统纺织工艺：成条→并条→粗纱→细纱→落纱→织造→成品。以前人们对细纱进行湿加工，但由于细纱捻度比较大，染化药剂难以进入，后来人们发现，在粗纱以后进行湿纺加工，如煮练、漂白，其得色效果远比在细纱过程中进行加工的好。因此现在酸洗后的煮练、漂白以及染色都是在粗纱过程中实现的。

煮练的工艺流程为：碱煮→热水洗→热水洗→冷水洗。

亚麻粗纱碱煮练的工艺配方及工艺条件如下：

氢氧化钠（烧碱）	5%
碳酸钠（纯碱）	10%
肥皂等润湿剂或乳化剂	1~2g/L
硅酸钠（水玻璃）	1~2g/L
亚硫酸钠	1~2g/L
煮练温度	100℃
煮练时间	95~120min
升温的时间	30~40min

粗纱煮练在亚漂前可以减少亚氯酸钠的用量，降低对设备的腐蚀，提高漂白的效果。

碱煮练后必须经过充分的水洗，先用热水洗，否则下来的杂质会瞬间凝聚而沾在亚麻纤维上，造成杂质沾污现象。煮练过程结束后，纤维中的大部分杂质已经被去除，剩余的杂质可以借助于漂白过程而去除，表6-1列出了粗纱煮练前后纺成的细纱纤维中各种组分的变化情况。

表6-1　粗纱煮练前后纺成细纱纤维中各种组分的变化

纱的类型	细纱成分（绝对干重,%）						
	纤维素	木质素	脂蜡质	果胶	氮	多缩戊糖	灰分
粗纱不经煮练纺成细纱	72.9	4.6	2.1	3.7	0.35	3.3	0.86
粗纱经煮练纺成细纱	83.9	4.09	1.7	1.32	0.11	2.47	—

经过煮练后，亚麻纱除了各种组分的含量发生了变化外，许多染整加工的性能（如润湿性、强力、对染化药剂的吸附能力等）也发生了很大的变化。

四、煮练效果测试

1. 润湿性　亚麻纱经过煮练后，由于去除了果胶、脂蜡质等物质，加大了无定形区空隙，必然导致纤维的润湿性提高，这是衡量前处理效果的重要指标。煮练后纤维织物的润湿性常以毛细管效应来表示。如果被测试的材料是亚麻纱，可以用单根亚麻纱在30min内液体上升的高度来表示。毛细管效应直接影响后加工的质量，是染整生产过程中的主要质量指标之一。

2. 果胶含量　煮练后，基质中残留的果胶物质用90~95℃亚甲基蓝在基质上平衡吸附的方法测定。因为亚甲基蓝为一盐基性染料（即阳离子染料）。基于离子交换作用，亚甲基蓝和果胶酸中的羧基发生如下的作用（亚甲基蓝以MB^+Cl^-表示）：

$$R—COOH + MB^+Cl^- \longrightarrow R—COOMBCl^-$$

亚麻是纤维素纤维，纤维素大分子是一种多糖物质，糖环中含有大量的氢原子和羟基，不能与亚甲基蓝发生离子交换作用。因此，亚甲基蓝不能染着纤维素大分子。

因此，可以利用煮练前后同样重量的粗纱，在相同条件下用亚甲基蓝进行染色，根据亚甲基蓝的平衡上染量判断果胶物质的去除程度。一般来说，在其他情况相同时，亚甲基蓝上染得越多，纤维中果胶物质的含量越多。

果胶含量的测定步骤：用电子天平称取0.06g亚甲基蓝，配成1000mL溶液，得到浓度为0.06g/L的染液，从中移取2mL稀释到50mL，在其最大吸收波长处测其吸光度B。称取亚麻粗纱试样（1g/份），按照浴比为1∶50，取上述染液50mL，在90℃下吸附50~60min，实验完毕后取出试样，在其最大吸收波长处测得残液的吸光度A。残液的吸光度越大，说明亚甲基蓝被吸附得越少，即残余的果胶含量越少。根据下式计算吸附量：

$$吸附量 = \left(1 - \frac{A}{B}\right) \times 100\%$$

式中：A——试样吸附后染液的吸光度；

B ——试样吸附前染液的吸光度。

3. 亚麻纱的强力 亚麻纱在前处理过程中，无论如何控制工艺条件，都避免不了亚麻纤维素纤维的降解，聚合度下降，造成一定的强力损伤，但只要把这种损伤控制在要求的范围内，也不会影响亚麻纤维的可纺性。因此，经过前处理后，需要对亚麻纱的强力损伤进行测试，以便对前处理效果做出全面的考察。

4. 对染化药剂的吸附性能 经过煮练，纤维性能的变化可以通过煮练前后亚麻纱对染料的吸附量和吸附速率的差别进行判定，上染量越大，染料的上染速率越快，亚麻纱的前处理效果越好。

（1）上染量的测定。上染量通常用上染百分率来表示。所谓的染料上染百分率是指上到纤维上去的染料量占所投入染料量的百分比。可以衡量纤维织物对染化药剂的吸附性能。具体测试过程为：

可以设染前染液的浓度为 C_0，染后染液的浓度为 C_i，假设上染前后染液的体积 V 不变，根据定义，则染料的上染百分率：

$$C_t = \frac{C_0 V - C_i V}{C_0 V} \times 100\%$$

则有：

$$C_t = \left(1 - \frac{C_i}{C_0}\right) \times 100\%$$

而在最大吸收波长处，对于同种染料来说，染液的吸光度 A 与浓度 C 成正比，则染料的上染百分率为：

$$C_t = \left(1 - \frac{A_i}{A_0}\right) \times 100\%$$

其中 A_i ——染后染液的吸光度；

A_0 ——染前染液的吸光度。

只要在最大吸收波长处测出染前和染后染液的吸光度，就可以利用上面的公式，求出染料的上染百分率。

在相同的染色条件下，上染百分率越高，煮练的效果越好。

（2）上染速率的测定。上染速率可以从上染速率曲线反应出来。所谓的上染速率曲线是指上染百分率随时间而变化的关系曲线。它可以反应染料上染速率的快慢。

由上面上染百分率的方法求出同一染色温度下，不同染色时间 t 时的上染百分率 C_t，则以上染百分率 C_t 作为纵坐标，以染色时间 t 作为横坐标所做出的曲线，就叫染料的上染速率曲线。

实验时为了节省时间，又能说明问题，可以在一个染色过程中的每间隔一定时间如染第 0、5min、10min、15min、20min、25min、30min 等分别从同一染液中用移液管分别移取染色残液 2mL 于 50mL 的容量瓶中定容，然后分别在该染料的最大吸收波长处测定其吸光度 A_0、A_5、A_{10}、A_{15}、A_{20}、A_{25} 等，然后利用上面的求上染百分率的公式，可以求出不同染色时间时染料的上染百分率 C_0、C_5、C_{10}、C_{15}、C_{20}、C_{25}、C_{30}、C_{35}。从而可以绘制出染料的上染速率曲线。

利用该曲线通过原点的斜率，大致衡量在该染色条件下该染料对于该纤维的上染的快慢。

上染速率越快，煮练的效果越好。

5. 平均聚合度　亚麻粗纱在煮练过程所受到的损伤程度，除了可以测定煮练前后纱线的强力外，还可以通过测定煮练前后纤维素纤维的平均聚合度来衡量。纤维材料的聚合度测定有重均法、数均法、黏均法，每种方法测得的都是平均值。本文采用黏均法测定。通过聚合度间接衡量纤维材料的损伤程度。

（1）测定的原理。依据下面的公式：

$$\eta_{sp} = k \cdot C \cdot \overline{DP}$$

式中：η_{sp}——纤维素纤维的增比黏度，可以表示如下：

$$\eta_{sp} = \frac{亚麻纤维铜氨溶液的黏度 - 铜氨溶液的黏度}{铜氨溶液的黏度}$$

　　k——比例常数，取决于溶质和溶剂。纤维素纤维在铜氨溶液中的值为 5×10^{-3}；

　　C——纤维素纤维铜氨溶液的浓度，是 100mL 铜氨溶液中溶解亚麻纤维素纤维的克数；

　　$\overline{DP}$——纤维的平均聚合度。

（2）测定步骤。亚麻粗纱试样 0.5g（精确到 0.0001），测定回潮率。准确称取纱线试样 0.03g（精确到 0.0001），记为 M，放入 100mL 医用药剂瓶中，加入约 3g 纯净、干燥的细铜丝（铜丝约 1cm 长），用移液管准移取 50mL 铜氨溶液，将盖盖紧，放在振荡器中，在室温下振荡至试样全部溶解（约 6h）。

用移液管移取 12mL 待测液，放入乌氏黏度计中，根据乌氏黏度计的操作方法进行操作。记录亚麻纤维铜氨溶液和铜氨溶液流经乌氏黏度计 E 球的两个刻度线之间的时间 t_1 和 t_0。按下列公式计算。

亚麻纤维铜氨溶液质量浓度：

$$C = \frac{M \times 100}{50(1 - \phi)}(g/100mL)$$

亚麻纤维增比黏度：

$$\eta_{sp} = \frac{t_1 - t_0}{t_0}$$

亚麻纤维的特性黏度：

$$[\eta] = \frac{\eta_{sp}}{C}$$

亚麻纤维平均聚合度：

$$\overline{DP} = \frac{[\eta]}{k}$$

式中：ϕ——实验测定纤维含湿率；

　　k——比例常数，此处采用纤维素在铜氨溶液浓度中的 k 值，约为 5×10^{-3}。

6. 木质素含量测试

（1）Klason法。

①基本原理。用72%的硫酸溶液溶解纤维素，难溶的木质素经过滤、洗涤、干燥称重等步骤得到其重量。

②操作过程。取1.5g左右的亚麻粗纱试样于100mL烧杯中，向烧杯中注入72%的硫酸溶液25mL进行溶解，用玻璃棒碾压搅拌，待成流体状，置于磁力搅拌器上，室温条件下搅拌4h后，将其转移到1L烧杯中，然后加水稀释至硫酸的浓度为2%~10%。再用105℃的条件下烘至恒重的滤纸和玻璃砂芯漏斗进行抽滤，过滤后，将带有滤饼的滤纸放入电阻炉中，在105℃的条件下烘至恒重。木质素含量计算公式如下：

$$木质素含量 = \frac{G_2 - G_1}{G} \times 100\%$$

式中：G——试样干重；

G_1——滤纸干重；

G_2——滤纸和滤饼干重。

（2）浊度法。

①基本原理。该方法适用于液体中难溶微量固体物质含量的测定。其基本原理是利用超声振荡，使木质素在一定浓度的硫酸、水、甘油三相体系中形成稳定的悬浊液，再用分光光度计进行吸光度的测定。

②操作过程。取相应样品剪碎后精确称取1.5g左右，置于100mL的小烧杯中，缓缓加入72%的硫酸溶液25mL溶解，在室温下磁力搅拌4h后，将烧杯置于超声振荡器中振荡15min，用蒸馏水定容于50mL的容量瓶中，再次超声振荡10min。用移液管吸取8mL置于比色管中，在电子天平上加入5.04g丙三醇（相当于4mL），超声振荡10min。以2mL 72%的硫酸，2mL水，2.32g丙三醇的混合物做参比，测定其在660nm处的吸光度。用测得的吸光度，再根据绘制标准曲线得到的线性回归方程，计算求得木质素含量。

③标准曲线的绘制。称取木质素含量较高的亚麻纱两份各1.5g左右。一份用Klason法测定其木质素含量，另一份溶解后定容于250mL容量瓶中，用移液管分别取5mL、10mL、15mL、20mL、25mL、30mL于50mL容量瓶中定容作为标准溶液，用上述浊度法测定其吸光度。计算得出50mL容量瓶中相应标准溶液的木质素质量，以木质素的质量为横坐标，以吸光度为纵坐标，绘制标准曲线。

第四节　漂　白

亚麻纤维中除了含有天然杂质外，还含有一定量的天然色素，这些色素的存在会影响亚麻织物的外观，影响亚麻织物的染色性能和印花产品的鲜艳度，因此应进行漂白处理。

亚麻纤维中的大部分天然杂质虽然可以在煮练过程中去除，但仍有一部分天然杂质残留在煮练后的亚麻纤维内，尤其是木质素等物质不利于染整加工过程的顺利进行，仍需在漂白过程中去除。

亚麻纤维中含有的天然色素的分子中都具有一定的发色共轭体系。像有机合成染料一样，这些天然色素中的发色共轭体系在氧化剂或还原剂的作用下，分子链被氧化或还原断裂，发色的共轭体系被破坏，从而达到消色的目的，起到漂白的作用。

但由于还原型漂白剂的漂白效果不持久，在空气中长期存在时，会出现泛黄的趋势。因此像其他许多纺织纤维一样，亚麻粗纱通常也采用氧化剂进行漂白。不但漂白效果好，而且白度持久。

亚麻纤维织物漂白常用的氧化型漂白剂有次氯酸钠、双氧水以及亚氯酸钠。其中最常用的是亚氧双漂，即先用亚氯酸钠进行漂白，再用双氧水进行漂白，既可以提高亚麻纤维织物的白度，又可以进一步去除煮练后残留在亚麻纤维中的剩余杂质，提高亚麻纱前处理的质量。

传统亚麻粗纱采用煮练、漂白分开进行，而且以前漂白采用亚氧双漂，后来由于亚氯酸钠漂白存在环境污染，亚氧双漂又被双氧漂代替，即用双氧水漂白两次。为了缩短工艺流程，提高生产效率，近年来有些工厂开始采用煮漂一浴对亚麻粗纱进行加工。

各种漂白剂的化学组成、性质不同，漂白的效果不尽相同。它们具有各自的特点。

一、双氧水漂白

双氧水（H_2O_2）又叫过氧化氢，是良好的漂白剂。相对分子质量为34。双氧水为无色液体，能以任意比例与水互溶，常用的浓度为30%。过氧化氢是二元酸，在水中离解成下式，受热和日光照射下会分解得更快。

$$H_2O_2 \rightleftharpoons H^+ + HO_2^- \quad K_a = 1.55 \times 10^{-12}$$
$$HO_2^- \rightleftharpoons H^+ + O_2^{2-} \quad K_a = 1.0 \times 10^{-25}$$

生成的 HO_2^- 很不稳定，能按照下式分解：

$$HO_2^- \longrightarrow OH^- + (O)$$

HO_2^- 又是一种亲核试剂，具有引发过氧化氢形成游离基的作用。

$$HO_2^- + H_2O_2 \longrightarrow HO_2 \cdot + HO \cdot + OH^-$$

过氧化氢也能发生下面的分解：

$$HOOH \longrightarrow 2HO \cdot$$

另外，在金属离子，如亚铁、铁等作用下，可以使双氧水迅速发生复杂的分解，如下所示：

$$Fe^{2+} + H_2O_2 \longrightarrow Fe^{3+} + HO \cdot + OH^-$$
$$Fe^{2+} + HO \cdot \longrightarrow Fe^{3+} + OH^-$$
$$H_2O_2 + HO \cdot \longrightarrow HO_2 \cdot + H_2O$$
$$Fe^{2+} + HO_2 \cdot \longrightarrow Fe^{3+} + HO_2^-$$
$$Fe^{3+} + HO_2 \cdot \longrightarrow Fe^{2+} + H^+ + O_2$$
$$Fe^{3+} + HO_2 \cdot \longrightarrow Fe^{2+} + HO_2 \cdot$$

双氧水对热的稳定性差。双氧水遇过强的氧化剂（如遇到高锰酸钾或次氯酸）时呈还原性。在工厂中，漂液中双氧水的浓度就是用高锰酸钾溶液标定的。

$$2KMnO_4 + 5H_2O_2 + 3H_2SO_4 \longrightarrow 2MnSO_4 + K_2SO_4 + 8H_2O + 5O_2$$

双氧水的规格见表 6 – 2。

表 6 – 2　工业双氧水的规格

指标	一等品	合格品
双氧水含量（%，≥）	27.5	27.5
游离酸含量（以硫酸计）（%，≤）	0.05	0.08
不挥发物（%）	0.10	0.18
稳定度（%）	97	93

目前有关过氧化氢漂白的机理还不十分清楚，但普遍的观点认为，在破坏天然色素的过程中主要起漂白作用的成分为 HO_2^-。从上面过氧化氢离解和分解的作用过程来看，在碱性条件下，过氧化氢多以 HO_2^- 的形式存在，当碱性很强的时候，还会引发过氧化氢形成游离基的反应，降低漂白的效果，溶液的稳定性差；在酸性条件下，尤其是在金属离子存在的情况下，加速双氧水的氧化分解，而且生成的 HO_2^- 的量很少，使 H_2O_2 失去漂白作用。

采用过氧化氢进行漂白时，漂液的 pH 应控制在 10 ~ 11，同时，要加入硅酸钠来吸附漂液中的少量金属离子，减少金属离子对过氧化氢分解的催化作用。可见硅酸钠在漂白过程所起的是一种稳定作用，其溶液应用软水进行配制，一般采用在水溶液中加入 EDTA 等软水剂。另外，由于过氧化氢的氧化能力比较弱，漂白温度一般应在 95 ~ 100℃，时间为 60 ~ 90min。当然各种工艺条件并不是固定不变的。

亚麻粗纱的过氧化氢漂白的工艺流程及工艺条件为：

双氧水浓度　　　　　　　　　　2 ~ 3g/L

pH　　　　　　　　　　　　　　10 ~ 11

温度　　　　　　　　　　　　　90 ~ 100℃

时间　　　　　　　　　　　　　60 ~ 90min

硅酸钠作为稳定剂，纯碱调节 pH。

采用过氧化氢进行漂白，兼有碱性处理的效果，对进一步去除纤维织物中的杂质有利，对退浆、煮练的要求不太高，对纤维的损伤程度低，无污染，绿色环保，漂白后织物的白度好，手感柔软；但由于金属离子对其的催化分解作用，需采用特制的不锈钢设备，因而漂白的成本升高。

二、亚氯酸钠漂白

亚氯酸钠的分子式为 $NaClO_2$，相对分子质量为 90.45，亚氯酸钠有无水和带 3 个结晶水两种。无水的亚氯酸钠有吸水性，易结块，为白色或浅棕色固体，一般含固量为 80% ~ 82%，在干燥、黑暗、阴凉处能长时间保存而不发生变化，加热到 175℃ 以上即分解。与少量有机物相混时，撞击会发生爆炸，所以搬运亚氯酸钠时应注意。

亚氯酸钠固体通常用铁筒和塑料袋包装。已打开的亚氯酸钠筒不许溅入水滴，不许用铁器敲打，否则会发生爆炸。

亚氯酸钠着火时，只允许用二氧化碳灭火器或者用大量水扑救。亚氯酸钠有毒，致死量为 10 ~ 12g。切忌与酸接触，否则会放出大量具有强烈腐蚀性剧毒的二氧化氯气体。因此在亚氯酸钠漂白过程中，常加入硝酸钠作为二氧化氯对金属腐蚀的抑制剂。硝酸钠的相对分子质量为 85，白色粉末，易溶于水，一般用塑料袋包装。

亚氯酸钠除了固体外，经常使用液体。一般浓度为 10% ~ 40%。液体亚氯酸钠使用、保存、运输安全得多，但包装和运输量大。

漂白时，主要利用亚氯酸钠在酸性条件下可以释放出二氧化氯气体，它不但可以破坏亚麻纤维中的天然色素，更重要的是，二氧化氯可以与纤维中的果胶、含氮的物质以及木质素进行化学反应，将它们转变成小分子的溶于水的物质。ClO_2 具有很强的去杂能力，这对于含杂比较多的亚麻纤维织物的处理尤为重要。因此，目前工厂中对亚麻纤维织物的前处理都离不开亚氯酸钠。

亚麻粗纱的亚氯酸钠漂白的工艺流程及工艺条件为：

亚氯酸钠的浓度	8 ~ 12g/L
pH	4.0 ~ 4.5
温度	40 ~ 45℃
时间	30 ~ 90min

常用的活化剂：

酸类：醋酸或蚁酸。

释酸剂：硫酸胺或氯化胺等。

用亚氯酸钠漂白，白度好，对纤维损伤小，去除果胶、含氮物质以及木质素的作用很强，对退浆、煮练的要求低，尤其适用于亚麻纤维织物的漂白和去杂过程，可以将煮练过程中未去净的木质素等杂质去除干净，提高亚麻前处理的效果。但由于漂白过程中产生了二氧化氯气体，造成了一定的环境污染，又由于其要求特制的不锈钢设备，因而提升了漂白成本。因此，目前工厂中，亚氯酸钠主要用于高档棉织物以及亚麻纤维产品的漂白。

三、亚氧双漂

亚麻纤维含有大量的木质素等杂质。为了去除木质素并使纤维的强力损失小，常采用亚氯酸钠对纤维进行漂白。亚氯酸钠在漂白的过程中对纤维进行有选择的攻击，仅使醛基氧化成羧基，这样既达到了漂白的目的，又降低了纤维的失重率和损伤。但如果条件控制不当，也会使亚麻纤维的强力受到很大的损伤。因此，应根据原料产地及麻的粗硬程度决定其工艺条件。

粗纱亚氯酸钠漂白的工艺配方及条件为：

$$H_2SO_4 \qquad\qquad 2.3g/L$$

NaClO$_2$	2.7~3.4g/L
渗透剂 Leonilok	0.6g/L
NaNO$_3$	1.6g/L
温度	50℃
时间	40min

通过上述工艺控制，既可以脱去一部分纤维杂质，又使粗纱湿态强度在染色前有了一定的控制。然后再进行双氧水漂白。

粗纱氧漂工艺配方及条件为：

H$_2$O$_2$	1.8g/L
碱液（NaOH∶Na$_2$CO$_3$ = 1∶2）	3.6g/L
硅酸钠	0.8g/L
稳定剂 SOF	0.3g/L
pH	10~11.5

采用上述氧漂工艺对亚麻粗纱进行漂白，由于硅稳定剂的使用，能防止金属对双氧水分解的催化作用，提高了双氧水的利用率，降低了成本，使纤维能保持一定的聚合度，减少对亚麻纤维的损伤。经过煮练漂白后，纤维具有较高的白度值，木质素、脂蜡质、含氮无机盐等杂质得到了较大程度的去除，克服了染色均匀性差和不易染透的缺点。

由于亚氯酸钠漂白存在环境污染，近年来逐步被双氧漂代替，即用双氧水漂白两次。为了缩短工艺流程，提高生产效率，近年来开始采用煮漂一浴工艺，即煮练和漂白在同一个工作浴中进行。

四、煮漂一浴工艺

亚麻粗纱煮漂一浴的工艺配方及条件如下：

双氧水	12g/L
烧碱	10g/L
尿素	6g/L
精练剂	2g/L
温度	110℃
时间	60min

采用这一工艺，既可以获得良好的煮练和漂白的效果，又缩短工艺流程，节约时间，节约能源，提高生产效率，值得进一步推广和应用。

第五节　退　浆

亚麻纤维在纺纱织造过程中，特别是经纱在织造的过程多次开口，受到反复拉伸，所以要求其表面光洁、耐磨，并有较好的弹性及较高的捻度。因此，经纱只有通过上浆才能满足织造的要求。所谓上浆就是让经纱经过上浆机，使其表面形成一层均匀的膜。亚麻纤维在织造过程中，经纱有时需要上浆，经纱上浆率视品种而有不同，短纤维要比长纤维的上浆率高；细特纱、密度大的织物经纱上浆率高些。

经纱上浆有利于织造，但浆料的存在会给染整加工带来一定的困难，因为浆料的存在不但会沾污工作液、耗用染化料，甚至会阻碍染化料与纤维的接触，使加工过程难以进行。因此，织物在进行染整加工之前，一定要经过退浆处理，尽可能地去除浆料，增强织物的润湿性和渗透性，增强织物对染化药剂的吸附性能，为后续加工创造有利的条件。

一、常用浆料及性能

1. 淀粉　淀粉包括小麦淀粉、玉米淀粉、米淀粉、马铃薯淀粉、甘薯淀粉、橡子粉、田仁粉等，还包括淀粉的制品，如可溶性淀粉、糊精、羧甲基淀粉等。淀粉是 α - 葡萄糖的高聚物，可以用 $(C_6H_{10}O_5)_n$ 表示。按照分子结构，淀粉有直链淀粉和支链淀粉之分。直链淀粉的结构可以用下式表示。

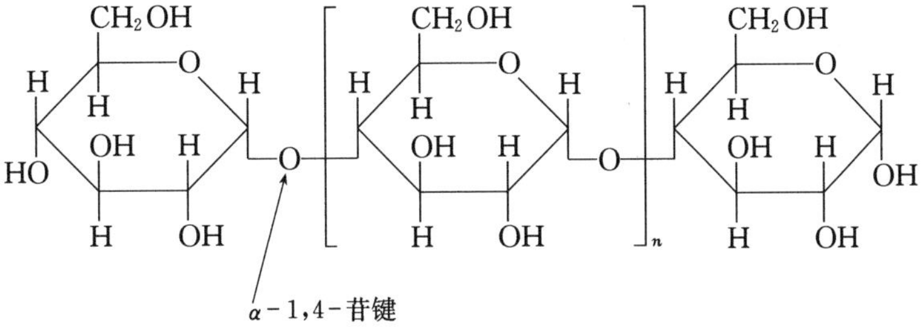

直链淀粉的平均聚合度在 $200 \sim 300$。支链淀粉的结构要比直链淀粉的结构复杂得多，除了 α - 1,4 - 苷键以外，还有 α - 1,6 - 苷键和少量的 α - 1,3 - 苷键结合，可以部分地表示如下。

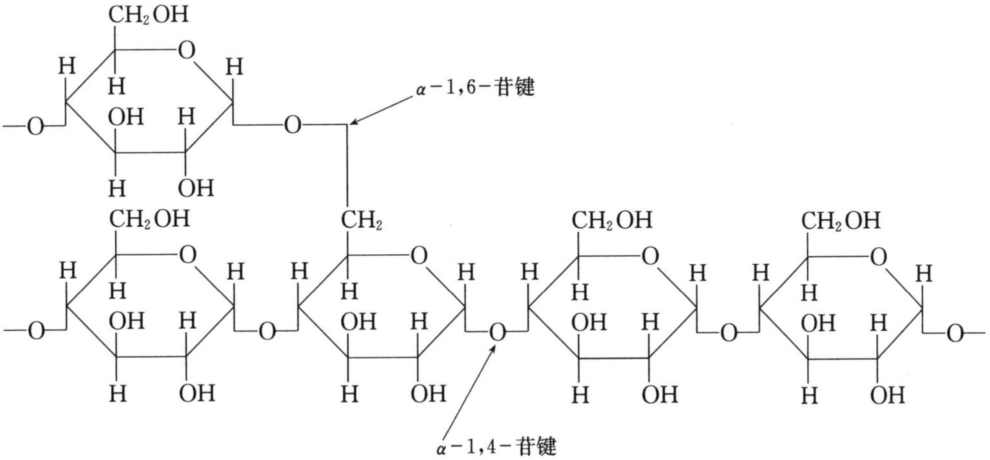

支链淀粉的平均聚合度为 $600 \sim 6000$。不同原料制得的淀粉，直链淀粉和支链淀粉的含

量不同。大多数淀粉中直链淀粉的含量为20%～30%，支链淀粉的含量为70%～80%，也有少数的例外。直链淀粉的相对分子质量相对较低，为$2 \times 10^5 \sim 5 \times 10^5$；支链淀粉的相对分子质量较高，为$4.5 \times 10^4 \sim 6 \times 10^8$。

淀粉类浆料具有很强的黏附力，它不仅能黏附于织物表面，而且还能渗入织物的内部，并具有以下性能。

（1）直链淀粉能微溶于水，而支链淀粉难溶于水。

（2）对碱较不稳定，在稀碱溶液中能发生溶胀。

（3）对酸较不稳定，苷键会发生水解，形成相对分子质量较小、黏度较低和溶解度较高的可溶性淀粉、糊精等中间产物，最后可被水解为葡萄糖。

（4）能被氧化剂氧化，使相对分子质量降低，形成比较复杂的中间产物，最终产物为二氧化碳和水。

（5）淀粉能被淀粉酶分解。

（6）淀粉遇碘能形成特殊颜色，并与淀粉的结构和相对分子质量不同的浆料成分有一定关系。碘遇直链淀粉呈蓝色，碘遇支链淀粉呈紫红色。碘遇淀粉的初期产物，如可溶性淀粉和相对分子质量较大的糊精能呈蓝色或紫红色，碘遇相对分子质量较低的糊精呈红色或不产生颜色，碘遇麦芽糖、葡萄糖则不产生颜色。

2. 聚乙烯醇　聚乙烯醇通常是在聚醋酸乙烯酯和甲醇溶液中加入催化剂——氢氧化钠，使酯键发生醇解而制得的。其反应如下：

$$\left[\begin{array}{c} CH_2-CH \\ | \\ OCOCH_3 \end{array}\right]_n + nCH_3OH \longrightarrow \left[\begin{array}{c} CH_2-CH \\ | \\ OH \end{array}\right]_n + nCH_3COOCH_3$$

聚醋酸乙烯酯　　　　　　　　　　聚乙烯醇

聚乙烯醇常以白色粉末的形式存在，是涤/棉、涤/麻织物经纱上浆广为使用的合成浆料之一，其结构式如下：

$$\left[\begin{array}{c} H \quad H \\ | \quad | \\ C-C \\ | \quad | \\ H \quad OH \end{array}\right]_n$$

聚醋酸乙烯酯中酯基被醇解的百分比叫醇解度、水解度或皂化值。

从聚乙烯醇的结构来看，具有下列一些特性。

（1）是一种亲水性的高分子聚合物，能溶于水，但其溶解度随着相对分子质量的增大而降低。

（2）对酸、碱的作用比较稳定，不至于发生水解。

（3）能被氧化剂氧化而降解，形成黏度较低、相对分子质量较小的产物。经剧烈氧化后的最终产物为二氧化碳和水。

（4）醇解度或水解度对聚乙烯醇的溶解度有一定的影响，水解度在98%以上的溶解度较差，称为全部水解级（FH），水解度在87%～89%的溶解度较好，称为部分水解级（PH）。

（5）在高温下物理状态或性能发生变化，水溶性降低，如果条件剧烈甚至能使羟基之间发生脱水反应，进一步使溶解度下降。

聚乙烯醇可以作为纤维素纤维织物（如亚麻、棉）、聚酯纤维以及涤/麻、涤/棉等织物的上浆剂。其特点为：

水溶液的黏度高，对纤维的黏着性强，对天然纤维和合成纤维的黏着性良好，而且不易脱落；成膜性好，所形成的膜延伸性优良，断裂强度高；溶于水，易于退浆；原料便宜，制造简单，在合成浆料中价格最低，因此应用十分广泛。

二、退浆方法

在实际生产中，可根据织物的品种、浆料的组成情况、退浆的要求和工厂的设备选用不同的退浆方法。常见的退浆方法主要有碱退浆、酶退浆、酸退浆和氧化退浆，这里主要讲解碱退浆和酶退浆。

（一）碱退浆

1. 退浆原理　经纱上的浆料，无论是天然浆料还是化学浆料（PVA），在热碱的作用下都发生溶胀，从凝胶状态转化为溶胶状态，而且与纤维的黏着变松，这样浆料便比较容易从织物上脱落下来。某些浆料在热碱液中的溶解度比较好，经水洗后就具有良好的退浆效果。

碱退浆并不能使织物上所有的浆料全部退净，一般退浆率为50%～70%，余下的浆料还需要靠碱精练过程得以去除。碱退浆除了具有去除织物上的浆料的作用外，还可以进一步去除碱精练过程中没有去除的天然杂质。所以碱退浆和碱精练虽然是各有其主要目的的两个相对独立的过程，但又是相互渗透、相互联系的两个过程。

由于碱退浆对浆料无化学分解作用，水洗槽中的洗液往往具有较高的黏度，容易造成浆料对织物的再沾污现象，降低退浆效果，染色时易出现疵病。因此，水洗时水量一定要充分，必要时需更换新水。

此外，对涤/麻织物来说，由于涤纶的耐碱性差，退浆时对烧碱的浓度、处理温度和处理时间应予以足够重视，而且水洗后布面上的pH应维持在7～8。

2. 亚麻织物的碱退浆工艺

（1）工艺配方及工艺条件。

烧碱	5～8g/L
洗涤剂	1～2g/L
温度	80～100℃
时间	30～90min

（2）工艺流程。

经过烧毛的亚麻织物在平幅浸轧机上浸轧热的稀烧碱溶液（80℃）→平幅常压汽蒸设备汽蒸（30～90min）→热水洗（85℃）→冷水洗→烘干→落布

（二）酶退浆

1. 酶的来源与特性　α-淀粉酶系用枯草芽孢菌经发酵提炼精制而成的，能水解淀粉，将其任意切断成长短不一的短链糊精和低聚糖，从而使淀粉糊的黏度迅速下降。

（1）淀粉酶中的主要组分。淀粉酶被水解成一系列中间产物，并被水解成葡萄糖，是由作用方式不同的各种淀粉酶联合作用完成的。淀粉酶中的主要组分如下。

①淀粉 -1,4 - 糊精酶。它能将淀粉分子链中的 α -1,4 - 苷键在任意位置上切断，迅速形成糊精、麦芽糖和葡萄糖，而不作用于支链淀粉的 α -1,6 - 苷键。这种酶的作用使淀粉糊的黏度迅速下降，有极强的液化能力，所以又称为液化淀粉酶或 α - 淀粉酶。

②淀粉 -1,4 - 麦芽糖苷酶。它是从淀粉链非还原性的末端作用于 α -1,4 - 苷键，将葡萄糖单位一个一个地切断，生成葡萄糖，不作用支链淀粉的 α -1,6 - 苷键。这种酶切断分子的速度没有 α -1,4 - 苷键快，淀粉酶黏度下降也不是太快，但形成葡萄糖的累积量多，淀粉酶的还原能力上升快，故又称糖化酶或 β - 淀粉酶。

③淀粉 -1,6 - 糊精酶。这种酶专门作用于支链淀粉的 α -1,6 - 苷键，即去除支链，又称异淀粉酶或 α - 淀粉酶。

淀粉酶对淀粉的作用方式如图 6 - 1 所示。

（2）高温淀粉酶的优点。耐高温的 α - 淀粉酶系用地衣芽孢杆菌经发酵、提炼精制而成，作用机理与普通 α - 淀粉酶相同，但高温淀粉酶具有明显的优点：

①较高的处理温度，浆料糊化充分，织物润湿充分，处理时间短。

②酶的活力高，退浆效率高。

③酶的活力不易钝化，易控制，重现性好。

④适合难以退浆的织物。

⑤可适合多种工艺，包括用卷染机加工、轧—卷和轧—蒸等工艺。

目前，织物的退浆主要是利用淀粉酶对纤维素纤维（如亚麻、棉等）进行退浆。而且常用的淀粉酶是从枯草杆菌提炼出来的 BF—7658 淀粉酶（又叫细菌酶）和从动物胰腺中得到的胰酶。两者的主要成分都是 α - 淀粉酶。

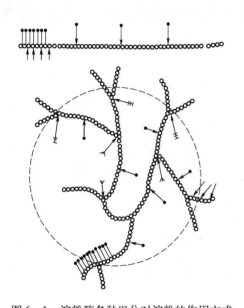

图 6 - 1　淀粉酶各种组分对淀粉的作用方式

┃—淀粉 -1,4 - 糊精酶（ α - 淀粉酶）

↑—淀粉 -1,4 - 麦芽糖苷酶（糖化酶或 β - 淀粉酶）

←—淀粉 -1,6 - 糊精酶（异淀粉酶）

↘—淀粉 -1,6 - 葡萄糖苷酶　○—还原性末端

淀粉酶只对淀粉有消化作用，可用于含有淀粉浆料织物的退浆，对含有单纯化学浆料的织物，无退浆作用。

2. 淀粉酶的作用条件

（1）温度。酶的催化反应会随温度的升高而加速，这一点与一般化学反应的规律是一样的，但酶本身的稳定性却随着温度的升高而降低。因此酶退浆时应选择最适宜的温度，以使酶的活性和活性稳定性都具有较大的数值。

细菌淀粉酶在40~85℃活性较高，在20℃时仍有很强的活性，即使到达100℃活性仍未完全消失。而胰酶的适宜温度比较低，仅为40~55℃。

（2）pH。淀粉酶在不同pH介质中的活性是不同的，以pH在6左右为最高，而与其活性稳定性并不一致。pH对细菌淀粉酶活性和活性稳定性的影响如图6-2所示。

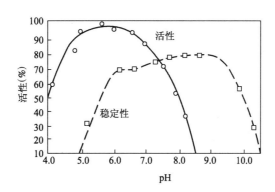

图6-2　pH对细菌淀粉酶活性和活性稳定性的影响

从图6-2中可以看出，细菌淀粉酶具有的最大活性与最大活性稳定性的pH是不同的，但可以适当的选择，兼顾活性与活性稳定性。

一般细菌淀粉酶采用中性或近中性条件，例如，pH控制在6.0~6.5比较适宜。而使用胰酶时，pH以6.8~7.0为宜。

（3）活化剂与阻化剂。淀粉酶对淀粉的消化作用，常常因受到一些药品的影响而变得活泼或迟钝，这种现象称为活化或阻化。例如，胰酶在没有食盐的情况下并不活泼，只有加入少量的食盐或KCl，而且浓度不小于0.03mol/L才有最大的活性。这种效果与Cl⁻有关，因为加入硫酸盐或磷酸盐，并不改变酶的活性。食盐对细菌酶无活化作用，而$CaCl_2$对胰酶和细菌酶都有活化作用，所以退浆时不必用软水或软水剂。若退浆中使用$CaCl_2$作活化剂，则必须避免其对后续过程引起一些麻烦。另外，微量的重金属，如铜、铁的盐类，对淀粉酶的活性具有阻化作用，使活性减弱，甚至完全消失。此外，一些离子型表面活性剂也有一定的阻化作用，所以在酶退浆中使用润湿剂时，宜选用非离子型润湿剂（如JFC等）。

3. 酶退浆工艺　酶具有高效性、催化性、专一性，并且每种酶都有它作用的最佳温度、pH。不在其作用的最佳条件时，酶就有可能失去活力，发挥不了本身的作用。在退浆过程中，最常使用淀粉酶。

（1）工艺配方及工艺条件。

宽温淀粉酶	1.5~3g/L
渗透剂	适量
浴比	1:50
温度	90℃
时间	60min

（2）工艺流程。

热水浸泡→配处理液→90℃保温处理 60min→水洗→烘干

（三）氧化退浆

1. 氧化退浆原理 氧化退浆有氧化剂退浆和等离子体退浆两类方法。

氧化退浆的方法早已有过试验，但长期以来在生产上没有得到广泛的应用。自合成纤维和化学浆料的使用日益增多后，氧化退浆才受到应有的重视。无论天然的淀粉浆料还是化学浆料，虽然都可以采用碱退浆法，使织物上的大部分浆料得以去除，但由于洗下来的浆料未受到破坏，洗液黏稠，容易对织物造成再沾污现象，造成疵病。采用氧化退浆，由于浆料已被氧化降解，不但水溶性增大，而且黏稠性洗液减少，避免了退下来的浆料对织物的再沾污现象，退浆效果显著。

2. 氧化退浆方法

（1）氧化剂退浆。用于退浆的氧化剂主要有次氯酸盐、过硫酸盐、过醋酸、过氧化氢和亚溴酸盐等。其中过氧化氢和亚溴酸盐在生产上已有应用。

亚溴酸盐溶液在 pH 大于 9 时稳定，pH 等于 8 时发生分解。它不但能使浆料氧化而发生分解，对亚麻等纤维素纤维也有一定的氧化作用。在适当的条件下，亚溴酸盐对浆料的氧化速度较快，因此可以获得满意的退浆效果。

（2）等离子体退浆。等离子体退浆是一种新型退浆工艺，具有一定特色，目前已引起有关学者的普遍关注。这里所用的等离子体是低温等离子体，它是高频、高压放电的两极间的氧气所产生的。当坯布暴露于氧的等离子区一定时间时，例如 10min 后，将有 60% PVA 浆料被氧化成气体，再经过冷水洗即可以去除 95% 的 PVA。由于低温等离子体进入有机聚合物表面的深度在 5000~10000nm，因此它的作用主要发生在纤维的表面，而不至于影响纤维的主体部分。但等离子体对纤维也有氧化作用，因此对工艺条件的控制也不容忽视。

等离子体退浆工艺比较简单，成本低，效率高，无污染，对实现连续化工艺是有利的，但设备费用较高。

目前亚麻纤维纺纱前主要采用淀粉浆料上浆，对亚麻/涤纶织物的上浆主要使用淀粉—聚乙烯醇混合浆料，退浆主要采用碱退浆的方法，有的企业采用酶退浆方法，二者各有其优缺点。

碱退浆的成本比较低，可以去除部分杂质。但碱退浆，大部分浆料是借助于溶胀与纤维的黏着性变弱而被去除的，随着退浆过程的进行，退浆液的黏度逐渐增加，退浆后水洗要充分，否则容易造成浆料对织物的再沾污现象。另外，碱退浆会影响亚麻纤维的强力。

酶退浆的成本比较高且没有进一步去除杂质的作用。但由于酶退浆时，淀粉浆料在淀粉酶的催化水解作用下，会变成小分子而溶于水的物质进入退浆液中，退浆液的黏度不会像碱退浆那样的增大，水洗过程简单，不会造成浆料对织物的再沾污现象。另外，由于酶催化作用的专一性，只对织物上的淀粉进行催化，不会造成纤维强力的下降，因此实际退浆过程应根据织物上浆料的种类和前处理的要求，确定采用何种退浆工艺。

第七章　染色相关知识及设备

亚麻大多采用纱线染色，然后再进行色织，但也有采用酸洗、煮练、漂白等前处理后再进行纺纱织造，然后以亚麻布的形式进行染色的。但无论采用哪种形式进行亚麻染色，其染色理论都是相同的。

第一节　染色的基础知识

染色热力学理论主要是根据染料与亚麻纤维之间的亲和力、作用力等相关热力学概念描述染色过程中染料从染液中转移到纤维上的能力。

一、相关概念

染色是把纤维制品染上颜色的过程，是借助染料与纤维发生物理或化学结合，或者用化学的方法在纤维上生成染料，从而使整个纺织品成为有色物体的过程。不同纤维织物，由于其物理化学结构上的差别，染色所用的染料种类也不同，一种染料不能把所有纤维织物都染上颜色，反过来，一种纤维织物也不是用所有的染料都能染上颜色，即染料和纤维存在着对应选择关系。对于亚麻纤维来说，一般用活性染料、还原染料或直接染料等染色。染色是在一定温度、时间、pH 和所需染色助剂的条件下完成的。染色过程都包括一个上染过程。所谓上染过程是指染料从染液中被纤维表面吸附，并进一步渗入纤维内部的过程。有的染料的染色过程就是上染过程，上染结束之后，染色过程就基本结束，如直接染料对于亚麻纤维织物的染色就是如此；而有的染料的上染过程结束之后，染色过程并没有结束，例如，活性染料对于亚麻纤维织物的染色，上染结束之后，还需要经过化学反应的固色处理，染色过程才能结束。

上染过程中，在一定的条件下，染液中的染料会逐渐向纤维上转移，随着上染过程的进行，纤维上的染料量不断地增加而染液中的染料量不断地减少，人们把纤维上染料量占所投入染料量的百分比称为染料的上染率。可想而知，在上染的不同时间，染料的上染率会不断地发生变化，上染的初始阶段，染料的上染率比较小，随着时间的推移，纤维上的染料量不断增加，染料的上染率也不断提高，上染率随着时间而变化的关系曲线称为染料的上染速率曲线。上染速率曲线的基本类型如图 7-1 所示。

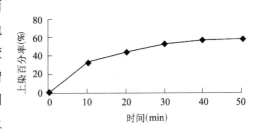

图 7-1　染料上染速率曲线

从图 7-1 可以看出，一方面可以通过经过原点的斜率定性地判断出染料对纤维上染速率的快慢；另一方面利用曲线进行外推，即把曲线上无穷时间时染料的上染百分率近似看成染料的平衡上染百分率，可以衡量在该染色条件下，纤维织物所能上染的最大染料量。

众所周知，自然界中的任何过程都有相反的两个方面。上染过程也不例外。上染时，吸附和解吸是同时存在的。在上染的初始阶段，单位时间内纤维表面从染液中吸附而渗入纤维内部的染料量大于从纤维表面解吸下来进入染液中的染料量，即吸附的速率大于解吸的速率，所以从宏观上看，此时纤维上的染料量不断地增加，染液中的染料量不断地降低；但随着上染时间的推移，吸附的速率不断下降，解吸的速率不断增加，到达某一时刻时，吸附的速率和解吸的速率正好相等，此时单位时间内从染液中上到纤维上的染料量与从纤维上下去的染料量相等，纤维上的染料量不再增加，此时上染百分率为一常数，此时的上染率称为染料的平衡上染率。因此染色就是在一定染色条件下，使染料的上染达到平衡的过程。

二、染色方法

按纺织品的不同形态，亚麻纤维织物染色主要有织物染色和纱线染色（包括粗纱染色、细纱染色、绞纱染色和筒子纱染色），应用最多的是纱线染色。织物虽然可以以不同的方式进行染色，但其染色方法大致分为两种，一种是浸染，又叫竭染；另一种叫轧染。

1. 浸染　浸染就是将染品反复浸渍在染液中，染浴不断地循环或纺织品不断地转动，使织物和染液不断相互接触，经过一段时间后，染料不断上染，染液中的染料量不断减少，最后将织物染上颜色的过程。浸染适用于散纤维、纱线和小批量织物的染色。散纤维可以用散纤维染色机，纱线可以用绞纱染色机或筒子纱染色机，织物经纱可以用经轴染色机。用上述各类染色机染色时，一般纺织品是固定不动的，而染液则不断地循环流动。织物的浸染多在绳状染色机或卷染机上分别以绳状或平幅的形式进行加工。染色时织物在这些设备上不断地反转或反复地转动，而染液则通常是固定不动的。

浸染的浴比一般比较大，在 1:(50～100)。一般采用残液续用的方法补救由于染料上染率不高而造成染料利用率低的缺点。在浸染的过程中，很容易由于染液流速不匀或染料上染率太高而产生上染不匀不透的现象。此时，对于移染性能比较好的染料可以采用延长上染时间增进移染的方法进行补救。而对于移染性能比较差的染料来说，即使延长上染时间也无法补救，因此用移染性能比较差的染料染色，染色过程中一定要缓慢地升高温度，使升温速度和上染速率的提高以及染液的流速之间取得某种平衡，特别是要注意使染液均匀地循环流动，也可以加入各种表面活性剂或电解质，通过其的匀染作用获得匀透的染色制品。

在浸染过程中，升温速度是至关重要的，应使染浴的温度均匀一致，升温的速度必须和染液的流速相适应。

2. 轧染　轧染是先把织物浸渍染液，然后通过轧辊的压力，把染液轧入织物组织的空隙当中，并将多余的染液轧挤出去，使染料均匀地分布在被染物上，再经过汽蒸或热熔等处理的染色方法。它主要适用于大批量织物的染色。

与浸染相比，在轧染过程中，织物与染液接触的时间比较短，一般只有几秒或十几秒的时间，因此要求织物具有良好的润湿性能。只有织物具有良好的润湿性能，染液才能充分进入织物组织的空隙当中，将空气置换出来。为了实现这一目的，染色前织物应进行充分的前处理，并在染液中加入适当的润湿剂。

轧辊压力对染色产品的质量影响也很大。对于润湿性比较好的织物，增加轧辊的压力可以将织物上更多的多余染液轧挤出去，获得比较低的轧液率，如果织物的润湿性比较差，可以将更多的染液轧到纤维的组织空隙中，反而可以增加轧液率。因此，轧辊压力的大小主要取决于被加工织物的润湿性能。一般亚麻织物的轧液率应控制在60%左右，亚麻混纺织物的轧液率应控制在40%～50%。

对于亚麻织物染色，不论采用浸染还是轧染，其目的都是用最有效的方法把织物染得匀透，以获得均匀坚牢的色泽，同时又不引起织物变形或损伤织物。亚麻织物的形态不同，采用的染色方法也不同，用不同的染料进行染色，其染色条件也不同，染色工作者应根据这些特点选择适合的染色方法和相应的染色设备，并制订合理的工艺条件，以保证染色产品的质量。

第二节　染色的热力学知识

一、染料在染液中的状态

从染色理论的角度来看，要把纤维染得匀透，染料的分子必须进入纤维的内部，即把吸附推向纤维的无定形区，这是通过染料在纤维内部的扩散来完成的。一般染色是在水溶液中进行的，亚麻织物在水溶液中能充分溶胀，溶胀了的亚麻纤维的内部存在着许多曲折并相互连通的孔道，孔道里充满了水，在染料扩散的过程中，染料的分子或离子会不断地发生吸附和解吸，孔道里游离状态和吸附状态的染料处于相互平衡状态。而染亚麻织物的染料或者是溶于水的，或者是染色过程中能转变成溶于水的状态。这些染料会溶解在亚麻纤维内部孔道的水中，循着这些孔道从一个孔道扩散到另一个孔道，直至把纤维染匀透。即染料对亚麻织物的染色是按照孔道扩散模型进行的。虽然亚麻纤维在水溶液中会形成许多孔道，而且这些孔道只有在分子间作用力比较弱的无定形区内形成，但孔道孔径的大小也只允许单分子或游离状态的染料分子通过，因此染色过程就是单分子分散状态的染料进入亚麻纤维无定形区的过程。因此，凡是有利于纤维无定形区空隙加大或者能使溶液中单分子分散状态染料分子数目增多的因素，都有利于染色过程的进行。

众所周知，离子型表面活性剂在水溶液中都要发生不同程度的聚集，而染亚麻纤维织物的染料，如直接染料、活性染料和还原染料的隐色体都类似于离子型表面活性剂，毫不例外，它们在水溶液中也要发生不同程度的聚集。而染料的聚集体是难以进入纤维内部的，染料聚集倾向的大小会严重影响染色过程的进行。因此有必要讨论一下染料的聚集以及影响染料聚集的因素。

1. 染料的聚集　染料聚集是一种普遍现象。亚麻织物染色所用的直接染料、活性染料以及还原染料隐色体都是水溶性的阴离子型染料，它们的分子式可以用 NaD 来表示。因此染料的聚集过程可以表示如下：

$$NaD \rightleftharpoons D^- + Na^+$$

$$nNaD \rightleftharpoons (NaD)_n$$

$$(NaD)_n + mD^- \rightleftharpoons [(NaD)_n mD]^{m-}$$

D^- 代表染料阴离子；n 个染料分子聚集成胶核 $(NaD)_n$，胶核吸附 m 个染料阴离子。或有：

$$nD^- \rightleftharpoons (D_n)^{n-}$$

$$(D_n)^{n-} + mNa^+ \rightleftharpoons [(D_n)mNa]^{(n-m)-}$$

n 个染料离子聚集成胶束 D_n，然后和 m 个 Na^+ 结合成 $[(D_n)mNa]^{(n-m)-}$。聚集过程很可能是两个染料离子聚集成 D_2^{2-}，后者再聚集成 D_3^{3-}、D_4^{4-} 等更高的聚集体。溶液中染料的聚集体和单分子分散状态的染料处于动态平衡状态。

染料主要是以单分子分散状态扩散进入纤维的无定形区的，染料的聚集体难以进入纤维内部，对于具有皮芯结构的亚麻纤维来说更是如此。染料要扩散进入纤维内部，其聚集体必须解聚，破坏染液中原来的动态平衡，随着单分子分散状态的染料不断地上到亚麻纤维上，聚集体不断地进行解聚，直到上染达到平衡为止。

2. 影响染料聚集的因素

（1）染料分子结构。染料分子本身的结构对染料聚集有很大的影响。首先，染料的相对分子质量越大，染料的聚集倾向越大；染料的相对分子质量越小，染料在水溶液中的聚集倾向越小。但从染色产品的牢度方面来考虑，应选择相对分子质量较大的染料进行染色，特别是水溶性的直接染料和活性染料，虽然它们的聚集倾向较大，但可以通过提高温度，增加染液流动和搅拌等措施使染色过程顺利地进行，保证染色产品的质量。其次，水溶性基团的相对数目越多，染料的水溶性越好，染料的聚集倾向也越小。此外，水溶性基团在染料分子中的位置也会影响染料的聚集，一般水溶性基团在染料分子中间要比在染料分子两端的聚集倾向大。

（2）外界条件。除了染料分子本身的结构影响染料的聚集之外，外界条件，如染液的浓度、温度、染液的流动以及染液中电解质的种类和数量等因素对于染料的聚集也有很大的影响。染液的浓度越大，染料在染液中相互碰撞的概率越大，染料的聚集倾向也越大；反之，染料的聚集倾向越小。温度也影响染料的聚集，温度越高，染料分子本身所具有的热能越大，染料分子就越能克服分子间的相互引力变得更加地自由，聚集倾向就小；反之，聚集倾向就大。因此，一般来说，染料的相对分子质量越大，染色的温度相对来说就比较高。

（3）染液的流动性。染液的流动性也影响染料的聚集。在染色过程中，要使染液不断地流动或使被加工的织物不断地反转，可以使上染的扩散边界层变薄，并增加分子的动能，使更多的染料分子挣脱邻近染料分子对它的束缚，从而使它们相互聚集在一起的机会减少，因此染料的聚集倾向也越小。这是在染色过程中不断搅拌染液或使织物不断反转的主要原因。

（4）染液中的表面活性剂和电解质。溶液中的表面活性剂和电解质对染料的聚集也有很大的影响。在直接染料、活性染料以及还原染料隐色体上染亚麻织物时，往往要加入食盐等电解质或相应的表面活性剂作为促染剂，以增进染料对于亚麻织物的上染；由于亚麻纤维特有的结构不容易被润湿，为了保证染色过程的顺利进行，应加入润湿剂、渗透剂等表面活性剂。这些表面活性剂或食盐等电解质的加入，无形中增加了染液中离子的强度与密度，提高了染料分子或离子的活度，更容易引起染料分子的聚集。因此用这些染料对亚麻织物染色时，在加入助剂提高染色效果的同时，应掌握好这些助剂的加入量，以免促进染料的聚集，影响染色过程的顺利进行。

染料在染液中的聚集会影响染色过程的进行，但染料上染到纤维上后在纤维无定形区内部的聚集，对于提高染色物的牢度，也会有一定的积极作用，甚至在某些染料，如直接染料的染色时，染料的聚集也是染料之所以能牢固地固着在纤维上的一个原因。染料在纤维上的聚集，也会影响染料的颜色。物质的颜色就是物质对于可见光选择吸收的结果，它们所吸收的光能与最大吸收波长成反比，而染料的最大吸收波长标志着染料的最基本颜色，最大吸收波长越长，染料的颜色越深，最大吸收波长越短，染料的颜色越浅。当染料在被染物上聚集时，光照时，聚集体首先吸收一部分光能被解聚，然后吸收的光能才能引起染料分子的激发，才能引起染料对于光的选择吸收，染料才能表现颜色。聚集体的存在增加了染料对于光能的额外吸收，使染料的最大吸收波长向短波方向移动，使被染物颜色有变浅的趋势。因此在染色时，既要利用染料的聚集，又要防止染料的聚集可能对染色造成的不良影响。

二、吸附的热力学概念

描述染液中的染料是否容易上染到纤维上去的热力学概念主要有化学位、亲和力和直接性。

染料的聚集是拆散染料与水分子之间的作用力形成染料与染料分子间作用力而相互聚集的过程，染料对纤维的上染是拆散染料与水分子间作用力形成染料与纤维间作用力而上染纤维的过程。染料在染液中的聚集以及染料从染液中上染到纤维的过程可以用体积自由焓的变化来考虑。而从染色热力学理论出发，这一过程可以用化学位来说明。

染料在染液中的自由焓 G_s 随着染液中染料浓度的提高而增加。染料在染液中的化学位（μ_s）是在温度、压力不变的情况下，在染液中加入无限小的该染料（i 组分）∂n_i 摩尔，溶液中其他组分的含量不变，加入每摩尔这种染料所引起的体积自由焓的增量，叫染料在染液中的化学位，也叫该染料（i 组分）的偏摩尔自由焓，表示如下：

$$\mu_s = (\partial G_s / \partial n_i^s)_{P,T,n_j}$$

在上述条件下，化学位表示的是溶液的自由焓随染料摩尔数的增加而增大的变化率。曲线在某一点的斜率越大，染料在染液中的化学位越高，则染料从染液中上染到纤维上的能力越大。染料在纤维上的化学位也是如此。同理，染料在纤维上的化学位可以表示为：

$$\mu_f = (\partial G_f / \partial n_i^f)_{P,T,n_j}$$

染料在纤维上的化学位越高，表示染料从纤维上解吸下来的可能性越大。众所周知，在上染的过程中吸附和解吸是同时进行的。在上染的初始阶段，染料在染液中的化学位大于染料在纤维上的化学位，吸附的速率大于解吸的速率。也就是说单位时间内从染液中上到纤维上去的染料量大于从纤维上解吸下来的染料量，即 $\mu_s > \mu_f$。随着上染过程的推进，染液中的染料量逐渐减少，纤维上的染料量逐渐增加，吸附的速率逐渐降低，解吸的速率逐渐增加。当达到平衡时，染液中的染料化学位和纤维上染料的化学位相等。即：

$$\mu_s = \mu_f$$

染料在染液中的化学位是它活度 α_s 的函数。设标准状态下的活度 $\alpha_s = 1$ 的化学位为 $\mu_s°$，则：

$$\mu_s = \mu_s° + RT\ln\alpha_s$$

式中：μ_s——染料在染液中的化学位；

$\mu_s°$——染料在染液中标准状态下的化学位；

α_s——染料在染液中的活度。

同理，染料在纤维上的化学位是它在纤维上活度的函数。则：

$$\mu_f = \mu_f° + RT\ln\alpha_f$$

式中：μ_f——染料在纤维上的化学位；

$\mu_f°$——染料在纤维上标准状态下的化学位；

α_f——染料在纤维上的活度。

当达到平衡时，则有：

$$\mu_s° + RT\ln\alpha_s = \mu_f° + RT\ln\alpha_f$$

移项得：

$$-\Delta\mu° = -(\mu_f° - \mu_s°) = RT\ln\frac{\alpha_f}{\alpha_s}$$

$-\Delta\mu°$ 称为染料对纤维的染色标准亲和力，或染色亲和力，简称亲和力。它是染料在染液中的标准化学位和纤维上的染料标准化学位之差，它是温度的函数。某一温度下的染色亲和力，可以从该温度下上染达到平衡时纤维上的染料活度和染液中的染料活度的关系来求。它标志着该温度下上染达到平衡时纤维上的染料活度和染液中染料活度的关系，是衡量染料对纤维上染的一个速率指标。

因此，要求染料对纤维的染色亲和力，必须求出某一温度下上染达到平衡时纤维上的染料活度和染液中的染料活度，而染料在染液中的活度根据染料在染液中的状态是可以求得的。染料在纤维上的状态是很复杂的，为了求出染料在纤维上的活度，就必须对染料在纤维上的状态做出假设，而这些假设的依据就是吸附等温线。

吸附等温线是在恒定温度下，上染达到平衡时，纤维上的染料浓度与染液中染料浓度的关系曲线。染料对纤维上染的吸附等温线有三种类型，即能斯特吸附等温线、朗缪尔吸附等温线和弗莱因德利胥吸附等温线。在含有食盐电解质的水溶液中，用直接染料、活性染料以及还原染料等对亚麻纤维的上染，其吸附等温线属于弗莱因德利胥吸附等温线。其形状如图7-2所示。

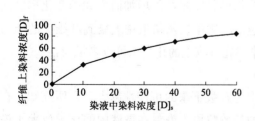

图7-2 染料的亚麻纤维上得吸附等温线

从图7-2中可以看出，在恒温的条件下该

吸附等温线有以下特点：

①纤维上上染的染料量 $[D]_f$ 随着染液中染料量 $[D]_s$ 的增加而增加；

② $[D]_f/[D]_s$ 的比值随着染液中染料量的提高而逐渐变小，并不是一个常数；

③染料在亚麻纤维上的上染没有染色饱和值，属于多分子层的吸附。

该曲线的经验方程式为：

$$[D]_f = K[D]_s^n$$

式中：K——常数；

n——大于 0 而小于 1 的整数。

该式也可以写成：

$$\ln[D]_f = \ln K + n\ln[D]_s$$

通过弗莱因德利胥吸附等温线对上述染料在亚麻纤维上状态所作出的假设，可以求出上述染料对亚麻纤维染色的亲和力。上述染料在含有食盐电解质的溶液中对亚麻纤维的上染过程是染料在亚麻纤维表面发生吸附，但分子的热运动驱使染料分子在染液中在纤维附近做扩散层的分布。这样染料在亚麻纤维的界面附近形成一个浓度逐渐降低到和染液本体浓度基本一致的扩散吸附层，如图 7-3 所示。该曲线代表浓度随距离而变化的情况，达到 A—A 界面时浓度已基本与染液的本体浓度相当。设每千克干纤维含有吸附层的容积为 V 升，染料的大分子 Na_zD 会离解成 Na^+ 和 D^{z-}，分布在扩散边界层中，活度系数为 1，则纤维上染料的活度为：

$$\alpha_f = \frac{[Na^+]_f^z[D^{z-}]_f}{V^{z+1}}$$

$$-\Delta\mu^\circ = RT\ln\frac{[Na^+]_f^z[D^{z-}]_f}{V^{z+1}} - RT\ln[Na^+]_s^z[D^{z-}]_s$$

$\ln[Na^+]_f^z[D^{z-}]_f$ 对 $\ln[Na^+]_s^z[D^{z-}]_s$ 作图得一个直线，如图 7-4 所示。上式也可以写成：

$$([Na^+]_f^z[D^{z-}]_f)/([Na^+]_s^z[D^{z-}]_s) = V^{z+1}e^{-\Delta\mu^\circ/RT}$$

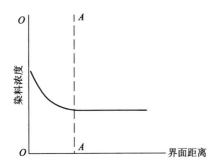

图 7-3　染料在界面的扩散吸附层

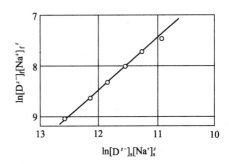

图 7-4　直接天蓝 FF 对纤维素纤维上染的 $\ln[D^{z-}]_f[Na^+]_f^z$ 与 $\ln[D^{z-}]_s[Na^+]_s^z$ 的关系曲线

如果染液中加入一定量的食盐，使 $[Na^+]_s$ 恒定，纤维上除了染料的阴离子以外，其他阴离子可以忽略不计，那么 $Na^+ \approx z[D^{z-}]_f$，对某一染料以不同浓度在等温条件下对指定的纤维上染来说，V 和 $-\Delta\mu^\circ$ 都是常数。在 $\alpha_f = ([Na^+]_f/V)^z$ 这种情况下，上式可以变成：

$$[D^{z-}]_f^{z+1}/[D^{z-}]_s = 常数$$

这是一个典型的弗莱因德利胥方程式。

从以上可知，染色亲和力是一个定量的热力学概念，而染料的直接性却没有确切的热力学概念。它只是笼统地说明染料对于纤维织物的上染能力。一般认为，上染百分率越高，染料的直接性越强；反之，上染百分率越低，染料的直接性越差。而上染百分率的提高又与染料的原始投入量等因素有很大关系，例如，染料的原始投入量越大或染色时的浴比越大，会降低染料的上染百分率。而染色亲和力却只与染料和纤维的性质有关，有确切的热力学概念，可以定量地说明在一定温度下染料对纤维的上染能力。

三、染料与纤维之间的作用力

分子间的作用力无处不在。染料在染液中的溶解、聚集，染料对纤维的吸附、上染以及染料与纤维之间的牢固结合过程都离不开分子间作用力的拆散与重建。染料的溶解要拆散一部分水分子间的作用力代替以染料与水分子间的作用力；染料的聚集是拆散染料与水分子间的作用力代替以染料分子间的作用力；染料对纤维的吸附是拆散染料与水分子间的作用力代替以染料与纤维之间的作用力；而染料从纤维上解吸下来是拆散染料与纤维之间的作用力代替以染料与水分子或染料与染料分子间的作用力。在染色理论中，对染色起主要作用的分子间作用力主要有范德瓦耳斯力、氢键、共价键、库仑力以及配位键等。

1. 范德瓦耳斯力　范德瓦耳斯力是无处不在的，任何分子间都存在着范德瓦耳斯力。无论是非极性分子间、极性分子和非极性分子间还是极性分子间都存在着范德瓦耳斯力，因此将之分为偶极间引力、偶极与诱导偶极间引力以及非极性分子间的色散力三种。偶极间引力就是极性分子和极性分子间的作用力；偶极与诱导偶极间的作用力是极性分子和非极性分子间的作用力；色散力就是非极性分子和非极性分子间的作用力。但不论是哪种分子间都会发生特殊的取向作用，而且它们相互作用的位能都与分子间的距离的六次方成反比。由范德瓦耳斯力结合的能量一般只有几个到十几个千卡/摩尔，比一般共价键的键能小。它与许多因素有关，例如，相对分子质量越大，它们之间的范德瓦耳斯力就越大，反之，相对分子质量越小，它们之间的范德瓦耳斯力就越小；分子的平面性越强，它们之间的范德瓦耳斯力就越强，反之，分子的平面性越差，分子间的范德瓦耳斯力就越弱。对于分子中具有比较大共轭体系的染料分子来说，色散力就显得格外重要。

2. 氢键　在许多化合物的分子中或许多化合物的分子间，原子半径比较小、电负性比较强的原子都会和缺电子的氢发生一种特殊的取向结合，叫氢键。存在氢键是比较普遍的现象，例如，水分子间就会形成大量的氢键。氢键既可以在一个分子内部形成，也可能在不同的分子间形成。例如，在酸性条件下使用的染料，如果分子中的氨基与邻位的一些基团能形成氢键的话，就不会在染色过程中由于吸附质子 H^+ 而由供电子的氨基—NH_2 转变成强的吸电子的氨基正离子—NH_3^+ 而导致染料色光的变化；碱性条件下使用的染料，如果分子中的—OH能与邻位的一些基团形成分子内氢键的话，不会在染色的条件下电离成供电性很强的氧负离子—O^-，而导致色光的变化。

　　在染料与纤维结合时，很多染料分子和纤维的大分子中都具有能形成氢键的基团，例如，亚麻纤维大分子中具有大量能形成氢键的羟基，而染亚麻纤维所用的直接染料、活性染料以及还原染料的分子中也具有许多能形成氢键的基团，虽然单个氢键的键能比较小，但如果能在染料与纤维之间形成大量氢键，也会使染料很好地染着在纤维上。这些染料之所以能牢固地固着在亚麻纤维上，氢键也起着一定的作用。因此，分子间氢键的作用，对染料的溶解、染料分子在染色过程中的稳定性以及吸附等方面都是相当重要的。

　　氢键的键能、作用半径与范德瓦耳斯力处于同一个数量级。氢键的强弱与许多因素有关。例如，氢原子两端所连接原子的半径越小或电负性越强，氢键的结合越牢，反之，氢原子两端所连接的原子的半径越大或电负性越弱，氢键的结合越不稳定；在染色过程中，染料与纤维大分子中能形成氢键基团的数目越多或能形成氢键基团之间的距离越接近，则染料与纤维间形成的氢键越牢，对染色的贡献就越大。

　　3. 共价键　在所有的染料中，只有活性染料分子中具有能与纤维中的官能团，如羟基、氨基、酰胺基发生反应的活性基，是唯一的能与纤维发生共价结合的染料。活性染料对亚麻纤维的染色主要是靠其能与亚麻纤维中的羟基发生亲核取代反应或消去亲核加成反应，使染料与亚麻纤维之间生成共价键，它是活性染料与亚麻纤维之间的主要作用力。当然其他作用力，如范德瓦耳斯力、氢键也起一定的作用。共价键的键能要比范德瓦耳斯力和氢键的键能大得多，因此，同样都是水溶性的阴离子型染料对亚麻纤维染色，活性染料染色物的耐水洗牢度要比直接染料染色物的耐水洗牢度好。

　　4. 库仑力　两个带电粒子间会发生一种取向作用，这种作用叫库仑力。库仑力与两个带电粒子所带电量的乘积成正比，与它们之间距离的平方成反比。该作用力的大小与两个带电粒子所带电荷的大小和粒子间的距离有关。带电粒子所带的电荷数越大或两个带电粒子间距离越小，它们之间的库仑力就越大。库仑力也是染料与纤维之间作用力的一种。直接染料、活性染料以及还原染料等对亚麻织物的上染就是不断克服纤维表面的负电荷对染料色素阴离子的排斥作用进入范德瓦耳斯力起主要作用范围之内的过程，它们不是靠库仑力来进行结合。另外，为了提高直接染料以及活性染料的亚麻纤维染色物的耐水洗牢度，有时可以采用阳离子型表面活性剂处理它们的染色物，它主要靠该助剂的阳离子与阴离子型染料的色素阴离子发生库仑引力结合，可以起到封闭水溶性的基团或增加分子量或降低水溶性基团的相对含量，从而降低纤维上染料的水溶性，达到提高染色物湿牢度的目的。可见，库仑力在染色中也有很大作用。

　　5. 配位键　配位键在酸性媒染染料染羊毛等蛋白质纤维中比较普遍。在亚麻纤维的染色中，有些特殊结构的直接染料、活性染料，如偶氮类染料在偶氮基的邻和邻′有能与金属离子络合的基团，这些特殊结构的染料染色后，为了提高染色物的耐水洗牢度或耐日晒色牢度等性能，有时可以用金属盐如氯化铜等处理，由于金属铜能与染料分子中的有关官能团，如—COOH 或—OH、—NH₂ 等发生络合，这样不但封闭了水溶性基团，降低了染料分子的相关官能团的电子云密度，也由于增加相对分子质量，使水溶性基团的相对含量减少，这样不但可以提高染色物的湿处理牢度，使颜色转深变暗，还可以提高染色物的耐日晒色牢度，从而提高染色产品的质量。因此在亚麻纤维的染色中，配位键对于提高染色产品质量也具有一定的作用。

四、水的结构与染色熵

一般情况下，染色都是在水溶液中进行的。在水溶液中，一个水分子中的一个氧原子可以和另外一个水分子中的两个氢原子形成氢键，一个水分子的两个氢原子可以与另外一个水分子中的氧原子形成氢键，这样一个水分子上可以形成四个氢键。也就是说水分子中存在着类冰结构。水分子中存在的氢键对于体系的混乱程度影响很大，即影响该体系的熵。当亲水性的染料溶于水后，会破坏水中的类冰结构，使体系的混乱程度增加。随着亲水性的染料上染到纤维上去后，促进水中类冰结构的形成，使体系的熵减少；当疏水性的染料溶于水后，有利于水中类冰结构的形成，随着疏水性的染料上染到纤维上去后，水中类冰结构变得不稳定，体系混乱程度增加，体系的熵增大。因此根据染料上染前后体系熵值的变化，可以判断染料水溶性的大小。

第三节　染色动力学知识

如果说染色热力学描述的是染料对于纤维上染的难易程度，那么染色动力学描述的是染料对于纤维上染速率的快慢。染料的染色过程实际上是把染料的扩散推进纤维无定形区内部的过程。扩散是一种分子运动，在上染过程中，染料上染包括三个过程：

（1）染料的分子首先随着染液的流动到达纤维表面的扩散边界层；

（2）经染料分子的扩散通过扩散边界层，到达纤维的表面，被纤维的表面吸附；

（3）借助于纤维表面与纤维内部的染料浓度差，最后从纤维的表面扩散进入纤维无定形区的内部，完成上染过程。

前两者描述的是染料在染液中的扩散，此过程是很迅速的，第三个过程是染料在纤维内部的扩散，是很慢的，是决定上染速率的主要步骤。因此染料在纤维内部的上染速率是由纤维和染料的性质决定的，但也受外界条件，如温度、浓度、时间等条件的限制，要使染色过程迅速而尽快地进行，必须制订合理的工艺条件。而要制订合理的工艺条件就必须掌握有关扩散的知识。

一、扩散过程与扩散定律

染料扩散是在染色过程中染料均匀吸附在纤维上后，不断扩散到纤维内部的过程。染料经吸附并扩散到纤维内部染透纤维，才能获得良好的染色牢度。

染料在纤维中的扩散速率要比染料在纤维上的吸附速率缓慢得多，所以纤维染透所需要的时间主要视染料在纤维内部的扩散速率而定。

在染色的开始阶段，染料吸附在纤维表面，形成纤维表面和纤维内部的浓度差，使染料向纤维内部扩散。单位时间内染料扩散通过垂直平面的数量与染料的浓度梯度成正比，叫菲克第一定律。可以表示如下：

$$\frac{\mathrm{d}s}{\mathrm{d}t} = -DA\frac{\mathrm{d}C}{\mathrm{d}x}$$

$\mathrm{d}s/\mathrm{d}t$ 表示的是单位时间内垂直通过面积 A 的染料的扩散量；D 为扩散系数，在整个扩散过程中，扩散介质中各点的扩散系数不随着时间的变化而变化，是一个常数；$-\mathrm{d}C/\mathrm{d}x$ 为染料的浓度梯度，负号表示染料从高浓度的地方向低浓度的地方扩散。

菲克第一定律适用的条件是稳态扩散。所谓稳态扩散，指的是在扩散过程中，扩散介质中各点的染料浓度都保持不变。而在实际扩散的过程中，纤维上即扩散介质中各点的染料浓度随着上染时间的推移不断地发生变化，浓度梯度也不断地降低，当上染达到平衡时，纤维内外层甚至各点的染料浓度都相等，浓度梯度为零。在扩散过程中，扩散介质中各点的染料浓度随着时间而不断发生变化的扩散叫作非稳态扩散。因此，考虑到纤维上各点染料的扩散系数以及随时间而变化的情况，菲克第一定律就不再适用了。而是用菲克第二定律的方程式表示：

$$\frac{\partial C}{\partial t} = D\frac{\partial^2 C}{\partial x^2}$$

解菲克非稳态扩散方程式可以从 C、x、t 关系式求出 D。一种方法是从被染纤维的断面浓度分布曲线求扩散系数；另一种方法是从上染速率曲线上求出扩散系数。不论用哪种方法求扩散系数，必须先确定边界条件。而边界条件随上染条件的不同而不同。边界条件有两种，一种是有限染浴；另一种是无限染浴。所谓有限染浴，指的是浴比有限，在充分搅拌的情况下，纤维表面所吸附的染料在上染的整个过程中虽然可以维持动态平衡，但染浴中的染料浓度会随上染时间的延长而不断降低。所谓无限染浴，指的是浴比很大，在充分搅拌的情况下使染料到达纤维表面的速率大于染料向纤维内部扩散的速率，吸附在纤维表面的染料始终处于动态平衡状态，而且由于染浴中染料的浓度在上染的整个过程中基本保持不变，纤维表面的染料也保持不变。

二、扩散系数的计算方法

染色时用一定浓度的染液对亚麻纤维织物在一定的染色条件下进行染色，在染色的不同时刻，如 0、5min、10min、15min、20min、25min、30min、35min、40min 时分别取染色残液 2mL 于 50mL 容量瓶，用水稀释至刻度，再用分光光度计在该染料的最大吸收波长处分别测染前和染不同时刻时染色残液的吸光度 A_0、A_i，再由 $C_t = (1 - A_i/A_0) \times 100\%$ 计算出 t 时刻的染料上染百分率 C_t。

式中 A_0 代表染前染液的吸光度；A_i 代表染不同时间时染色残液的吸光度。

由上面的方法求出同一染色温度下，不同时刻的染料上染百分率，再由维克塔夫双曲线吸收方程 $K_t = \frac{1}{C_\infty - C_t} \times \frac{1}{C_\infty}$，得 $1/C_t$ 对 $1/t$ 的直线，此直线在 y 轴上的截距为 $1/C_\infty$，可求出该染料的平衡上染百分率 C_∞，再由 t 时刻染料的上染百分率 C_t/C_∞ 的值查表 7-1，并采用内

差法得出 $D_i t/r^2$ 的值，其中 r 为纤维的平均半径，对于亚麻等纤维素纤维来说，$r \approx 10^{-5}$ m，求得染色 t 时刻染料的扩散系数 D_i。该温度下不同时刻的 D_i 做平均值得平均扩散系数 $\overline{D}$。此扩散系数可以近似地衡量该染料在该染色条件下对亚麻纤维的上染速率。此上染速率可以为制订染色工艺条件提供一定的参考。

表 7 – 1 C_t/C_∞ 与 $D_i t/r^2$ 的关系表

$C_t/C_\infty \times 10^2$	$D_i t/r^2 \times 10^4$	$C_t/C_\infty \times 10^2$	$D_i t/r^2 \times 10^4$	$C_t/C_\infty \times 10^2$	$D_i t/r^2 \times 10^4$	$C_t/C_\infty \times 10^2$	$D_i t/r^2 \times 10^4$
0	0.0000	26	1.486	52	6.902	78	19.83
1	0.1975	27	1.611	53	7.222	79	20.63
2	0.7916	28	1.742	54	7.553	80	21.47
3	1.788	29	1.878	55	7.894	81	22.35
4	3.192	30	2.020	56	8.245	82	23.28
5	5.008	31	2.168	57	8.608	83	24.27
6	7.241	32	2.322	58	8.981	84	25.23
7	9.897	33	2.483	59	9.365	85	26.43
8	12.98	34	2.650	60	9.763	86	27.62
9	16.50	35	2.823	61	10.17	87	28.91
10	20.45	36	3.004	62	10.59	88	30.29
11	24.89	37	3.190	63	11.03	89	31.79
12	29.71	38	3.385	64	11.48	90	33.44
13	35.01	39	3.585	65	11.95	91	35.26
14	40.79	40	3.793	66	12.43	92	37.30
15	47.03	41	4.008	67	12.93	93	39.61
16	53.73	42	4.231	68	13.44	94	42.27
17	60.93	43	4.460	69	13.98	95	45.03
18	68.63	44	4.698	70	14.53	96	49.28
19	76.82	45	4.943	71	15.13	97	54.28
20	85.51	46	5.197	72	15.70	98	61.27
21	94.71	47	5.458	73	16.32	99	73.25
22	104.4	48	5.727	74	16.97	99.5	85.24
23	114.7	49	6.005	75	17.64	99.9	113.10
24	125.4	50	6.292	76	18.34		
25	1.367	51	6.592	77	19.07		

上述求扩散系数的方法适用无限染浴。而这在实际染色过程中是无法做到的，但可以近似地把浴比扩大 3～5 倍或把更大的染浴看成无限染浴，虽然计算结果会产生一定的误差，但

在相同的染色条件下，并不会影响所要说明的问题。

三、扩散的温度效应和扩散活化能

影响染料扩散速率的因素很多，其中温度的影响是最重要的。染色温度升高，染料的扩散速率便上升，从而缩短上染时间。染料的扩散也是一种分子运动，只有那些具有足够能量的染料分子才能克服扩散能阻进入纤维的内部。温度越高，能够克服扩散能阻的染料分子的数目就越多，即活化分子的数目越多，染料的上染速率就越快。染色温度和扩散系数的关系可以表示为：

$$D_T = D_0 \, ^{-E/RT}$$

即：

$$\ln D_T = -\frac{E}{RT} \ln D_0$$

式中：D_T——温度为 T 时的染料扩散系数；

$\quad\quad D_0$——常数；

$\quad\quad E$——染料扩散的活化能，标志着扩散能阻；

$\quad\quad R$——普朗克气体常数，$R = 3.14$；

$\quad\quad T$——绝对温度，K。

从上式可以看出，对于一个固定的染料染亚麻纤维，只要用前面介绍的方法，求出不同染色温度下染料的扩散系数 D_T，在一定温度间距范围内，如果扩散机制不变，由 $\ln D_T$ 与 $\frac{1}{T} \times 10^3$ 作图可以得一条直线，如图 7-5 所示。

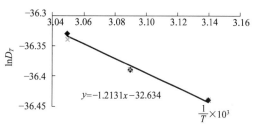

图 7-5　超声波染色的 $\ln D_T$ 与 $\frac{1}{T}$ 的关系曲线

该直线斜率为 $-E/R$，或采用内插法求得染料上染的活化能 E。染料的活化能越低，表示在一定条件下扩散进纤维内部的染料分子的数目越多，染料对于纤维的上染速率越快。

上式表示提高染色温度可以提高染料的扩散系数。因为提高染色温度，增加了分子的动能，使更多的染料分子具有克服能阻进行扩散的能量，这部分能量称为染料扩散的活化能。染料扩散活化能的大小表示染料分子在扩散过程中，所能克服能阻的难易程度；染料的扩散活化能大，提高染色温度，染料扩散系数增大得越多。

纤维结构和染料结构都会影响染料的扩散。染料上染是将染料扩散推向纤维无定形区的过程。无定形区的空隙越大，越有利于染料分子的扩散，扩散就比较快，在较短时间内就可以把纤维染得匀透。而亚麻纤维由于表面的皮芯结构和表面不易被润湿的性能，会严重阻碍染料向纤维内部的扩散。

染料对纤维直接性的大小，也影响染料的扩散。在其他染色条件相同的情况下，直接性低的染料扩散速率较高；直接性高的染料扩散速率较低。例如，溶蒽素蓝 IBC 与还原蓝 BC

的分子结构相比，要多4个水溶性的基团。溶蒽素蓝IBC的相对分子质量比还原蓝BC的相对分子质量大很多，但是由于溶蒽素蓝IBC的结构中水溶性基团较多，对纤维素纤维的直接性小，所以扩散速率比还原蓝BC快很多，用室温轧染法就可以把纤维染得匀透；而还原蓝BC隐色体需要室温轧染后再经汽蒸的方法，才能把纤维染得匀透。还原蓝BC的直接性大，汽蒸时，染料在纤维微隙里扩散，由于分子间引力的影响，会发生吸附和聚集，染料的扩散便相应地降低了。

扩散性能比较好的染料，容易染得均匀。但染色物的牢度也会相应降低，因此染色过程中选择染料时要兼顾二者之间的平衡。染色过程中染料吸附到纤维上后，通过吸附和扩散，会从纤维上重新转移到染液中，然后重新上染到染色物的另一部位上，这就是染料的移染性能。扩散性能好的染料，移染性能好，具有良好的匀染性，容易染得均匀的色泽。

四、亚麻纤维的结构与扩散模型

染料的上染就是把染料的吸附推向纤维无定形区内部的过程。染料的扩散是单分子状态的染料扩散进纤维无定形区的过程。染料从纤维表面向纤维内部的扩散是决定上染速率的主要步骤。因此染料和纤维的性质对上染和扩散过程起决定作用。

亚麻纤维的上染是按照孔道扩散模型进行的。它描述的是染料在亲水性纤维中的扩散特点。亚麻等纤维素纤维在水中能充分溶胀，溶胀了的纤维的内部会存在许多曲折而相互连通的孔道，孔道中充满了水，而染这些纤维的染料几乎都是溶于水或在染色过程中转变成溶于水状态的染料，染料首先溶解在孔道中的水中，通过这些曲折而相互连通的孔道扩散进纤维的内部。在扩散过程中，染料分子会不断地发生吸附和解吸。孔道中游离状态的染料和吸附状态的染料相互处于平衡状态，这就是孔道扩散模型的基本内容。而直接染料、活性染料以及还原染料等对亚麻纤维染色就是按这种模型上染的。因此在较低的温度下，染料就可以扩散进入这类纤维的内部，完成上染过程。但由于不同染料相对分子质量的大小不同，水溶性基团的相对含量不同，在水中的溶解性不同，染料的聚集倾向也不同，染色时还要考虑染料在染液中的分散程度，因此不同的染料，它们的染色温度也不同。选择染色条件，应综合全面地考虑。

上述描述的染料在纤维内部扩散模型只是一种理想化的假设，而实际扩散过程要复杂得多，但只要比较的基础相同，也不会影响所要说明的问题。

第四节　亚麻染色产品的质量控制

染色工艺对于纺织品最终产品的质量是至关重要的。人们既希望能够在较短的时间内使染料均匀地扩散进纤维无定形区的内部，把纤维染得匀透，又希望染色时可以选择适当的染色机械，保证不引起纺织品的变形或损伤。同时，为了满足消费者以及接收商的要求，必须对染色产品的最终质量做出评价。亚麻纤维染色产品的质量可以通过控制染色过程以及通过染色产品的质量评价而获得。

　　染色过程中除了不断地搅拌，促进染液的循环流动或使纺织品不断地翻转，以使纤维周围不断降低的染液获得补充，保证染色过程的顺利进行外，还可以通过初染率、移染率以及上染速率的控制来保证染色产品的质量。

　　前面的染色热力学描述了染料上染到纤维上去的多少，即上染百分率的高低，而染色动力学描述了在一定条件下染料上染的快慢，即上染速率的大小。染料的上染百分率太低，会造成染料的浪费，增加污水处理的负担，造成一定的经济损失。而上染速率太慢，会导致生产效率的降低，也会造成一定的经济损失。但如果染料的上染速率太快、上染百分率太高，单位时间内就会有更多的染料分子被纤维的表面吸附，虽然会增加纤维表面与纤维内部的染料浓度差，表面上看有利于染料从纤维表面向纤维内部的扩散，但由于纤维表面的染料浓度瞬间增加得很多，使纤维表面的染料浓度很大，来不及向纤维内部扩散，就会在纤维表面聚集，而染料的聚集体是很难扩散进入纤维内部的。因此，当染料的上染百分率太高、上染速率太快，染液从被染的纺织物外层向内层透入的过程中，经过吸附，染液到达纤维内层时浓度已经很低，结果会造成纤维内外层的颜色深浅不一，外层纤维的颜色较深，内层纤维的颜色较浅，出现"环染"现象。严重时，纤维内层根本染不上颜色，导致"白芯"现象。即出现了所谓的不匀、不透现象。

　　染料对纤维的上染是否容易出现上述不匀、不透的现象，可以用初染率或移染的实验加以重现。在同一空白的染浴中，将两绞白纱线稍隔一些时间先后入染，经过短时间上染后，这两绞纱线的染色浓度表现出一定的差异。差异大的初染率高，容易出现染色不匀、不透现象，反之，差异小的初染率低，不容易出现环染或白芯现象。如果将两绞染色浓度不同的色纱同时放在同一个空白染浴中，色泽浓度大的试样上的染料解吸速率要大于色泽浓度低的试样上染料解吸速率，解吸下来的染料会通过染液的流动和自身的扩散在被染物别的部位上重新上染。这就是所谓的"移染"现象。如果将一绞色纱和一绞白纱放在同一空白染液中进行移染，待后者的色泽深度是前者色泽深度一半时所需要的时间，叫半匀染时间。移染性能的好坏可以用半匀染时间衡量。初染率太高所造成的染色不匀、不透可以用移染的方法加以纠正，在实际操作过程中，可以在染液充分流动的情况下，通过延长上染时间的方法来实现。而对于移染性能比较差的染料，一旦产生染色不匀、不透，即使延长上染时间，也很难补救。

　　影响移染性能好坏的因素很多。染料的相对分子质量越小，水溶性基团的相对含量越多，染料的水溶性越好，染料对纤维的亲和力越小，染料的扩散性能越好，则染料在纤维上的移染性能就越好，这样的染料定温染色的时间可以稍长些，以便于给染料以充分的移染机会，获得匀染和透染的效果。相反，染料定温染色的时间无须太长，因为这样的染料移染性能比较差，即使产生了染色不匀、不透现象，也很难通过延长上染时间，增加移染的方法加以改善和弥补。可以在染色过程中通过控制升温速度、增加染液的流动性、控制染料的上染速率以及在染液中加入与染料大分子起竞染作用的电解质或表面活性剂而获得匀染和透染的效果。

　　可见，被染物出现不匀、不透现象是由于染料上染速率太快造成的，而影响上染速率的因素除了纤维和染料的性质外，还与上染条件，如染料的浓度、温度、染液的 pH 以及助剂的种类和用量、浴比、染液的流动等因素有关。

一、染液浓度对上染速率的影响

染液的浓度越低，染料在染液中的聚集倾向越小，但染料在染液中的化学位越小；反之，染料在染液中的化学位越高，则染料在染液中的聚集倾向越大。因此，染液浓度对上染速率的影响是双方面的，实际染色时应根据所染物的色泽深度合理地确定染液的浓度，要考虑染料聚集程度和染料在染液中化学位高低之间的平衡。

二、温度对上染速率的影响

一般情况下，温度越高，染液中具有能克服扩散能阻的染料分子的数目越多，染料的扩散性能越好，染料的上染速率就越快，人们既希望染色在短时间内尽快地完成，又希望染色物染得匀透。因此在实际染色中，相对分子质量较小、染料的扩散性和移染性好的染料的染色升温速度可以快一点，定温染色的时间可以长一些，即使在升温阶段产生了染色不匀、不透现象，也可以在定温染色中通过移染加以改进；反之，相对分子质量较大，扩散性和移染性比较差的染料的染色升温速度一定要慢，否则上染速率增加得太快，短时间内会有更多的染料分子吸附在纤维的表面，来不及向纤维内部扩散，会在纤维的表面聚集，染料的聚集体是很难向纤维内部渗透的，从而出现染色不匀、不透现象，定温染色的时间可以稍短一些，因为即使在升温阶段产生了染色不匀、不透的现象，也很难通过延长上染时间、增进移染的方法加以补救。

三、染浴 pH 和电解质及表面活性剂对上染速率的影响

亚麻类纤维素纤维在不同 pH 的染浴中，加入电解质的种类和数量不同，纤维表面所带有的电荷数不同，阴离子型染料在上染过程中受到的排斥力不同，染料吸附在纤维表面的速率不同。如果染料在纤维表面的吸附速率比染料从纤维表面向纤维内部的扩散速率大很多，过剩的染料来不及向纤维内部扩散，就会在纤维表面聚集，出现染色不匀、不透现象。因此 pH 调节、电解质和表面活性剂的加入，要使染料在纤维表面的吸附速率和染料向纤维内部的扩散速率之间取得某种平衡，才能获得最佳染色效果。

四、浴比对上染速率的影响

浴比越大，染液中的染料浓度越小，上染速率越慢。

五、染液流动对上染速率的影响

上染过程中，随着染液中染料不断地转移到纤维上，纤维上的染料量不断地增加，染液中的染料量不断地降低，这种降低首先发生在贴近纤维周围的染液里。要使上染过程顺利地进行，就要使染液不断地循环，以使纤维周围降低的染液浓度不断地得到补充和更新。但是在循环过程中，不管染液怎样地循环流动，在纤维周围的液体中总有一个边界层。在这个边

界层里，物质的传递主要是通过扩散而不是通过液体的流动完成的。我们把这个边界层叫扩散边界层。染液的流动性越好，扩散边界层越薄，染料就越容易被纤维的表面吸附，纤维内外表面的染料浓度差越大，染料对纤维的上染速率越快。反之，染液的流动性不好，扩散边界层越厚，染料被纤维表面吸附的速率越低，纤维内外表面的染料浓度差越小，染料对纤维的上染速率就越慢。因此在实际染色时，应使染液不断地进行均匀的循环流动或使织物不断地翻转，以使染色过程顺利进行。

第五节　染色性能指标的评定

一、上染百分率的测试与分析

根据染料上染百分率的概念，即上染到纤维上的染料量占所投入染料量的百分比，可以设染前染液的浓度为 C_0，染后染液的浓度为 C_i，假设上染前和上染后染液的体积 V 不变，根据定义，染料的上染百分率 C_t 为：

$$C_t = \frac{C_0 V - C_i V}{C_0 V} \times 100\%$$

则有：

$$C_t = \left(1 - \frac{C_i}{C_0}\right) \times 100\%$$

在最大吸收波长处，对于同种染料来说，染液的吸光度与染液的浓度成正比，则：

$$C_t = \left(1 - \frac{A_i}{A_0}\right) \times 100\%$$

式中：A_i——染后染液的吸光度；

　　　A_0——染前染液的吸光度。

只要在最大吸收波长处测出染前和染后染液的吸光度，就可以利用上面的公式，求出染料的上染百分率。

取染色前和染色后的染液各 2mL 于 50mL 容量瓶中，用水稀释至刻线，用 721 型分光光度计在其最大吸收波长 λ_{max} 处测定其染前的吸光度 A_0 和染后的吸光度 A_i。

$$100g\ 纤维所上染染料的克数 = \frac{C_0 V C_t}{1000 G} \times 100$$

式中：C_0——染前染液的浓度，g/L；

　　　V——染前染液的体积，mL；

　　　G——被染物的重量，g。

二、上染速率曲线的绘制

由上面的方法求出同一染色温度下，不同染色时间 t 时的上染百分率 C_t，则以上染百分率 C_t 为纵坐标，以染色时间 t 为横坐标所作出的曲线，就叫染料的上染速率曲线。

实验时为了节省时间，又能说明问题，可以在一个染色过程中每间隔一定时间，如染 0、5min、10min、15min、20min、25min、30min 等从同一染液中用移液管分别取染色残液 2mL 于 50mL 的容量瓶中，稀释至刻度，分别在该染料的最大吸收波长处测定其吸光度 A_0、A_5、A_{10}、A_{15}、A_{20}、A_{25}、A_{30}，然后利用求上染百分率的公式，求出不同染色时刻时染料的上染百分率 C_0、C_5、C_{10}、C_{15}、C_{20}、C_{25}、C_{30}，从而绘制出染料的上染速率曲线。

利用上染速率曲线可以求出上染不同时刻染料的上染百分率，利用该曲线通过原点的斜率，可以大致衡量在该染色条件下该染料对于该纤维上染的快慢，与此同时，利用外推法，即利用无限延长上染时间的方法可以求出该上染过程中染料的平衡上染百分率，即曲线的斜率为 0 时的染料上染百分率。其可以表示为：

$$C_t \approx C_\infty$$

三、匀染性的测定

染色过程中，除了关心染料上染到纤维上的量以及染料对纤维织物上染的速率，还应使染色物各处的色泽浓度均匀一致，获得匀染的效果，这对染色产品的质量是至关重要的。为此常常需要对染色产品进行匀染性的测定，一般在色差计上进行。

四、染色牢度的测试

纺织品上的染料在染整加工和服用过程中，经受各种外界环境因素的作用而能保持原来色泽的能力，叫染色牢度。按照所经受的外界条件，将染色牢度分为染整加工牢度和使用牢度。染整加工牢度包括：耐酸碱牢度、耐氧化剂牢度以及耐氯漂牢度等；使用牢度包括：耐水洗色牢度或耐皂洗牢度、耐摩擦色牢度（分为干、湿两种）、耐日晒色牢度、耐汗渍牢度、耐升华牢度、耐熨烫牢度等。除了耐日晒色牢度分为 8 级以外，其余的牢度都分为 5 级，1级最差。纺织品的用途不同、加工过程不同或所使用的染料品种不同，对染色物就有不同的牢度要求。

对于直接染料、活性染料以及还原染料染亚麻纤维织物来说，前两种为水溶性染料的染色，要求对染色后的纺织品测定耐水洗牢度；后一种是最后以不溶性色淀的形式染着在亚麻纤维上的染料，应测定染色物的耐摩擦色牢度；由于此三种染料对于光的不同耐性，特别是对于亚麻装饰产品（如窗帘等），有时需要测定染色物的耐日晒色牢度。为了对染色产品的性能指标进行检验，更好地满足广大消费者的使用要求，各国都有一套染色牢度的测定标准。各国的染色牢度测定条件和参比标准不完全一样。国际标准组织（International Organization for Standardization，I. S. O.）采用各国牢度测试方法的优点，整理出一套国际标准。

在实际操作时应尽量采用标准测试方法，但有时为了能够说明问题，又能简化测试手段，也采用一些近似的测试方法。下面主要介绍与亚麻纤维织物染色相关的耐水洗色牢度、耐摩擦色牢度以及耐日晒色牢度的测试与评定。

1. 耐皂洗色牢度　一般水溶性染料染色后染色物最重要的质量评价指标就是耐皂洗色牢度。耐皂洗色牢度的测试参照 GB/T 3921—2008《纺织品　色牢度试验　耐皂洗色牢度》，在耐皂洗色牢度试验仪上进行。如图7-6所示。

具体测定过程如下：

（1）试样为40mm×100mm，正面与一块40mm×100mm标准的衬布织物相接触，沿一短边缝合，形成一个组合试样。

（2）皂液：肥皂5g/L，碳酸钠2g/L，浴比1∶100。

（3）15min温度升到95℃，处理30min，冷水洗两次，流动的冷水冲洗10min，展开组合试样，仅由一条缝线连接，60℃的空气中自然干燥。

（4）最后用灰色样卡评定试样的褪色级数，用沾色样卡评定贴衬织物的沾色级数。

图7-6　耐皂洗色牢度试验仪

（5）在实验中也可通过测定皂洗前后的两块试样的色差，根据色差评定皂洗牢度的等级。色差与相应牢度的等级级数如下所示：

色差	色牢度级数（灰色样卡）
0 + 0.2	5
0.7 ± 0.2	4 ~ 5
1.5 ± 0.2	4
2.25 ± 0.2	3 ~ 4
3.0 ± 0.2	3
4.25 ± 0.3	2 ~ 3
6.0 ± 0.5	2
8.5 ± 0.7	1 ~ 2
12.0 ± 1.0	1

2. 耐摩擦色牢度　一般对于最终以不溶性色淀染着在纤维上的染料，其染色物最重要的性能指标就是耐摩擦色牢度，耐摩擦色牢度的测定参照GB/T 3920—2008《纺织品　色牢度试验　耐摩擦色牢度》。其测试是在耐摩擦色牢度试验仪上进行的。如图7-7所示。

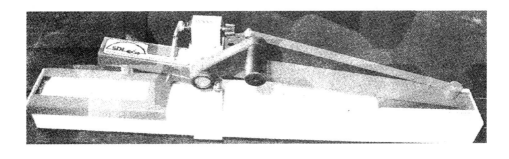

图7-7　耐摩擦色牢度试验仪

具体测定过程如下：

（1）试样为50mm×140mm，经纬向各两块，分别测干摩擦和湿摩擦色牢度，标准摩擦用布 50mm×50mm。

（2）用固定装置将试样夹紧在耐摩擦色牢度试验仪底板上，使试样的长度方向与仪器的动程方向一致。

①干摩擦色牢度（Dried Abrasion Fastness）。将干摩擦布固定在耐摩擦试验仪的摩擦头上，并使摩擦布的经向与摩擦头的运行方向呈 45°角，在摩擦试样的长度方向上 10s 内摩擦 10 次，往复动程为 100mm，垂直压力为 9N。

然后用灰色样卡评定摩擦位置的干摩擦褪色级数，用沾色样卡评定摩擦布的干摩擦沾色级数。

②湿摩擦色牢度（Wet Abrasion Fastness）。先将摩擦布用蒸馏水浸湿，用耐摩擦色牢度试验仪的轧液装置浸轧，使摩擦布带液率达 100%，操作过程同上。摩擦结束后在室温下晾干。

然后用灰色样卡评定摩擦位置的湿摩擦褪色级数，用沾色样卡评定摩擦布的湿摩擦沾色级数。

当然，可通过测定染色布样褪色前后或白布样沾色前后的色差来评定染色制品耐摩擦色牢度的好坏。

图 7 - 8　耐日晒色牢度仪

3. 耐日晒色牢度　对于窗帘等亚麻纤维装饰织物来说，应进行染色物耐日晒色牢度的褪色测试。耐日晒色牢度是指在日光的照射下，染色织物上染料颜色的改变程度。耐日晒色牢度的测定参照 GB/T 8426—1998《纺织品　色牢度试验　耐光色牢度：日光》，耐日晒色牢度是在耐日晒色牢度仪上进行的。如图 7 - 8 所示。

具体的测定过程如下：

（1）染料的耐日晒色牢度可以用在一定条件下染色样品发生足以辨认的褪色现象所需的暴晒时间衡量。

（2）更为普通的是采用不同耐日晒色牢度的标样，在规定的条件下一起暴晒，然后进行比较的评定方法。具体如下：

①"部颁蓝标准"。我国使用的标准样品是"部颁蓝标准"。它是按规定染成的 8 块羊毛织物。耐日晒色牢度分为 8 级，1 级最差，8 级最优。

②实验时，试样和 8 个标样一起在规定条件下暴晒，到试样发生一定程度褪色时，看它和哪个标样的褪色速率相当，便可以评定出试样的耐日晒色牢度等级。测定耐日晒色牢度时，应考虑光源的光谱组成、试样周围的大气成分、温度、染色浓度、纤维的微结构以及皂煮等因素对染料褪色程度的影响。

第六节　染色设备

染色设备不但要使纺织物染得匀透、具有坚牢的色泽，而且不损伤或少损伤织物的纤维。

染色设备根据染品状态的不同可以分为纤维染色机、纱线染色机和织物染色机；根据染品染色所需压力和温度的不同，可以分为常压染色机和高温高压染色机；根据织物的染色方式不同，可以分为间歇性生产的浸染机和连续式生产的轧染机。

由上面可知，浸染的染色机适用于小批量、多品种的生产，属于间歇式生产设备，可以用于散纤维、纱线、筒子纱、经纱和小批量织物的染色。轧染的染色机适用于大批量织物的染色，如纤维素纤维织物及其混纺织物的染色。

亚麻制品的染色既可以以散纤维的形式进行，也可以以纱线（粗纱以及细纱）的形式进行，或者以亚麻织物的形式进行。

一、散纤维染色机

散纤维染色机主要用于染亚麻混纺织物或交织物用的纤维。这种染色方法大都采用吊筐式染色机，该染色机的结构示意图如图 7-9 所示。

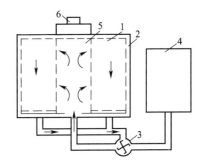

图 7-9　吊筐式散纤维染色机

1—吊筐　2—染槽　3—循环泵
4—储液槽　5—中心管　6—槽盖

吊筐式散纤维染色机主要由盛放纤维的吊筐 1、染槽 2、循环泵 3、储液槽 4 等部分组成。在吊筐的正中有一个中心管 5，在吊筐的外围及其中心管上布满小孔。染色前将散纤维置于吊筐内，吊筐装入染槽，拧紧槽盖 6，染液借助于循环泵的作用，自储液槽输送至吊筐的中心管流出，通过纤维和吊筐的外壁回到中心管形成染液循环，进行染色。染液也可以做反向流动。染毕，将残液输送至储液槽，放水环流洗涤。最后将整个吊筐吊起，直接放置于离心机内，进行脱水。

二、纱线染色机

亚麻制品的染色通常采用纱线染色，可以采用粗纱染色和细纱染色，因此纱线染色机在亚麻色织品上应用最多，主要有筒子纱染色机、绞纱染色机以及经轴染色机等机型。

1. 筒子纱染色机　筒子纱染色机的结构示意图如图 7-10 所示，该机由染槽 1、筒子架 2、筒子纱 3、循环泵 4、循环自动换向装置 5、储液槽 6 和加液泵 7 组成。染色前纱线按要求卷绕在特定的筒管上，筒管有各种形状，如柱状、锥状等。筒管由不锈钢或塑料制成。染色时将筒子纱安装在筒子架上，先使纱线均匀用水湿透，除尽纱线内的空气，然后将染液从储液槽借助于加液泵送入染槽，染液自筒子架内部喷出，穿过筒子纱层流入储液槽。染色一定时间后，通过循环泵由循环自动换向装置使染液做反向循环流动。染毕，排出染色残液并清洗筒子纱。

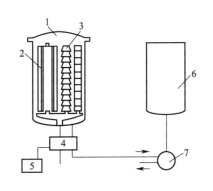

图 7-10　筒子纱染色机

1—染槽　2—筒子架　3—筒子纱　4—循环泵
5—循环自动换向装置　6—储液槽　7—加液泵

如果改变筒子纱染色机的染槽支架，还可染散纤维、长丝束、绞纱和管纱等。筒子纱染色的优点是加工量大，浴比小，但染色过程中筒子纱不易染匀。

2. 绞纱染色机 绞纱染色机多用于亚麻及其混纺绞纱的染色。绞纱染色机的结构示意图如图7-11所示。染色时，绞纱悬挂于绞纱架上，推入染槽中，开动循环泵后，染料自加料槽流入染槽，先做正向循环流动，再做反向循环流动，染料即均匀地染在绞纱上。

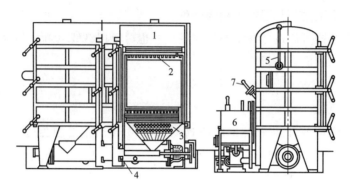

图7-11 绞纱染色机

1—染槽 2—绞纱架 3—蒸汽加热管 4—染液循环泵 5—液位管 6—加料管 7—取样器

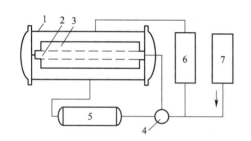

图7-12 经轴染色机

1—染槽 2—经轴 3—经纱 4—循环泵
5—加热器 6—膨胀槽 7—配料槽

3. 经轴染色机 经轴染色机主要应用于亚麻色织物经纱的染色。经轴染色机能在130℃高温下染涤纶经纱，用于与亚麻纤维混纺的色织物。经轴染色机的结构示意图如图7-12所示。

经轴染色机的经轴上布满小孔。染色前，将已卷满经纱的经轴装入机内，开启循环泵，使染液从配料槽流入染槽。染色时，染液经循环泵、加热器通过经轴小孔，穿过卷绕在经轴上的经纱，反复循环。经轴染色机的染液可以按照逆向循环方式循环，其膨胀槽盛装高温染色溢出的染液。亚麻色织品生产有相当大的一部分是采用经纱染色，再织成色制品的。

此外，亚麻粗纱染色在企业中也可以采用高温高压筒子纱染色机。其结构如图7-13所示。

图7-13 高温高压筒子纱染色机

三、织物染色机

织物染色机可以分为间歇式的染小批量织物的浸染机和连续式的染大批量织物的轧染机。浸染机包括绳状浸染机、卷染机、连续轧染机、溢流染色机、喷射染色机等平幅浸染设备。

1. 绳状染色机　绳状染色机染色时织物所受的张力小，可以用于加工容易变形的织物，如针织物等。绳状染色机的结构示意图如图 7 - 14 所示。染色前，染料溶液倒入加液槽流至染槽中。染色时，织物经椭圆形主动导布辊带动送至染槽中，在染槽中向前自由推动，逐渐染色。然后穿过分布档，通过导布辊继续运转，直至染成所需的色泽。染毕，织物由主动导布辊 2 导出机外。

2. 卷染机　卷染机是平幅浸染设备，常用于多品种、小批量织物的生产。卷染机的结构示意图如图 7 - 15 所示。染色时，白布进入染缸浸渍染液后，待染液被卷到另一只卷布辊上，直到织物快要卷完，称为第一道。然后两只卷布辊反向旋转，织物又进入染缸进行第二道染色。在布卷卷绕过程中，由于布层间的相互挤压，染料逐渐渗入纤维的内部。织物染色道数根据染色织物色泽浓淡来决定。染毕，放出染液，进水清洗织物。两只卷布辊中，退卷的一只为被动辊，卷布的一只为主动辊。染槽底部有直接蒸汽或间接蒸汽加热管。

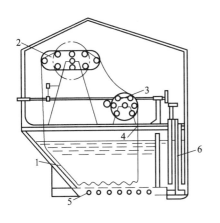

图 7 - 14　绳状染色机

1—染槽　2—主动导布辊　3—导辊
4—分布档　5—蒸汽加热管　6—加液槽

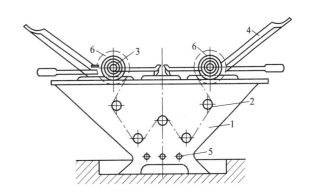

图 7 - 15　卷染机

1—染缸　2—导布辊　3—卷布辊　4—布卷支架
5—蒸汽加热管　6—布卷

卷染机运行的调头和停车都可以自动控制的染色机，称为自动卷染机。自动卷染机染色时，两只卷布辊均为主动辊，织物所受的张力较小，适用于湿强力较低的织物。

3. 连续轧染机　连续轧染机是织物的平幅连续染色机，其生产效率高，多用于大批量织物的染色。不同染料染色所使用的轧染机应由不同单元机排列而成，如还原染料和活性染料染色所用轧染机的单元机组成并不完全相同。例如，还原染料悬浮体轧染机的单元组成如图 7 - 16 所示。

亚麻织物在浸轧槽中经过两浸两轧后，为了防止泳移现象发生，先用远红外均匀快速烘干，烘干至含湿率小于 20% 时，为了降低成本，再换用烘筒烘干。冷却后再浸轧烧碱—保险粉溶液，进入饱和汽蒸箱，完成染料的还原和上染。然后进行氧化显色，最后经过水洗—皂

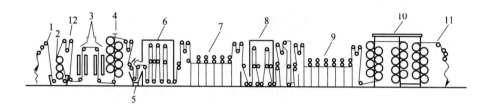

图7-16　连续轧染机

1—进布架　2—三辊轧车　3—煤气红外线　4—单柱烘筒　5—升降还原槽　6—还原蒸箱　7—氧化平洗槽

8—皂煮蒸箱　9—皂洗、热洗、冷洗槽　10—三柱烘筒　11—落布架　12—松紧调节架

煮—水洗—烘干—落布，完成整个染色过程。

4. 高温高压溢流染色机和高温高压喷射染色机　高温高压溢流染色机和高温高压喷射染色机一般适用于亚麻与合成纤维混纺织物的染色，染色温度可达140℃。高温高压溢流染色机的结构示意图如图7-17所示。

织物在密封的高温高压容器中，由主动导布辊带动，以绳状松弛状态经过溢流口，进入倾斜的溢流管，然后织物经过倾斜的输送管道进入浸染槽，在浸染槽中以疏松堆积状态缓缓地通过，再经导布辊循环运行。机内染液在密封状态下，由循环泵输送至加热器加热后，通过溢流口流入溢流管。机内织物则受液体流动推动而运行，织物在染色过程，不断受到高压染液的冲击和浸渍，得色匀透，手感柔软、丰厚。溢流染色时，织物和染液的移动方向相同。但是染液的流动速度比织物运行的速度快，因而该机叫溢流染色机。

高温高压喷射染色机的结构如图7-18所示。它与高温高压溢流染色机的结构相似，高温高压喷射染色机仅比高温高压溢流染色机多一个矩形喷射箱。染色时，织物由主动导辊1带动进入矩形喷射箱3，先通过温和喷浸区（Ⅰ），再经过高压振荡喷浸区（Ⅱ），使织物反复受到高压染液流的冲击以及涡流的振荡，织物释压时松弛，染液容易向纤维内部渗透，获得良好的染色效果。

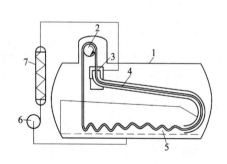

图7-17　高温高压溢流染色机

1—染槽　2—主动导布辊　3—溢流口　4—溢流管

5—浸染槽　6—循环泵　7—热交换器

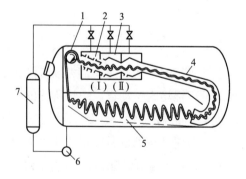

图7-18　高温高压喷射染色机

1—主动导辊　2—喷嘴　3—喷射箱　4—染色管

5—浸染槽　6—循环泵　7—加热器

第八章　亚麻纤维织物的染色

第一节　还原染料染色

一、还原染料的结构特征

还原染料又称士林染料，其分子中不含磺酸基或羧基等水溶性基团，不溶于水，但分子中至少含有两个或两个以上的羰基。染色时，在碱性溶液中存在保险粉等还原剂时，能被还原成溶于水的、对纤维具有亲和力的隐色体钠盐，其上染到纤维上后（称隐色体的上染），再利用空气中的氧或其他的氧化剂（如过氧化氢等）的氧化作用，转变成原来的不溶性染料而固着在纤维上。具有这种特征结构的染料，被称作还原染料。可以以靛蓝为例，将上述过程表示如下：

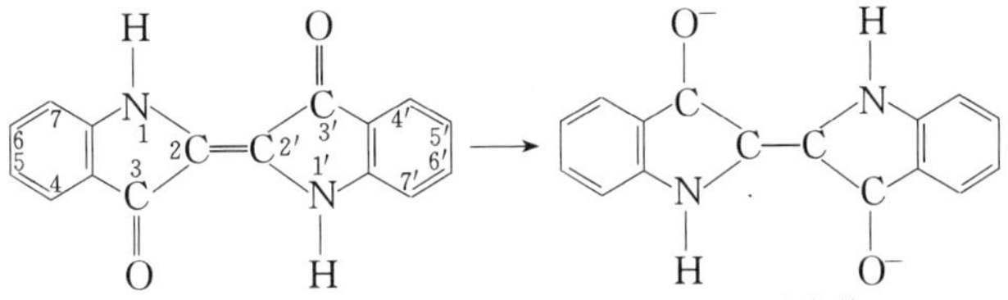

靛蓝隐色体

由于染色过程中要借助碱性、保险粉进行还原，才能在染色过程中转变成溶于水状态的染料，因此那些不耐碱的纤维（如羊毛等蛋白质纤维织物）的染色就会受到限制。从上面还原染料的定义中可以看出，还原染料染色时，要经过还原、上染、氧化以及后处理等复杂的工序，为了简化染色工序，提高还原染料的适用范围，生产上可以事先将还原染料进行还原，制成溶于水状态的染料进行保存，使用时只需溶于水就可以对纤维织物进行上染。我们把这种还原染料叫暂溶性还原染料。所谓暂溶性还原染料，就是还原染料隐色体的硫酸酯盐，它溶于水，对纤维具有亲和力，上染到纤维上以后，再经过氧化而重新转变成原来的不溶性还原染料而固着在纤维上。实际生产时，是将还原染料溶于吡啶和氯磺酸的溶液中，加入少量的铁粉。在这样的条件下，染料在被还原成隐色酸的同时被酯化。该染料应用于染色时，不需要经过还原步骤，只要直接溶于水，就可以在一定温度下对亚麻等纤维进行上染。该染料的品种没有还原染料的品种多，靛类染料制成的，叫溶靛素；蓝蒽酮类染料制成的叫溶蒽素。

还原染料主要用于纤维素纤维，如亚麻纤维织物的染色和印花。由于暂溶性还原染料价格昂贵，主要用于纤维素纤维淡色产品的染色和印花。

还原染料的色泽鲜艳，色谱齐全，耐皂洗牢度很高，耐日晒色牢度一般也很高，尤其是其鲜艳的绿色是其他染料所无法比拟的。主要应用于纤维素纤维，是纤维素纤维染色中一种高级的染料。常用的还原染料有紫、蓝、绿、棕、灰、橄榄绿等颜色。

还原染料染色工艺比较复杂，染料的价格昂贵，色谱中缺少鲜艳的红色，有些黄色、橙色品种对纤维具有光敏脆损现象，会使被染着的纤维在日晒过程中发生严重的氧化损伤。还原染料隐色体的初染率很高，再加上染液中电解质的种类和含量高，很容易出现染色不匀、不透现象，因此染色时注意工艺条件的控制，才能保证染色产品的质量。

从上述可知，还原染料染色需要经历四个过程：

（1）染料的还原。即在碱性溶液中用还原剂保险粉将不溶性的还原染料还原成溶于水的、对纤维具有亲和力的隐色体的钠盐。

（2）上染。隐色体钠盐被纤维表面吸附并渗入纤维无定形区内部的过程。

（3）氧化。上染到纤维上的隐色体的钠盐，经氧化恢复为原来的还原染料母体的过程。

（4）水洗、皂煮、水洗。洗去浮色，使生成的色淀重新发生一定的聚集和分布，以获得均匀的色泽和良好的牢度。

二、还原染料的染色方式

根据还原染料的形态不同，可以将还原染料的染色方式分为三种。

1. 隐色体染色　先将染料在碱性溶液中用保险粉将其还原成溶于水的隐色体钠盐，然后对亚麻纤维进行上染，染色过程中应使染液保持充分还原的状态，并具有一定碱性的状态下进行染色。染料的化学性质和上染性能不同，还原和上染的条件不同，主要由温度、烧碱和保险粉的用量来决定。隐色体染色可以在染槽中以浸染的方式进行，也可以以轧染的方式在轧染机上进行。浸染时染浴温度一般在 20～60℃。

为了使隐色体上染比较均匀，可在染浴中加入适当的匀染剂，如平平加等，它在硬水和碱性溶液中都比较稳定，能与染料分子发生聚集，形成一种不稳定的结合，随着上染过程的进行不断地释放出单分子分散状态的染料分子，因而降低了染料的上染速率，达到匀染的目的。

轧染时，织物浸轧还原染料隐色体的钠盐后，应立即进入饱和汽蒸箱里汽蒸 20～30s，以完成扩散和上染过程。汽蒸箱中不应含有空气。汽蒸完毕，进行氧化、皂煮、水洗。轧染的生产效率比较高，但染液浓度受隐色体溶解度的限制，只能染淡色。

用隐色体染色时，也可以在卷染机上进行，浴比小，一般为 1：（3～4）。染色时，染料于 60～63℃进行还原，染色时间约为 10min，然后将织物入缸染色，染色开始时保险粉可以分批加入，上染后冷水洗 4 道，然后皂洗 4～6 道，热水洗 2 道，冷水洗 1 道。隐色体染色很容易产生染色不匀、不透现象。

2. 悬浮体染色　有些还原染料用还原染料的隐色体进行染色，很容易使被染织物产生环染或白芯现象。还原染料染色时，染浴中所用烧碱的浓度很高，会对染料上染起促染作用，染料的初染率很高，使染料在短时间内被织物纱线的外层吸尽，染色织物纱线的外层颜色深，内层颜色浅，或几乎无色。这种现象在结构比较紧密的织物以及染色难以进行的亚麻纱线的染色中表现更加明显。

为了克服还原染料隐色体染色时的缺点，染料生产厂事先将还原染料研磨成很细的粉末，染色时将染料的细粉调成悬浮液，靠轧辊间产生的压力均匀地浸轧在织物上，使细小的染料颗粒透入纤维纱线的组织空隙当中，烘干后透风冷却，再浸轧烧碱—保险粉还原液，并立即进入饱和汽蒸箱中汽蒸 20~30s，完成染料的还原上染。汽蒸完毕后再进行氧化、水洗、皂洗、水洗等处理。

在悬浮体染色时，烘干阶段很容易产生泳移现象。所谓泳移，是指在烘干过程中，如果烘干的速度太慢，内部的水分转移到纤维的表面来不及蒸发掉时，会使纤维内层的染料浓度比外层的大，造成染料从纤维的内部向纤维的外层转移，使纤维的表面颜色较深，内部颜色较浅；或由于染色织物各处烘干的温度不匀，先干的地方染料的浓度大，会向后干的地方转移，造成先干的颜色浅，后干的颜色深。这种现象称作泳移现象。为了防止在烘干的过程中产生泳移现象，一方面可以先用远红外均匀快速烘干，烘干至含湿率小于20%时再用烘筒或热风烘干；另一方面，也可以在染浴中加入大分子的防泳移剂，即在染浴中加入胶体，以达到防泳移的目的。

织物的悬浮体染色多采用连续轧染机进行。将织物在室温浸轧还原染料悬浮液，然后依次经红外线预烘，烘筒或热风烘干，透风冷却，以防止后面的烧碱、保险粉受热而发生分解。再浸轧烧碱和保险粉溶液，进入饱和的汽蒸箱中汽蒸，汽蒸温度一般在 102~105℃，时间是20~30s，汽蒸箱内不含空气，以减少保险粉的氧化分解，促使织物上的染料充分地还原。最后经过水洗、氧化和皂洗。

悬浮体染色也可以用于筒子纱的染色。将悬浮液不断地进行循环，逐渐升温，加元明粉使染料均匀地沉积在纱线上，然后加烧碱—保险粉还原、上染，最后进行氧化、皂煮。悬浮体染色，可以克服隐色体上染时所造成的染色不匀、不透的现象。

3. 隐色酸染色　隐色酸染色是将还原染料先用烧碱、保险粉还原成隐色体的钠盐，倒入加有分散剂的稀醋酸溶液中进行酸化分散，制成隐色酸的悬浮液，浸轧织物，再浸轧烧碱和保险粉的溶液，进行还原上染，最后再经过氧化、水洗、皂煮、水洗，完成染色过程。由于工序复杂，目前很少使用。

三、还原染料染色工艺

从以上的讨论中可以看出，还原染料染色的大致过程为：

还原→隐色体的上染→氧化→水洗、皂煮、水洗

1. 还原染料的还原

（1）影响还原染料还原速率的因素。还原染料的还原是指将还原染料在碱性溶液中，还原剂使其还原成对纤维具有亲和力的溶于水的隐色体钠盐形式，这样才能进行上染，而还原染料的结构和化学性质不同，染料的还原速率也不同。染料还原的难易程度可以用还原染料隐色体电位来表示。先将一定浓度的染料用烧碱、保险粉还原成隐色体，在一定条件下，用氧化剂赤血盐 $K_3Fe(CN)_6$ 滴定，染料被氧化刚开始析出时所测得的铂电极和饱和甘汞电极之

间的电动势，叫还原染料隐色体的电位。还原染料隐色体的电位可以表示染料被还原的难易程度。隐色体的电位一般为负值。一般来说，隐色体的电位负值越大，该染料的还原能力越弱，还原时间越长。例如，还原桃红 R 的隐色体电位负值大，则其还原困难。此外，还原过程中，隐色体溶液在最大吸收波长处吸光度随着时间变化来反映该还原染料还原速率的快慢。和所有其他的化学反应一样，影响还原染料还原速率的因素很多。

①温度的影响。温度越高，还原速率越快，一般温度每提高 20℃，还原反应的速率可以提高 2.5~5.0 倍，其随染料不同而有很大的不同，但还原温度还要受还原剂保险粉氧化分解的限制，一般应控制在 60℃ 以下。

②还原染料粒度的影响。染料的颗粒研磨得越细，单位重量的染料与还原剂接触的机会越多，还原染料的还原速率越快，因此对染料粒度的加工要求比较严格。

③反应物浓度的影响。和其他化学反应一样，反应物的浓度越大，反应的速率越快。但如果还原染料反应条件过于激烈，会造成隐色体的旁支反应，即引起染料的过度还原、酰胺基的水解和脱卤现象，因此染料的结构不同、还原的难易程度不同，应采取不同的反应物浓度。为此，在染色理论中，根据反应物浓度的不同将还原染料的还原分为干缸还原和全浴还原。所谓干缸还原是在染色前，将全部染料和比较浓的碱性还原液投到比较小的容器中，加入一部分水，预先还原溶解的方法。干缸还原适用于还原速率比较低的还原染料。例如，艳桃红 R 还原时，先将染料用表面活性剂和少量水调成浆状，再用水稀释，控制浴比（染料 : 水）在 1 : 50 左右。加入规定量的烧碱，升温至规定温度，在该温度下缓慢撒入规定量的保险粉，保温 10~15min。将剩余的烧碱、保险粉和规定量的水加入染槽，升温至需要温度，再将已还原好的隐色体溶液加入，搅匀后可染色。全浴还原是直接在染浴中进行的还原，即在染料和保险粉浓度都比较低的情况下进行的还原，适用于还原速率比较高的染料的还原。例如，还原蓝 RSN 还原时，将烧碱和保险粉加入全量的水中，然后在 60~63℃ 还原 10min。实际染色时，应根据染料的还原性，合理地选择还原方式，既要保证染料以合理的速率进行还原，又要避免还原染料在还原的过程中发生其他的副反应，以使染色过程顺利地进行。

（2）常用的还原剂及其性质。还原染料的还原一般是在碱性条件下进行的。染色时最常用的还原剂是保险粉，即连二亚硫酸钠（$NaSO_2$—SO_2Na），一般是以锌和二氧化硫为原料制成的。

保险粉是白色粉末状物质，在烧碱溶液中即使在室温或浓度较低时，也有强烈的还原作用。可以表示为：

$$S_2O_4^{2-} + 4OH^- \longrightarrow 2SO_3^{2-} + 2H_2O + 2e$$

在一般浓度的烧碱和保险粉染浴中，在 60℃ 的溶液中插入铂电极，以饱和的甘汞电极作为参比，当电位恒定时，测得的电位可以低达 -1100mV，比还原染料隐色体的电位低得多，在染浴中，只要烧碱、保险粉的浓度不低于一定的范围，仍然具有很强的还原能力。但低于一定的浓度时，电位会急剧地下降，染料便被氧化析出。

保险粉的化学性质很活泼，在空气中受潮就会发生分解，放出热量，甚至会燃烧，产生绿色火焰，其分解产物有 $NaHSO_4$ 等酸性物质。

保险粉遇酸发生分解，释放出二氧化硫。一般用棕色的试剂瓶在阴暗处保存。温度超过60℃，随着温度的升高氧化分解得越快。因此，实际染色中烧碱和保险粉的用量，应比理论用量高得多。

保险粉的价格比烧碱等化学品的价格高，在还原染料染色中消耗量比较大，而且在还原染料染色中，有相当大一部分保险粉都被纤维组织空隙中所带的空气氧化分解掉，由于它的分解产物通常都呈酸性，所以要用碱中和，这也是还原染料染色时成本高的原因。因此，在许多行业中提高保险粉的利用率，减少其氧化分解是一个非常有价值的研究课题。实际染色时，对不同还原染料还原时，应注意烧碱和保险粉用量以及不同染色方法的选用。

除了保险粉可以作为还原染料的还原剂外，雕白粉、二氧化硫脲以及氢硼化钠都可以作为还原染料的还原剂。

（3）还原染料还原的旁支反应。不同的还原染料还原速率不同，采取的还原方式也不同。在还原过程中既要使染料保持充分的还原状态，也要保证染料不发生其他的副反应。还原染料还原时，容易发生以下的旁支反应。

①过度还原和脱卤。有些还原染料还原时，由于它的还原速率比较高，如果反应的温度过高或反应物的浓度过高，或反应的时间过长，会发生过度还原。例如，还原蓝 RSN 在正常的情况下只有两个羰基被还原。具有水溶性的同时又对纤维、织物具有较强的亲和力，可以对纤维进行上染。但如果反应条件过于剧烈，会使四个羰基全部被还原，虽然具有很好的水溶性，但却缺乏对纤维的亲和力，不能对纤维进行上染，变成棕色的四钠盐，从而不能顺利地完成染色过程。上述过程可以表示为：

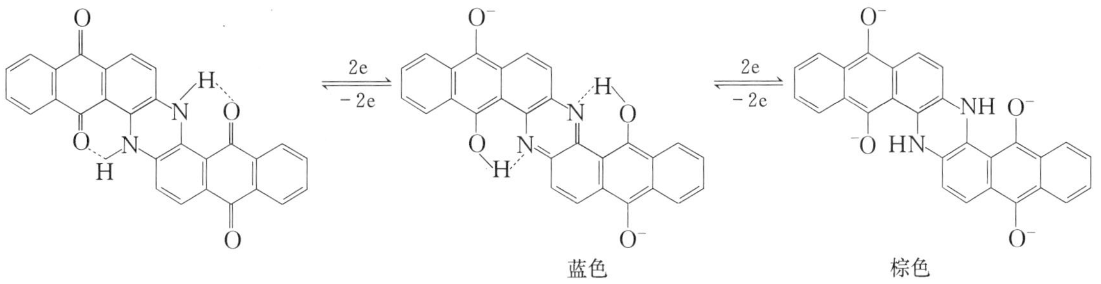

蓝色　　　　　　　　　　棕色

而且有些还原染料，如还原蓝 BC，由于分子中具有卤基，如果反应条件过于剧烈，还会发生脱卤现象，影响染料对纤维的亲和力和色光，影响染色物的质量和品质。

②异构化。还原染料在正常的情况下被还原成隐色体的钠盐才能对纤维进行上染，但如果溶液的 pH 既不能使染料以其隐色体钠盐的形式存在，也不能使其以隐色酸的形式存在，隐色体就会转变成介于两者之间的形式，变成难溶的蒽酚酮的形式，可以表示为：

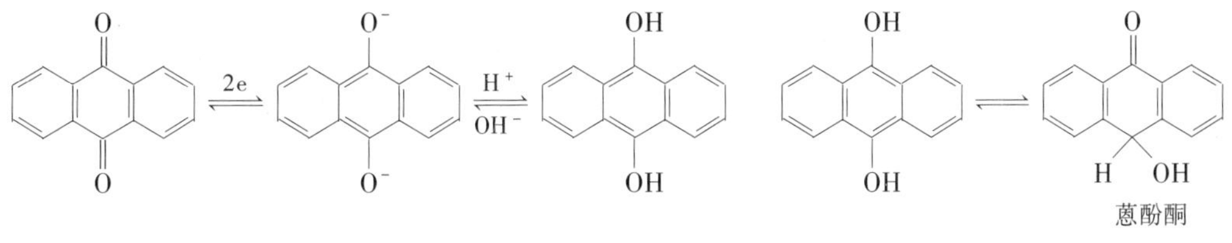

蒽酚酮

有的染料的蒽酚酮形式在浓碱溶液中，通过加热可以逐步转变成隐色体的钠盐重新溶解，对纤维进行上染；但有的染料的蒽酚酮形式，即使通过加热也难以转变成溶于水的隐色体钠盐，无法完成染料对纤维的上染。因此在染色过程中，染料的还原液应保持充分的碱性和还原的状态，才能保证染色过程的顺利进行。

③其他变化。有的染料分子中含有酰胺基等。如果还原条件不适当，会引起相关官能团的水解，而影响染料的色光、性能等，从而使染色物的色光发生变化。

（4）还原染料的还原条件。由于还原染料的还原主要使用保险粉作为还原剂，而该还原剂在温度超过60℃时，氧化分解得非常迅速。因此在还原的过程中除了根据染料还原速率选择不同的还原方式，即或采用干缸还原或采用全浴还原外，染色温度不能超过60℃，一般控制在60℃±2℃，时间在15min左右，基本上就可以达到彻底还原的目的。同时，应注意烧碱和保险粉的用量应比理论用量多得多，因为在还原染料还原和染色时，有相当大一部分保险粉都被空气或纤维组织空隙中所带的空气氧化分解浪费掉了，所加的还原剂除了应满足染料的还原之外，还应保持反应后隐色体钠盐的水溶液中具有一定量的烧碱和保险粉，以维持反应后的溶液具有一定的碱性并使染料保持充分的还原状态，否则隐色体钠盐在上到纤维之前就有可能转变为不溶性的隐色酸形式，或由于空气中氧的存在而转变成原来的不溶性母体而阻碍染料的上染，影响染色过程的顺利进行。

2. 隐色体钠盐的上染 实验结果表明，还原染料染色要获得良好的染色效果，不同结构的还原染料隐色体浸染时所需的烧碱、保险粉的浓度以及染色温度、染色时间等都不同。有的染料所需的烧碱、保险粉浓度低，温度低，染色时间比较短；而有的染料浸染时所需的烧碱、保险粉浓度高，温度高，时间长。隐色体上染时，根据烧碱和保险粉浓度以及染色温度、染色时间等的不同，将隐色体的上染分为甲法染色、乙法染色和丙法染色。

甲法：上染温度为50~60℃，烧碱10~16g/L，保险粉3~12g/L。

乙法：上染温度为45~50℃，烧碱5~9g/L，保险粉2~10g/L。

丙法：上染温度为20~30℃，烧碱4~8g/L，保险粉2.5~9g/L。

以上数据是隐色体卷染浴比为1:5的大致用量。

为了防止隐色体边上染边发生氧化反应，氧化后的还原染料母体就无法再进行扩散而造成染色不匀、不透的现象，在隐色体钠盐上染的过程中，一定要注意被染的织物不要露出液面。

为了在隐色体上染的过程中获得匀染效果，一般采用如下两种方法，一种是控制或降低上染速率，另一种是增进移染。前一种方法除了控制上染温度外，可以选择适当的缓染剂（如平平加等）。这种助剂会和染料的隐色体产生一种不稳定的结合而降低溶液中大分子分散状态染料的数目，从而降低染料的上染速率，控制染料上染的快慢。随着上染过程的进行，这种不稳定的结合迅速发生分解，直至染色完成为止。后一种方法是用提高隐色体溶解度的助剂，对性质比较稳定的助剂还可以通过提高温度的方法，实际上是通过增强染料的溶解度，降低对纤维的亲和力，提高其扩散性能，用增进其移染的方法来获得匀染的效果。

总之，在整个上染的过程中，保持保险粉的稳定性，以使染料一直保持充分的还原状态，因此，整个上染过程中染浴的温度不得超过60℃，一般15min基本上可以完成隐色体钠盐对纤维的上染。

在隐色体上染时，由于不同染料上染性能的差别，上染时的温度、时间、烧碱和保险粉的浓度也不同。在实际上染时，应根据这些条件，选择合理的上染方法，如前面的甲法、乙法和丙法染色。

3. 还原染料隐色体的氧化 被纤维所吸附的染料隐色体需经氧化转化为原来不溶性还原染料的母体才算最终完成染色过程。隐色体钠盐的氧化速度是很快的，只需几分钟或十几分钟的时间，而隐色酸的氧化需要十几小时或几十小时的时间。因此，隐色体的氧化必须在碱性条件下进行，即染料以其隐色体钠盐的形式被氧化。

有的染料的氧化速率是比较快的，例如还原蓝RSN，能在染后水洗的过程中被空气氧化，尤其是当该染料的染色物上带有较多烧碱时，置于空气中会发生过度氧化，变成暗绿色，因此对这些还原速率比较大的还原染料的氧化，隐色体上染完毕后应先用冷水冲洗，洗去布上多余的染液和过量的烧碱，再在空气中借助空气中的氧完成氧化过程；一般还原染料隐色体上染完毕后，在空气中进行淋洗，借助空气中的氧进行氧化；而有的染料的氧化速率比较慢，如还原桃红R隐色体钠盐上染后，不能直接放在空气中进行氧化，为了防止由于氧化速率过慢，在隐色体未来得及进行氧化之前，转变成隐色酸，或者是转变成蒽酚酮结构影响氧化的进程或染色产品的质量。所以氧化速率比较慢的还原染料隐色体钠盐的氧化应在弱的氧化剂中进行氧化。常用的弱的氧化剂为双氧水或过硼酸钠等。其氧化条件为：

	过硼酸钠	2~4g/L
	醋酸	2~4g/L
	温度	55~60℃
或	双氧水	1.5g/L
	温度	10~50℃

4. 水洗、皂煮、水洗 还原染料染色后的皂洗具有重要的作用，在皂洗过程中，不但可以水洗去除未氧化的隐色体钠盐和附着在纤维表面的色淀即浮色，而且可以使生成的色淀重新分布和发生一定程度的聚集，进而形成微晶体，以获得均匀的色泽和良好的牢度，也可以改善染色物的耐氯牢度和耐日晒色牢度，从而提高染色产品的质量。

皂煮的工艺配方及工艺条件：

肥皂	2g/L
碳酸钠	2g/L
浴比	1:100
温度	沸煮
时间	15min

还原染料具有许多优点，如色谱齐全，尤其是它鲜艳的绿色是其他染料所无法比拟的，其湿处理牢度等性能指标好，但由于还原染料隐色体上染时，特别容易造成染色不匀、不透的现象，再加上还原染料染色过程中，会消耗大量的保险粉，成本高，因此使还原染料在亚麻染色中的应用受到了限制。

第二节　活性染料染色

活性染料是水溶性阴离子型染料，除了含有磺酸基或羧基等水溶性的基团外，还具有能与纤维中的官能团如—OH、—NH$_2$、—CONH等发生反应的活性基，是所有应用类型染料中唯一能与纤维形成共价键结合的染料，它与其他水溶性染料（如直接染料）相比，如果染色后水洗浮色去除充分，染色物会具有良好的耐皂洗牢度和耐摩擦色牢度。

活性染料的色泽鲜艳，色谱齐全，得色均匀，使用方便，成本低廉；但活性染料与纤维发生反应的同时会发生水解，生成水解染料，失去与纤维发生反应的能力，因而降低了染料的利用率；活性染料与纤维结合的共价键在酸性或碱性条件下也会发生断裂，造成活性染料的固色率比较低；某些活性染料的耐氯牢度比较差，耐日晒色牢度也只有3级左右。

活性染料可以用于纤维素纤维、羊毛等蛋白质纤维以及锦纶等的染色。目前亚麻纤维染色大都使用活性染料，活性染料在亚麻纤维织物的染色中显得格外的重要。

一、活性染料的结构特征及其分类

活性染料的结构与其他染料不同，可以用下面的通式表示：

$$W—D—B—Re$$

式中：W——磺酸基或羧基等水溶性基团；

     D——活性染料的母体结构，一般是匀染型的酸性染料、酸性媒染染料或结构简单的直接染料；

     B——将染料母体与活性基连接的基团，即桥基，一般为—NH—等；

     Re——与纤维中的官能团发生反应的活性基。

具有一个或一个以上能与纤维中的官能团形成共价键结合的活性基，是这类染料的主要结构特征。染料的活性基一般是通过连接基和染料母体相连的。母体中大多有1~3个磺酸基或羧基水溶性基团。

活性染料的分类方法有很多，按照活性染料分子中母体的结构分，有偶氮类、蒽醌类、酞菁类等。活性染料的母体结构对染料的染色性能影响显著。母体染料不但要求色泽鲜艳、牢度优良，而且要求具有良好的扩散性和较低的直接性，使活性染料具有良好的匀染性和移染性，并使未染着的染料易于洗去。因此活性染料母体结构的性能在一定程度上决定了该染料的各项性能。但从染色理论的角度，活性染料通常是按照染料分子中活性基的不同进行分类的，常用染料可以分为以下几种。

1. 卤代杂环类

（1）卤代均三嗪型活性染料。这类染料在活性染料中品种很多，根据杂环中所含氯取代基数目分为一氯均三嗪和二氯均三嗪两种。

制备该类染料最重要的中间体为三聚氯氰。其制备方法如下：

$$NaCN + Cl_2 \longrightarrow CNCl + NaCl$$

$$HCN + Cl_2 \longrightarrow CNCl + HCl$$

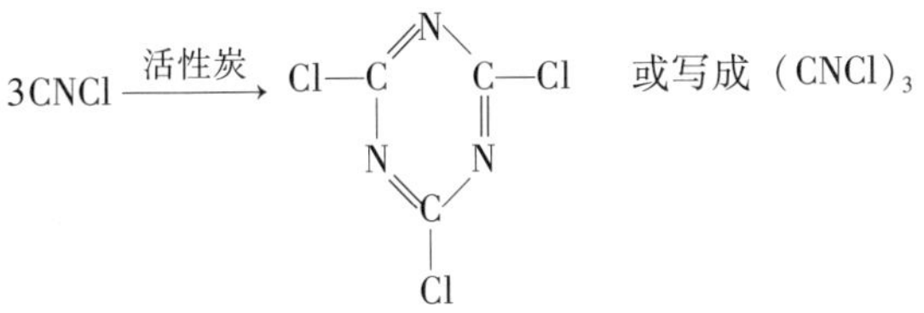

然后将含有氨基的染料与三聚氯氰反应，就可以将上述的活性基引入染料的分子中。

①二氯均三嗪型活性染料（简称 X 型活性染料）。它的活性基团是二氯均三嗪而得名，它的活性基团中含有两个氯原子，染料的化学性质很活泼，反应能力很强，能在室温、碱性介质中与亚麻等纤维素纤维发生反应，X 型活性染料染液的稳定性差，在室温下上染可以减少染料的水解损失。该染料的结构可以表示为：

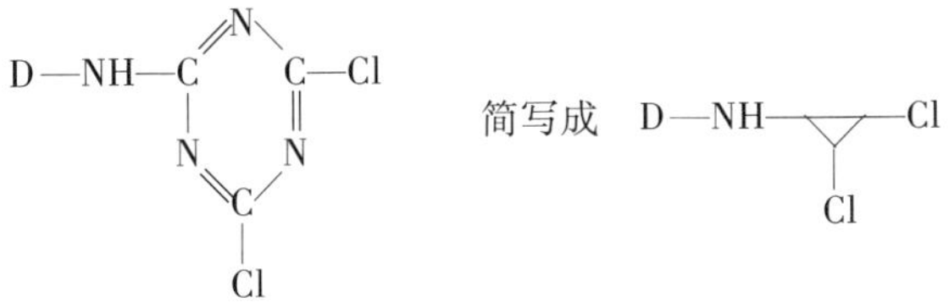

式中：D 代表染料的母体，—NH 代表连接基。制备时，将具有氨基的染料母体直接与三聚氯氰进行缩合，将染料中间体与三聚氯氰缩合后，经重氮化再进行偶合反应，也可以制备该类型的染料。例如，活性艳红染料的合成过程如下：

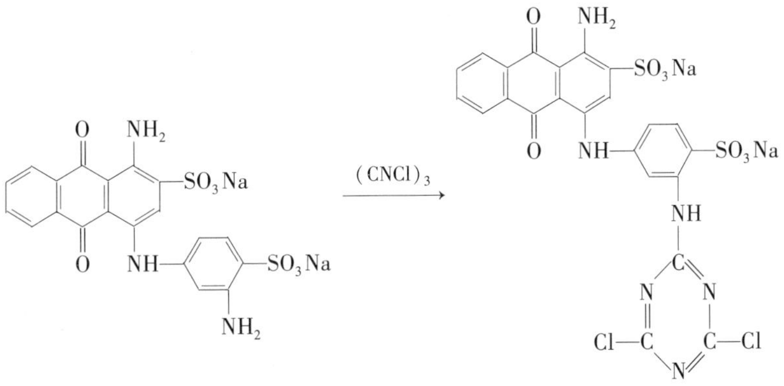

蓝色染料

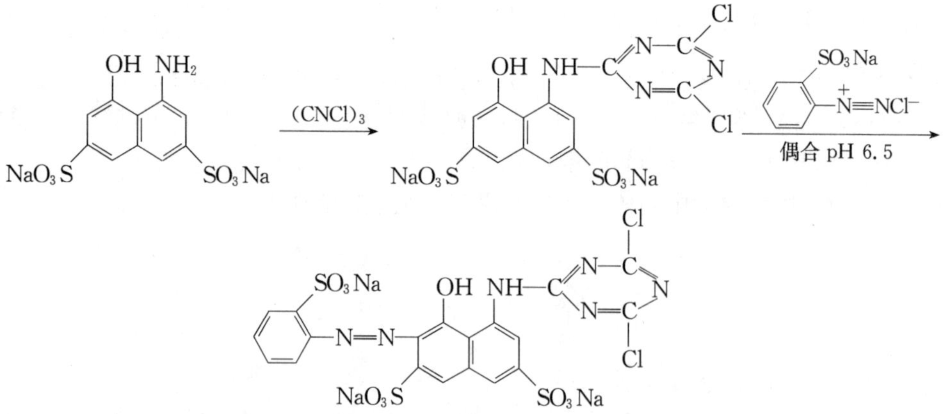

艳红色染料

②一氯均三嗪型染料（简称 K 型活性染料）：这类染料的活性基是一氯均三嗪，活性基团上只有一个氯原子。K 型活性染料的化学活泼性比较弱，必须在较高的温度下才能与亚麻等纤维素纤维发生反应，染液比较稳定，在常温下由于染料的水解所造成的损失比较少。K 型活性染料可以表示为：

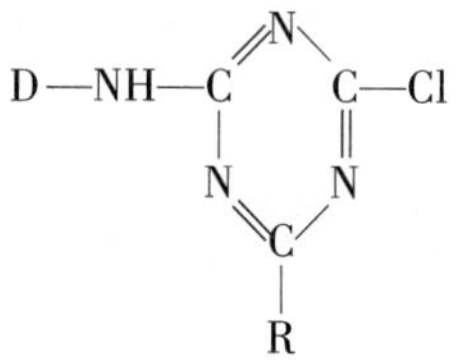

式中，D 为母体染料，—NH—为连接基，R 为—NH_2、

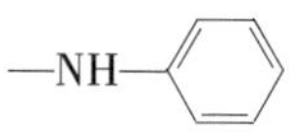

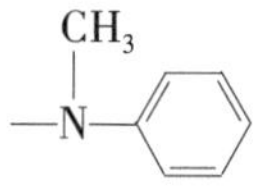

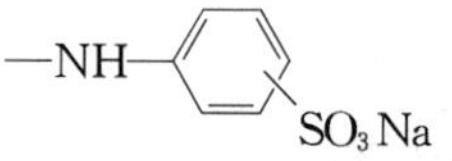

它们的合成途径也有两种。一种是将二氯均三嗪类活性染料与适当的芳香胺 Ar—NH_2 反应；另一种是将芳香二胺与一分子三聚氯氰缩合后，经重氮化后偶合反应制成二氯均三嗪染料后，再与适当的芳香胺反应。

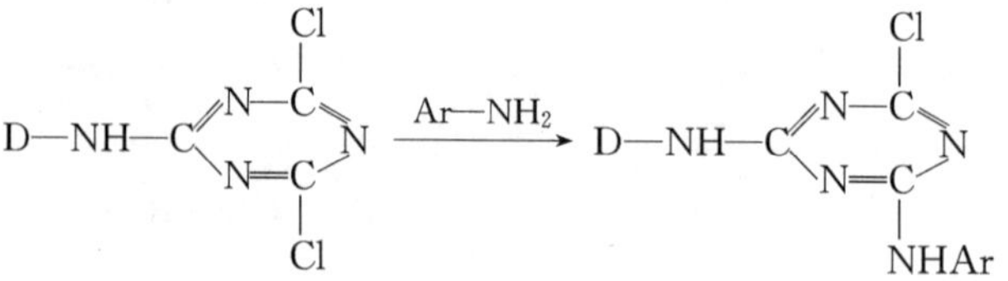

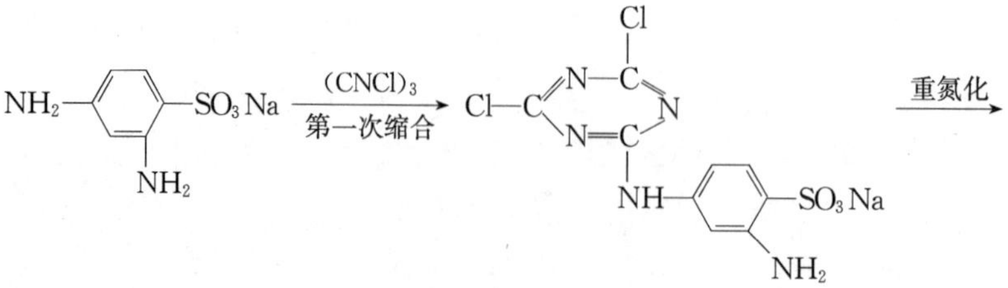

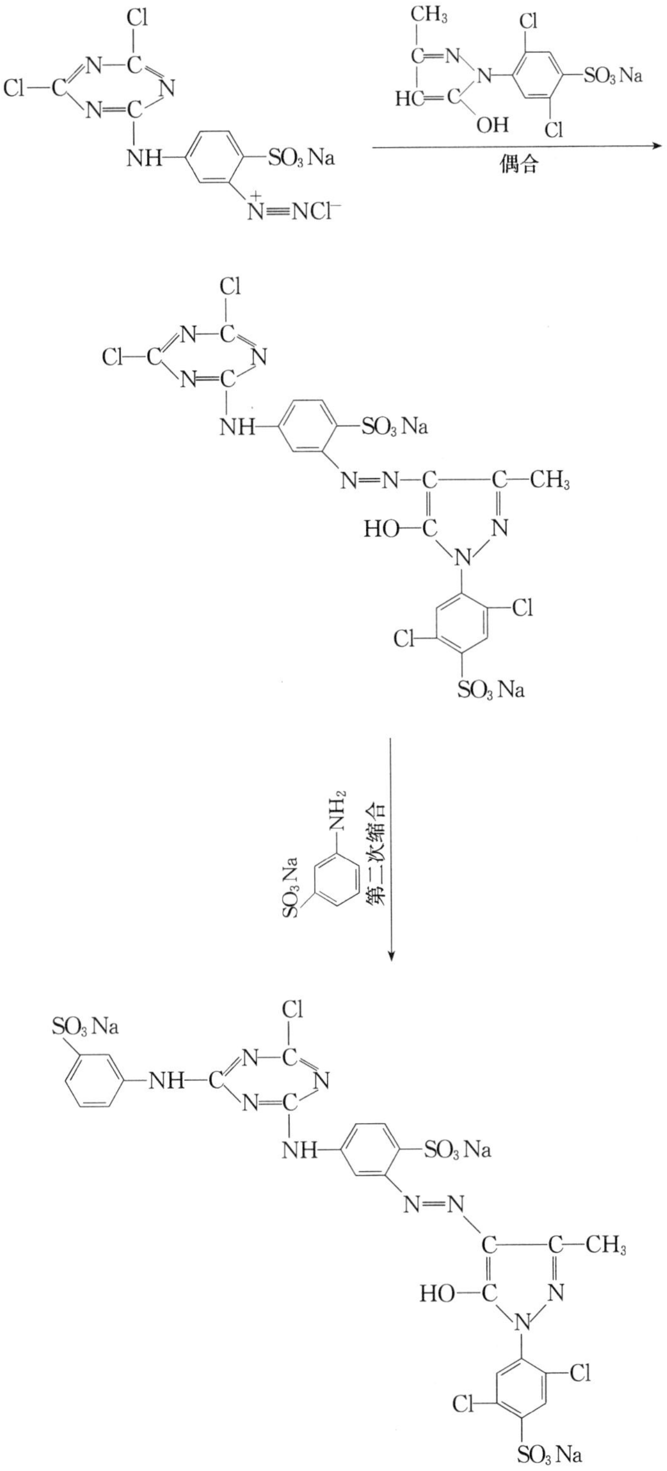

同理，用适当的氟代均三嗪衍生物可制得一氟均三嗪活性染料，可以表示为：

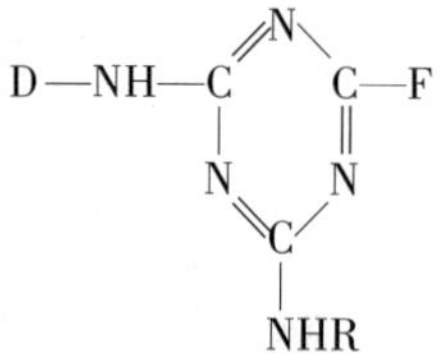

（2）卤代嘧啶类（简称F型活性染料）。这类活性染料的活性基是卤代嘧啶类。根据嘧啶环上卤素原子的个数和种类又分为一氯、二氯、三氯以及二氟一氯嘧啶等。制备卤代嘧啶类染料最常用的中间体是四氯嘧啶，而四氯嘧啶是由丙二酸二乙酯和尿素发生反应制得的。可以表示为：

三氯嘧啶　　四氯嘧啶

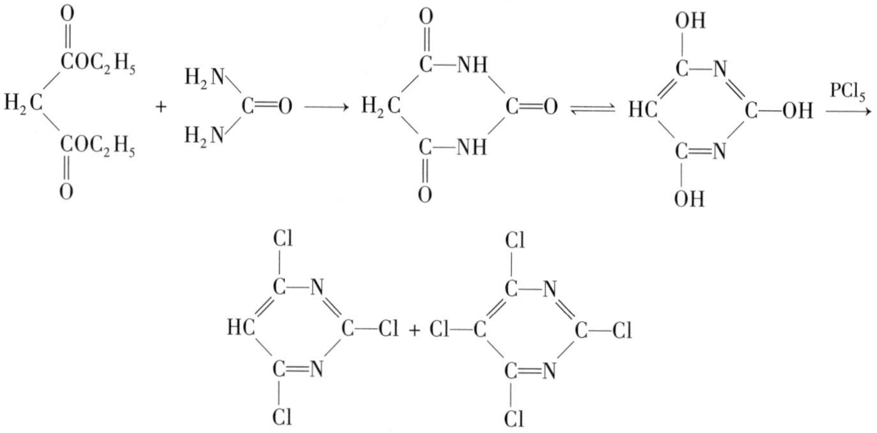

四氯嘧啶和适当的染料母体缩合，可制得三氯嘧啶类活性染料。其他各类卤代嘧啶类活性染料也可以由适当的卤代嘧啶类和母体染料反应制得。常见有下面几种：

三氯嘧啶类　　一氯嘧啶类　　二氟一氯嘧啶类

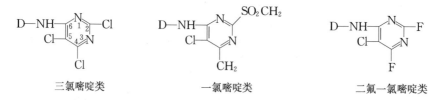

①三氯嘧啶类。它的化学稳定性较好，反应活泼性比K型活性染料差，染液的化学性质比较稳定，需要在高温下才能与纤维发生固色反应，在常温下，由于染料水解所造成的损失少。

②一氯嘧啶类。尤其是带有甲砜基的一氯嘧啶，化学性质较为活泼，但比X型活性染料的反应性弱，在常温下，由于染料水解所造成的损失少。

③二氟一氯嘧啶类。它的化学性质类似于K型活性染料。

除了卤代均三嗪类、卤代嘧啶类等活性染料外，还有一些卤代活性基的活性染料，如卤代喹喔啉类、卤代哒嗪类、卤代苯并噻唑类以及卤代哒酮类等卤代氮杂环类的活性染料。它们的结构可以表示为：

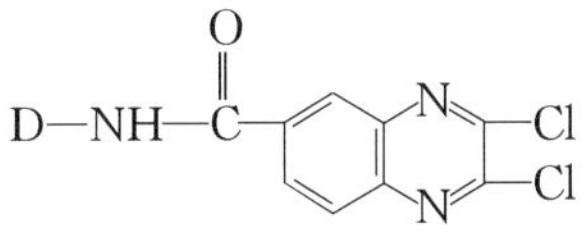

D—NH—CO— [2,3-二氯喹噁啉类结构] —Cl, Cl

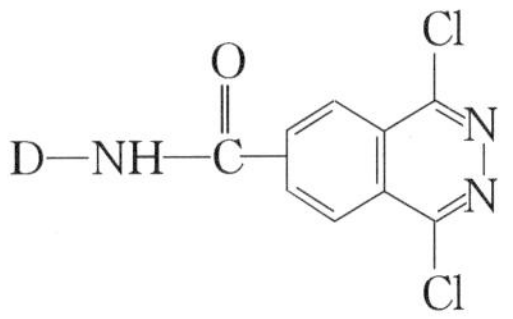

2,3-二氯喹噁啉类

D—NH—CO— [1,4-二氯哒嗪类结构] —Cl, Cl

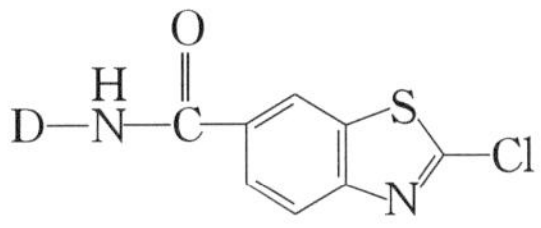

1,4-二氯哒嗪类

D—NH—CO— [2-氯苯并噻唑类结构] —Cl

2-氯苯并噻唑类

D—NHOCH$_2$CH$_2$— [4,5-二氯哒酮类结构] —Cl, Cl

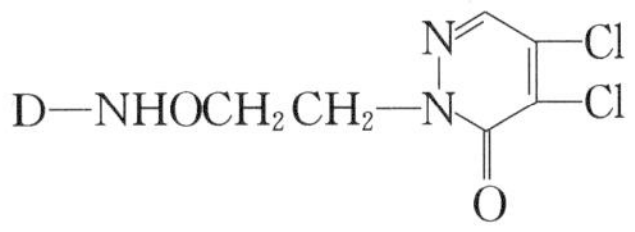

4,5-二氯哒酮类

　　它们与纤维之间的反应机理类似于卤代均三嗪类和卤代嘧啶类染料，与纤维之间都发生的是亲核取代反应。

　　2. 乙烯砜类活性染料（KN活性染料）　　这类活性染料的活性基团为 β-羟基乙砜硫酸酯，化学活泼性介于X型和K型活性染料之间，在60℃左右较弱的碱性介质中染色。其结构通式可以表示如下：D—SO$_2$CH$_2$CH$_2$OSO$_3$Na。

　　制备该类染料最重要的中间体是苯胺的间位或对位 β-羟基乙砜苯胺硫酸酯，然后将所得芳香胺的衍生物进行重氮化偶合反应，即可制得所需的KN型活性染料。其合成过程可以表示如下：

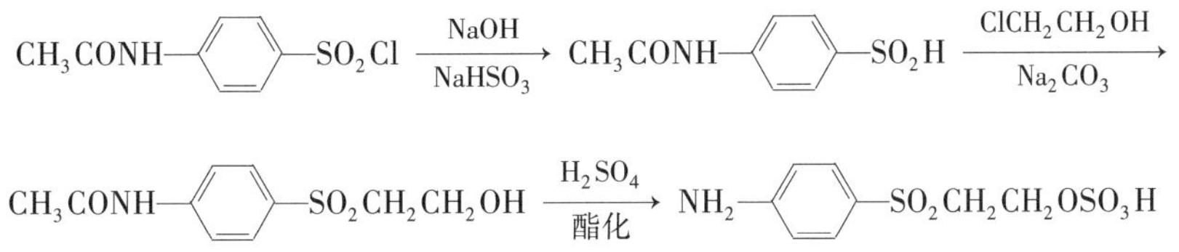

CH$_3$CONH—⬡—SO$_2$Cl $\xrightarrow[\text{NaHSO}_3]{\text{NaOH}}$ CH$_3$CONH—⬡—SO$_2$H $\xrightarrow[\text{Na}_2\text{CO}_3]{\text{ClCH}_2\text{CH}_2\text{OH}}$

CH$_3$CONH—⬡—SO$_2$CH$_2$CH$_2$OH $\xrightarrow[\text{酯化}]{\text{H}_2\text{SO}_4}$ NH$_2$—⬡—SO$_2$CH$_2$CH$_2$OSO$_3$H

对-β-羟基乙砜苯胺硫酸酯

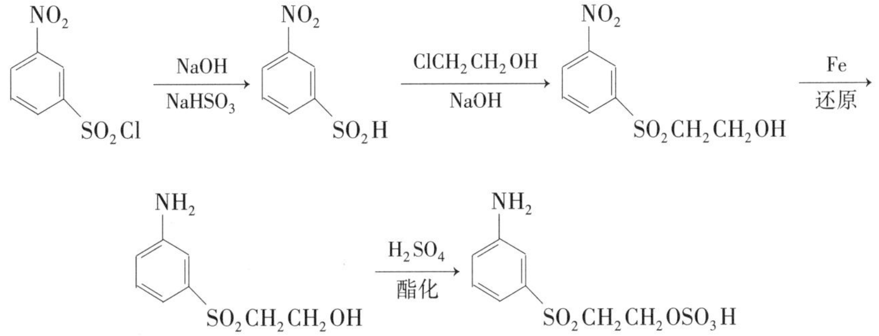

[NO$_2$, SO$_2$Cl 苯环] $\xrightarrow[\text{NaHSO}_3]{\text{NaOH}}$ [NO$_2$, SO$_2$H 苯环] $\xrightarrow[\text{NaOH}]{\text{ClCH}_2\text{CH}_2\text{OH}}$ [NO$_2$, SO$_2$CH$_2$CH$_2$OH 苯环] $\xrightarrow[\text{还原}]{\text{Fe}}$

[NH$_2$, SO$_2$CH$_2$CH$_2$OH 苯环] $\xrightarrow[\text{酯化}]{\text{H}_2\text{SO}_4}$ [NH$_2$, SO$_2$CH$_2$CH$_2$OSO$_3$H 苯环]

间-β-羟基乙砜苯胺硫酸酯

　　将所得芳香胺衍生物重氮化，再与适当的偶合组分偶合，便可制得偶氮类的活性染料。其反应如下：

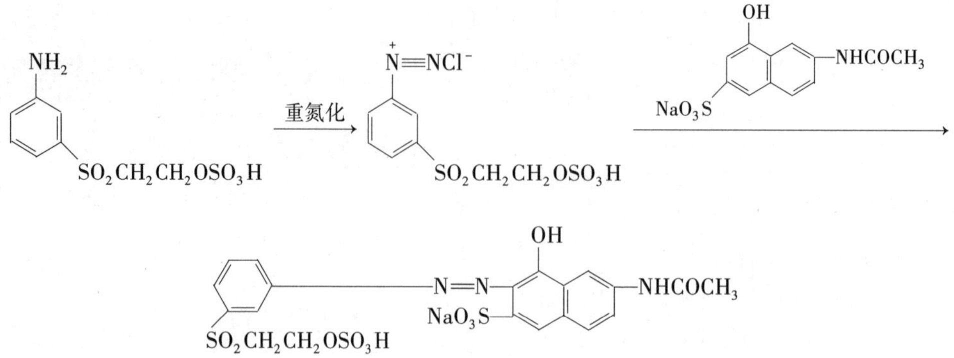

艳橙色染料

将 β – 羟基乙砜苯胺中料和母体染料（或发色体系）缩合再制成硫酸酯，例如和溴氨酸缩合可制得蓝色的蒽醌类活性染料。

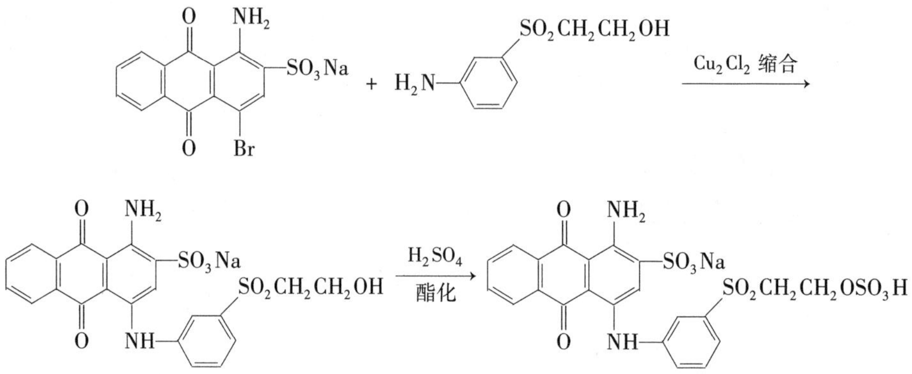

艳蓝色染料

和乙烯砜染料结构类似的染料还有以下几类：

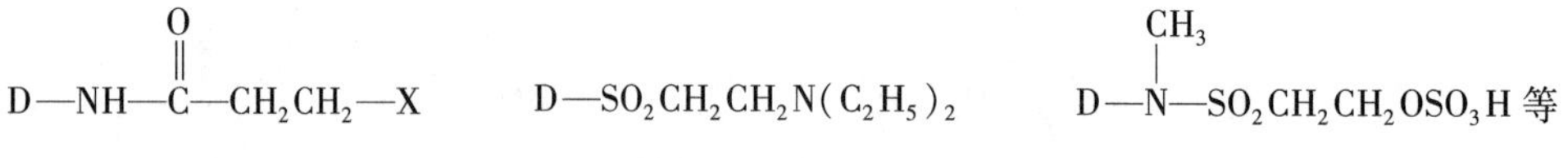

$$D—NH—\overset{O}{\overset{\|}{C}}—CH_2CH_2—X \qquad D—SO_2CH_2CH_2N(C_2H_5)_2 \qquad D—\overset{CH_3}{\overset{|}{N}}—SO_2CH_2CH_2OSO_3H \ 等$$

（X = Cl 或 OSO_3H）

3. 其他类活性基的活性染料 为了适用于不同用途的需要，还有许多其他类活性基的活性染料。例如：

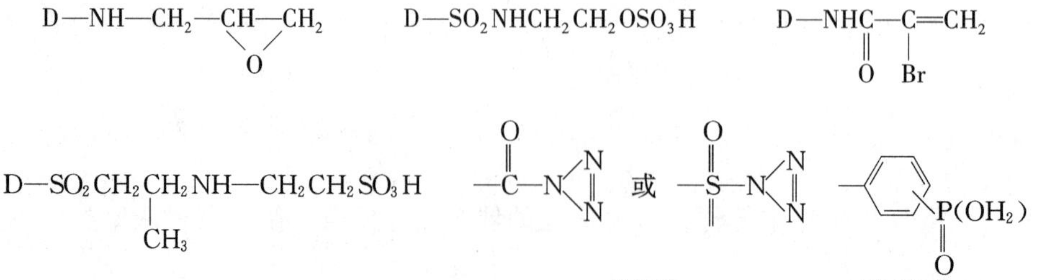

$$D—NH—CH_2—CH—CH_2 \qquad D—SO_2NHCH_2CH_2OSO_3H \qquad D—NHC—C=CH_2$$

这些活性基中有的如膦酸基类的，可以在氰胺或双氰胺存在的条件下，即可以在微酸性或中性的条件下与纤维发生共价键结合，特别适用于涤纶和纤维素纤维混纺织物的染色和印花。

4. 双活性基或多活性基的活性染料　为了提高活性染料与纤维发生反应的机会，提高活性染料的利用率和固色率，还生产了含有双活性基或多活性基的活性染料，这些活性基可以相同也可以不相同，可以连接在同一个染料的母体上，也可以连接在不同的染料母体上，最常见的是具有两个卤代均三嗪类的，或者是具有一个卤代均三嗪和一个 β – 羟基乙砜硫酸酯类，在我国习惯上称为 M 型活性染料。

目前市场上出现许多用于亚麻等纤维高温染色用的多活性基的活性染料，如 KE 型、HE 型活性染料，可以克服常规活性染料由于高温染亚麻时的水解所造成的浪费，减少环境污染，提高染料的利用率和固色率，从而节约成本。

二、活性染料与纤维素纤维的反应

活性染料是唯一能与纤维成共价键结合的染料，无论哪种类型的活性染料，只有在碱性条件下才能与亚麻纤维发生化学反应。含有不同活性基的活性染料与纤维之间发生反应的机理不同。

1. 亲核取代反应　卤代杂环类活性染料与纤维之间发生的是亲核取代反应，以均三嗪类的活性染料为例，其反应历程如下：

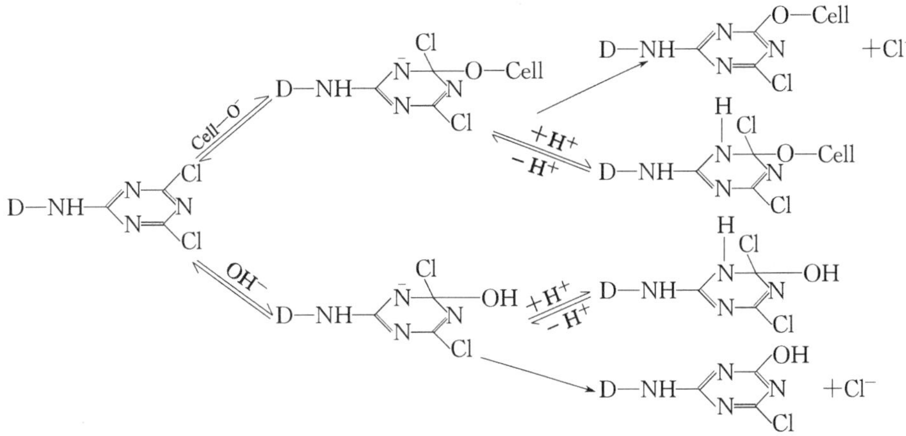

从以上反应过程可以看出，随着反应条件的不同，会生成不同的共价键。而且在染料与纤维发生反应的同时，活性染料也会发生不同程度的水解反应，其反应过程类似于染料与纤维的反应历程。

同样的机理，在活性染料与纤维发生反应的同时，染料也会发生不同程度的水解反应，因此在实际染色过程中，应制订合理的工艺条件，使染色过程有利于染料与纤维之间的反应。与此同时，应尽量限制染料的水解反应，提高活性染料的利用率，减少染料的浪费，降低成本。

从以上反应机理可知，该类型染料与纤维之间的反应属于亲核取代反应，因此凡是有利于杂环上碳原子电子云密度增大和离去基电负性增大的因素，都有利于该反应的进行。

而活性染料的反应活性在一定程度上是由染料分子中活性基性质决定的，但活性染料的母体结构、连接基以及副取代基的性质也会影响染料与纤维的反应，并与染色时的一些外界因素有关。影响此类染料与纤维反应的因素有以下几点。

（1）染料母体结构对反应活性的影响。染料母体结构对纤维的亲和力越大，直接性越大，染料的平衡上染百分率越高，染料与纤维接触的数目越多，则染料与纤维之间的反应机会越多，染料就越容易与纤维发生反应；染料的扩散性越好，匀染透染性越好，在一定时间内与纤维素负离子接触的机会越多，反应快，固色率高。

（2）杂环上氮原子数目对反应活性的影响。氮原子的电负性要比碳原子的强。与氮原子相邻的碳原子的电子云密度越低，该碳原子上的卤素原子越容易与纤维素负离子发生亲核取代反应，因此杂环中氮原子的数目越多，杂环中与离去基相连接的碳原子的电子云密度越小，该染料的反应活性就越强。杂环中氮原子的数目不同，碳原子上的电子云密度就不同，如下所示：

吡啶　　　哒嗪　　　嘧啶　　　吡嗪　　　均三嗪

（3）离去基的电负性对染料反应活性的影响。杂环上被纤维素负离子亲核取代的基团叫离去基。离去基电负性越强，与之连接的碳原子上的电子云密度就越小，该染料就越容易发生亲核取代反应。例如，一氯均三嗪类的染料，由于其反应性能比较差，可以在染浴中加入一定量的叔胺，让染料分子中的离去基卤素原子被叔胺取代，叔胺基是一个强的吸电子基，会显著降低环上碳原子的电子云密度，从而使染料的反应活性大大增强，降低固色的条件，又不至于影响最终的染料与纤维之间的共价键类型，即不影响染色物的产品质量。

（4）副取代基对染料反应活性的影响。杂环上除了被纤维素负离子亲核取代的离去基之外的取代基叫副取代基。副取代基的电负性越强，就越有利于环上碳原子电子云密度的降低，越有利于发生环上的亲核取代反应。例如，同样都是嘧啶类的染料，二氟一氯嘧啶类染料的反应活性要比三氯嘧啶类染料要大，这是因为，氟原子的电负性要比氯原子的电负性大；同样都是均三嗪类的染料，一氯均三嗪类染料的反应活性要比二氯均三嗪类染料的反应活性弱，是因为前者的杂环上引入了供电子的取代基，使环上碳原子的电子云密度显著增高，不利于环上亲核取代反应的进行。

（5）染浴 pH 对染料反应活性的影响。pH 不但影响反应过程中纤维素负离子与由于水电离而产生的羟基负离子的比例，也影响活性染料对纤维的亲和力。实验表明，随着 pH 的升高，纤维素负离子与羟基负离子之间的比值不断地下降，在纤维素负离子数目增加的同时，水电离出的羟基负离子也不断地增加。也就是说，在染料与纤维反应速率增大的同时，水解反应的速率也不断地增加，因此反应时的 pH 不是越高越好。此外，随着 pH 的增大，特别是当 pH 大于 10.5 以后，染料对纤维的直接性不断地降低。因为随着 pH 的升高，纤维素电离出来的纤维素负离子的数目也不断地增多,对进一步向纤维表面扩散的活性染料的阴离子的排斥作用就越强,因此染料的直接性,即染料的上染百分率会不断地降低,与纤维接触的染料的数目下降,会导致染料与纤维反应的活性下降。因此活性染料的固色虽然在碱性条件下进行,但碱性不能太强,否则会有更多的染料发生水解,降低染料的利用率,而且也会造成由于上染速率过快而引起染色不匀、不透的现象。

在实际的染色过程中,一般来说,染料的反应活性越强,选择的碱剂越弱,碱剂的用量要少,即 pH 不能太高;反之,染料的反应活性越弱,选择的碱剂要稍强些,碱剂的用量可以稍多些,即 pH 可以大些。

(6)温度对染料反应活性的影响。和其他化学反应一样,反应温度越高,反应速率就越快。但由于一般染料与纤维反应的活化能都比它与水电离出来的羟基负离子发生反应的活化能大,因此温度的升高,使染料水解反应的速率增大的幅度要比使染料与纤维反应速率增大的幅度大。

从染色的热力学的角度来说,升高温度,还会降低染料的平衡上染百分率。因此实际染色和固色时温度的选择要考虑以上各个方面的综合平衡,选择的原则一般是,反应活泼性比较强的染料,上染和固色的温度要低。反应活泼性比较差的染料,上染和固色的温度应高一些。

(7)电解质对染料反应活性的影响。溶液中电解质的含量过高,溶液中的离子的活度变小,会引起染料在溶液中的聚集,对染色和固色相当不利。同时根据唐能膜平衡原理,纤维素负离子与羟基负离子之间的比值会随溶液中电解质浓度的增大而增大,在加速染料与纤维反应的同时,也会加快染料的水解反应。因此在活性染料染色中,加入电解质作为促染剂,要考虑两者之间的平衡。

2. 消去亲核加成反应 KN 型活性染料与纤维素纤维之间的反应属于消去亲核加成反应,可以表示为:

$$D—SO_2CH_2CH_2OSO_2Na \Longrightarrow D—SO_2CH = CH_2(消去反应)$$

$$D—SO_2CH = CH_2 + Cell—OH \Longrightarrow D—SO_2CH_2—CH_2—O—Cell(亲核加成反应)$$

因此,凡是影响消去亲核加成反应的因素都会影响该反应的进行。

三、活性染料的染色工艺

活性染料上染结束之后,染色过程并没有结束,还要加碱进行固色,促进染料与纤维之间的固色反应,最终才能完成染色过程。尤其值得注意的是,活性染料在与纤维发生化学反应的同时,还会发生染料的水解反应。如果染料在吸附和扩散的过程中过早地发生固色反应,反应的染料就不会从纤维的表面向纤维的内部进行扩散或从纤维的一处向另一处扩散,很容易造成染色不匀、不透现象。因此活性染料对亚麻纤维的染色,为了获得良好的染色效果,应使染料在近中性的条件下进行上染,待吸附和扩散基本达到平衡时,再加碱剂提高染液的pH,生成纤维素负离子,从而加快染料与纤维之间的反应,完成固色过程,染色过程也就结束了。这样不但能获得良好的匀染和透染效果,还可以在很大程度上提高活性染料的固色率。

综上所述，活性染料的大致染色过程为：

中性吸附→碱性固色→水洗、皂煮、水洗（去除浮色）

（1）中性吸附。即在染料尽量与纤维不发生反应的情况下，完成染料的吸附和扩散，即完成上染过程。

（2）碱性固色。在染料吸附和扩散基本达到平衡时，也就是染料在纤维的内外层或各处上染均匀的情况下，再加碱，促进纤维上的染料与之发生化学反应，完成固色。当然，随着染料与纤维发生化学反应，会破坏原来的吸附平衡，还会有一部分染料在加碱之后，上到纤维上去，所上染料的多少与染料对纤维的直接性有关，一般染料的直接性越大，加碱后上去的染料越少，而染料的直接性低的，加碱后，上去的染料数量越多，但大部分染料都是在吸附阶段上去的，只有少部分染料是在加碱固色时上去的，不会造成染色不匀、不透现象。

（3）水洗、皂煮、水洗。第一次水洗是为了洗去未发生反应的染料，皂煮是为了洗去水洗后生成的水解染料以及没有真正渗透进纤维内部的以及与纤维未结合的染料，再次水洗是为了将附着的染料进一步水洗去除。

活性染料的染色过程基本都一样，但却有不同的染色方法，分为浸染、轧染和冷轧堆等。

1. 浸染工艺　对于容易变形的不能经受较大张力的织物一般采用浸染的方式进行染色。根据织物的品种不同分为纱线染色、织物的绳状染色和卷染等多种形式。亚麻纤维的染色一般采用纱线染色，然后再进行色织。亚麻织物的浸染也要先在中性条件下吸附，然后再在碱性条件下进行固色。现将活性染料染色的工艺配方、有关工艺参数及其不同类型活性染料的浸染工艺曲线介绍如下。

（1）工艺配方的组成及其工艺参数的确定。

①上染的工艺配方及工艺条件：

染料（%，owf）	0.2～3
盐	10～20g/L
浴比	1∶（30～50）
温度	20～60℃
时间	20～30min
pH	6～7

②固色的工艺配方及反应条件：

碱	10～20g/L
pH	9～10
温度	20～80℃
时间	30～40min

③有关工艺参数的选择。

a. 上染温度。反应速度快的上染温度低；扩散速度快的染料，上染温度低。例如：X型活性染料上染温度为20～30℃，KN型活性染料上染温度为40～50℃，K型活性染料上染温度为50～60℃。

b. 上染时间。扩散快的染料，上染时间短，如 X 型的活性染料的上染时间一般为 20～30min；扩散慢的染料，上染时间长，如活性翠蓝 KGL 的上染时间为 30～40min。

c. 固色温度。反应快的染料，固色温度低，例如：X 型活性染料的固色温度为 20～30℃；反应慢的染料，固色温度高，如 KN 型活性染料的固色温度为 60～70℃；K 型活性染料的固色温度为 80～90℃。

d. 碱剂。一般来说，各种类型的活性染料采用碳酸钠（15～20g/L）作为碱剂都可以满足要求，获得良好的固色效果。碱剂选择的原则一般为：反应快的染料，碱剂可弱些，如 X 型活性染料可以采用碳酸氢钠、碳酸钠和磷酸三钠作为碱剂；反应慢的染料，碱剂可强些，如 K 型活性染料可以采用烧碱或烧碱和碳酸钠的混合物作为碱剂。

e. 固色时间。染料反应快的，固色时间可短些；反应慢的染料，固色时间可长些。

f. 盐的用量。电解质（如食盐等）在活性染料上染时所起的作用类似于直接染料的促染作用，为了控制染料的上染速率，尤其是对于溶解性比较差、直接性高的活性染液少加盐，而且应分批加入。小浴比的染液少加盐；固色温度低的染液少加盐（20～30g/L）；固色温度高的染液可以多加盐（50～80g/L），例如：活性翠蓝的固色温度为 80～90℃，盐加入量高达 80～100g/L。

除此之外，有时为了提高固色率可以在固色阶段加入少量的叔胺类化合物，例如：K 型活性染料由于反应性比较差，可以在溶液中加入一定量的叔胺，K 型活性染料分子中的离去基可以被强吸电子基的叔胺基取代，可以大大增加染料与纤维反应的活性，加快固色反应的进行，又不会影响染料与纤维形成的共价键，不影响染色产品的质量。

（2）几种常见类型活性染料的浸染工艺曲线。

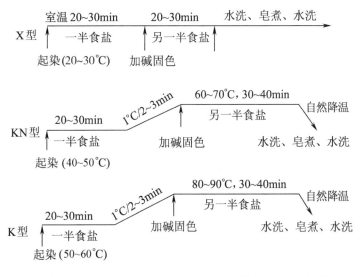

2. 连续轧染工艺　连续轧染工艺主要适用于亚麻及其混纺织物的染色。主要包括浸轧染液、烘干、汽蒸（或焙烘）以及水洗、皂煮、水洗等过程。根据染料和碱剂是否放在同一个染浴中，又可以把连续轧染工艺分为一浴法和两浴法染色工艺。

（1）一浴法连续轧染。一浴法是将染料和碱剂放在同一个染浴中进行浸轧、烘干、汽蒸或焙烘、水洗皂煮水洗等过程而完成的染色过程。

①工艺流程。

浸轧→烘干→汽蒸或焙烘（100～102℃汽蒸1～3min 或180～200℃焙烘30～40min 或160℃常压高温汽蒸4min）→水洗、皂洗、水洗

②有关工艺条件的选择。

a. 碱剂。应选择小苏打（5～20g/L）这类较弱的碱剂，它在汽蒸或焙烘时才充分发挥碱剂的固色作用。防止染料在固色吸附阶段过早地发生固色反应，而影响染色产品的质量。

b. 烘干（两浴法也同样）。为了防止烘干过程中产生泳移现象，可采取的措施如下：采用远红外均匀快速烘干，烘干至含湿率小于20%时，为了节约成本，再用烘筒烘干或热风烘干；可以在染液中加入海藻酸钠等大分子的防泳移剂。

c. 汽蒸耳焙烘。100～102℃汽蒸1～3min，一般适用于纯亚麻织物；180～200℃焙烘30～40s 或160℃常压高温汽蒸4min，一般适用于亚麻/涤纶织物的分散染料和活性染料的共同染色。

d. 染料。适用于轧染的有一氯均三嗪、乙烯砜类以及卤代嘧啶类等反应性弱或中等的染料，在汽蒸或焙烘前一般不发生固色反应。

e. 助剂。有时在轧染的染液中加入尿素（起吸湿、助溶、溶胀纤维的作用），增进被染物对染浴的润湿性和渗透性，使染料更好地向纤维无定形区内部扩散。但一般不用于乙烯砜类，因为它易与尿素发生化学反应而影响染料的色光。

（2）两浴法连续轧染。两浴法染色是将染料和碱剂分别加在两个染浴中的染色过程。它适于反应性强的染料和碱剂强的情况下使用。如果染料的反应性强或碱剂的碱性太强，若将它们放在同一个染浴中连续轧染，除了染料在染浴中会发生大量水解，造成染料浪费，降低染料的利用率之外，还会边上染边发生固色反应，出现染色不匀、不透的现象，而且这种不匀、不透不会通过延长上染时间增进移染的方法加以弥补，会影响染色产品的质量。

①工艺流程。

浸轧染液→烘干后浸轧碱液（内含元明粉20～30g/L）→汽蒸或焙烘→水洗、皂煮、水洗

②有关工艺参数的选择。

碱剂的选择：反应性强的染料选择较弱的碱剂，反应性差的染料选择较强的碱剂。一般来说：

X 型：Na_2CO_3，5～20g/L；

K 型：$NaOH + Na_2CO_3$；

KN 型：HCOONa 代替 $NaHCO_3$。

其他有关工艺参数的选择同一浴法。

3. 活性染料的冷轧堆　活性染料的冷轧堆工艺是织物浸轧染液后，不经烘干、汽蒸或焙烘，而直接在室温下堆置一定的时间，在堆置过程中，要不断地翻转织物，在这一过程中完成染料的吸附、扩散并发生固色反应。这种染色方法叫活性染料的冷轧堆。该方法主要适用于亚麻及其混纺织物的染色。

活性染料冷轧堆染色工艺不但染色设备简单，而且浴比小。由于染色温度低，染料水解的程度小，可节约染料，降低能耗，降低成本，提高固色率，它适用于小批量、多品种的生产。冷轧堆染色工艺也可以根据染料和碱剂的强弱，决定染料和碱剂是否放在同一个染浴中，而将之分为一浴法和两浴法两种染色工艺。

（1）一浴法染色工艺。此工艺适用于反应性弱的染料、碱性弱的碱剂，是将染料和碱剂预先混合配成染液浸轧织物，然后在室温下堆置，直至完成染料的吸附、扩散和固色反应。

（2）两浴法染色。此工艺适用于反应性强的染料和碱性强的碱剂，是将染料和碱剂分开配制，浸轧时用计量泵按比例同时加入浸轧槽中，然后在室温下堆置，直至染色过程的结束。

冷轧堆染色工艺适用于溶解性好、直接性低或中等，扩散性比较好的染料的染色。几种常见活性染料的冷轧堆工艺如下。

染料类型	碱剂	堆置时间
X 型	$NaHCO_3$	48h
X 型	Na_2CO_3	6～8h
K 型	$NaOH + Na_2SiO_3$	6～8h
KN 型	$NaOH + Na_2SiO_3$	8～12h

活性染料染色时，与其他水溶性染料相比，由于能与亚麻纤维形成共价键，因此相对于其他水溶性染料来说，耐皂洗色牢度比较好，但对于其他最终以不溶性色淀染着在纤维上的染料（如还原染料）相比，其耐皂洗色牢度还是差一点，而且该染料与亚麻纤维形成的共价键无论是在酸性还是在碱性条件下都会发生不同程度的断裂，也会引起耐皂洗色牢度的降低。不同类型的活性染料在不同条件下的断裂程度不同。

四、活性染料与亚麻等纤维素纤维形成共价键的稳定性

1. 碱性条件下的水解稳定性　X 型活性染料与纤维素发生化学反应，随着反应条件不同，可以生成不同结构的三种产物：

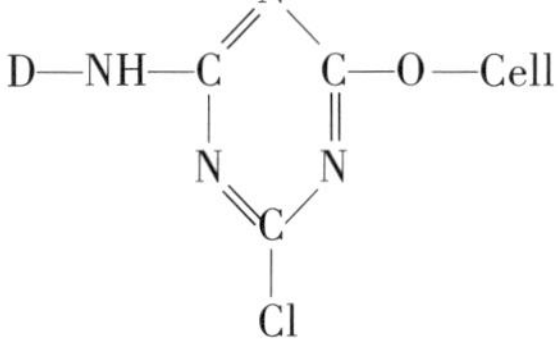

（Ⅰ） 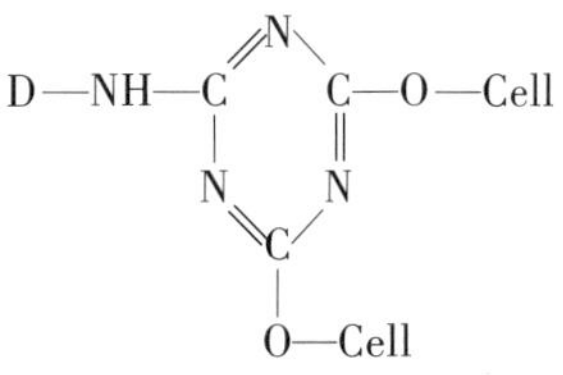　　　　　　　　　（Ⅱ）

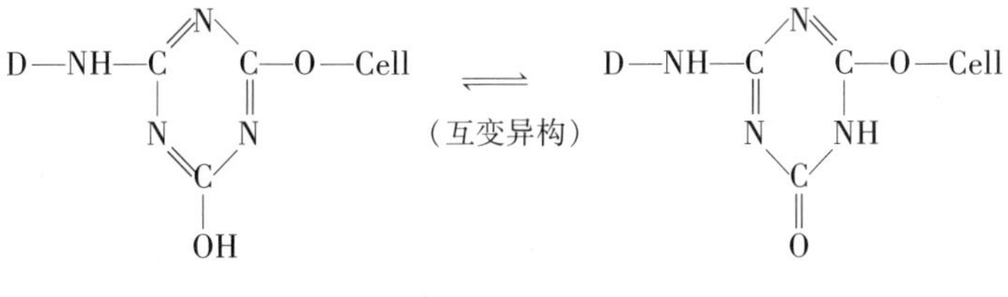

（Ⅲ）

在较为温和的条件下主要生成（Ⅰ）产物，在较强的碱性介质中主要生成（Ⅱ）产物，在更为剧烈的碱性条件下，水中的羟基负离子会亲核取代一个纤维素负离子，生成（Ⅲ）产物。在碱性条件下共价键的断裂是成键反应的逆反应，是水溶液中的羟基负离子亲核取代纤维素负离子，引起染料生成水解的形式，导致染料的固色率降低。上述产物中碳—氧键碳原子的电子云密度越低，越有利于发生染料与纤维之间共价键的断裂，上述（Ⅱ）产物在碱性条件下最为稳定。碱性条件下的断裂过程为：

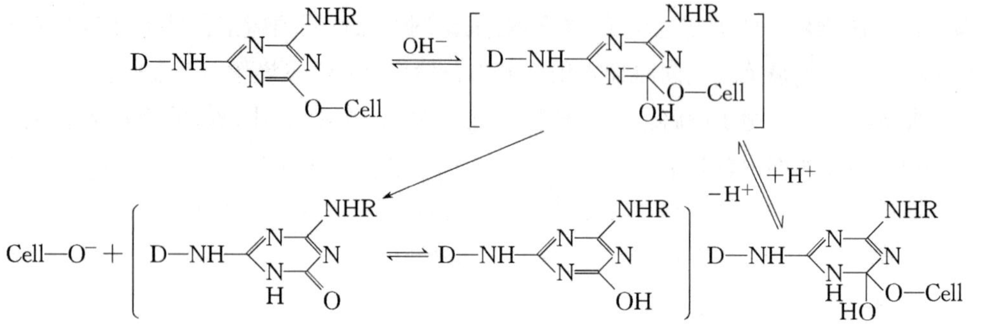

几种常见类型的活性染料与亚麻纤维之间的共价键在碱性条件下的稳定性顺序为：K 型 > KN 型 > X 型。

2. 酸性条件下水解的稳定性　X 型、K 型活性染料酸性条件下的断裂过程可以表示为：

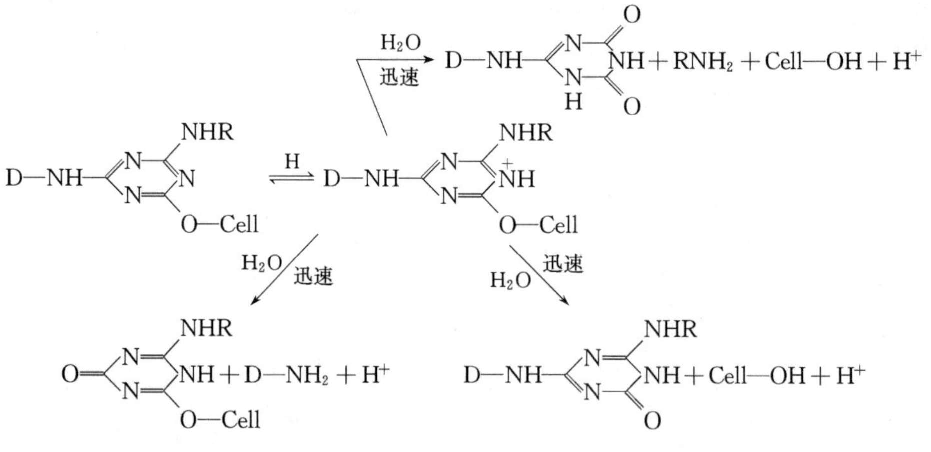

从上式可以看出，增大杂环上碳原子电子云密度的因素都有利于染料与纤维共价键酸性条件下的断裂，其中（Ⅲ）产物在酸性条件下最不稳定。从中可以看出几种常见活性染料与亚麻纤维之间的共价键在酸性条件下的稳定性顺序为：KN 型 > K 型 > X 型。

综上所述，在几种常见类型的活性染料中，K 型染料与纤维形成的共价键无论在碱性还是在酸性条件下都比较稳定，因此 K 型活性染料在亚麻等其他纤维素纤维的染色中应用较多。

第三节　直接染料染色

直接染料的分子中含有磺酸基或羧基等水溶性基团，是一种水溶性的阴离子型染料，由于它能直接上染纤维，所以叫直接染料。

直接染料的色谱齐全，染色方法简单，价格便宜，很少应用于亚麻布的染色，主要应用于亚麻纱的染色。虽然染品的耐湿处理牢度比较差，但可以对直接染料染色后的亚麻制品进行适当的后处理，使耐湿处理牢度满足日常服用的要求。

一、直接染料的结构特征及其分类

直接染料除了是一种水溶性的阴离子型的染料之外，分子中还具有能形成氢键的基团，分子的直线性和平面性较强。从染色性能上主要可分为 A 类、B 类和 C 类。

A 类直接染料的相对分子质量小，分子中水溶性基团的相对含量高，水溶性、扩散性、移染性、匀染性好，但直接性差，染品的耐湿处理牢度差。一般是在 60℃进行上染，温度高会降低染料的平衡上染百分率。由于染料分子中水溶性基团的相对含量大，染色时必须加入一定量的电解质（如食盐）进行促染，且最好是分批加入，染后需进行固色处理，染品的耐湿处理牢度才能满足要求。

C 类直接染料的相对分子质量大，水溶性基团的相对含量低，水溶性、扩散性、移染性、匀染性差，但直接性好，染品的耐湿处理牢度高。染色时的温度高，一般在沸煮的情况进行上染，温度低了会降低染料的平衡上染百分率。染色时盐的用量比较少，且应分批加入，防止出现染色不匀、不透的现象。

B 类直接染料的性能介于 A 类和 C 类之间。一般在 80~90℃的温度下进行上染。

二、直接染料染色机理

直接染料是以磺酸基或羧基的钠盐形式存在，在水中会电离出染料的色素阴离子和钠离子。直接染料是在中性或弱碱的条件下上染亚麻的。

在中性或弱碱的条件下，纤维素纤维中的羟基电离，形成纤维素负离子，纤维表面带有负电荷，纤维周围的钠离子由于库仑引力的作用，必定向纤维的界面转移，在纤维的表面做扩散层的分布，在纤维的界面上浓度最高，随着离纤维界面距离的加大，浓度逐渐降低，直至与染液中的本体浓度相当。为了维持电荷中性，染液中必会有等量的染料阴离子向纤维的界面转移，在染料的色素阴离子向纤维界面进行转移的过程中，由于库仑力是远距离的作用力，染料色素阴离子首先受到的是纤维表面的负离子对它的排斥作用，只有那些由于碰撞或染色时温度的提高，瞬间具有更高能量的染料色素阴离子才能克服这种斥力产生的扩散能阻，突破一定的障碍进入到一定距离范围之内，由作为近距离作用力的范德瓦耳斯力起主要作用力，从而将染料的色素阴离子拉向纤维的表面，被纤维的表面吸附，再借助纤维内外层的浓度差，进一步扩散进入纤维无定形区的内部，完成染料的扩散上染过程，染色过程也就基本结束。

可以说直接染料对亚麻纤维素纤维的上染扩散就是不断克服库仑斥力所产生能阻进入到范德瓦耳斯力起主要作用范围之内的过程。如果此时在染液中加入食盐等电解质，由于溶液中大量钠离子的存在，会首先扩散被纤维表面吸附，遮蔽纤维表面的负电荷对染料色素阴离子的排斥作用，降低染料的扩散能阻，在瞬间就会有更多的染料色素阴离子具有足够的能量克服这种斥力，进入到范德瓦耳斯力起主要作用的范围之内。可见，在直接染料的染液中，加入食盐等电解质，可以借助于钠正离子对纤维表面负电荷的遮蔽作用，起到增进染料上染的作用，这种作用叫促染，它可以提高染料的上染速率和染料的平衡上染百分率。它也会使染液中的染料容易聚集和容易产生染色不匀、不透的现象，为了避免出现这种情况，可以采用分批加入，缓慢控制染料上染速率的方法，达到既能提高染料的上染量，又能获得良好染色效果的目的。

不同的直接染料分子中含有的水溶性基团的相对含量不一样，加入食盐的量也不一样。一般来说，水溶性基团的相对含量越多，加入的食盐就越多，对于一个分子中含有四个磺酸基的直接天蓝FF，如果不加入食盐等电解质就无法上染；水溶性基团的相对含量越少，染色时加入的食盐量就越少。

直接染料与亚麻纤维的结合力有以下几种。

（1）范德瓦耳斯力：由于直接染料与亚麻纤维都是大分子的化合物，相对分子质量很大，分子的直线性和平面性很强，当直接染料上染到亚麻纤维上的时候，染料与纤维的大分子彼此能靠得很近，而范德瓦耳斯力的大小与两个大分子之间的距离的六次方成反比，是一个近距离的作用，分子间的距离越近，这种作用力越强，同时两个大分子的相对分子质量越大，它们之间的范德瓦耳斯力也越大。因此可以说直接染料对亚麻纤维的染色，范德瓦耳斯力起到了相当重要的作用。

（2）氢键：由于染料与亚麻纤维的分子中都具有能形成氢键的基团，例如亚麻分子中有很多羟基，染料分子中的羟基、偶氮基以及酰胺基等。虽然单个的氢键是比较弱的，但如果在染料与亚麻纤维之间能形成大量氢键，尤其是当染料分子中能形成氢键基团之间的距离与亚麻纤维分子中能形成氢键基团之间的距离很接近的时候，氢键的作用在直接染料染亚麻中，也会起到很大的作用。

（3）染料分子的聚集：直接染料染亚麻是在一定温度下完成的，在此温度下，染料分子基本都是以单分子分散状态扩散进入纤维内部的，而且根据染色理论，纤维无定形区的空隙只允许单分子分散状态的染料分子通过。当染色结束后，离开染色的条件时，上染到纤维上相对分子质量比较大的直接染料就会在纤维内部聚集，聚集的染料就不会从纤维的内部扩散出来。可以说直接染料在纤维无定形区内部的聚集对于染料在亚麻纤维上的固着是非常重要的。

用直接染料染亚麻时，究竟哪种作用起到主要作用，应该与染料的结构有密切的关系，无法定论。但可以肯定，当其中的一种力起主要作用的同时，其他作用力也会起到一定的作用。可以说直接染料对于亚麻纤维的染色，应该是上述各种力综合作用的结果。

三、直接染料的染色工艺

用直接染料染色时，一般采用浸染的方法对亚麻纱进行染色。直接染料的染色过程就是上染的过程，上染结束之后，染色过程也就基本结束。在直接染料染色时，应加入一定量的食盐作电解质进行促染，为了获得匀染、透染的效果，食盐等最好分批加入。商品染料中含有一定量的食盐或元明粉等电解质，对于含有较少水溶性基团的染料可以不另外加电解质，但对于含有水溶性基团比较多的直接染料必须另外加入电解质，以达到促染的目的。

不同类型的直接染料由于染色性能上的差别，其染色工艺也不同。现将 A 类、B 类和 C 类染料的染色工艺介绍如下：

A 类：40℃起染，然后每隔 1min 升高 1℃，升到 60℃后，定温染色 45～60min，在定温染色阶段，每隔 10min 左右加入一次食盐，然后进行水洗，直至浮色去除干净。其工艺曲线如下：

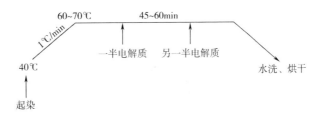

B 类：40℃起染，然后每隔 1～2min 升高 1℃，升到 70～80℃后，定温染色 30min，在定温染色阶段每隔 10min 左右加入一次食盐，然后进行水洗，直至浮色去除干净。其工艺曲线如下：

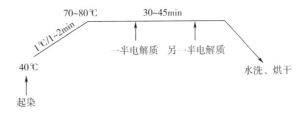

C 类：40℃起染，然后每隔 2～3min 升高 1℃，升到 100℃或近沸煮后，定温染色 30～45min，在定温染色阶段，每隔 10min 左右加入一次食盐，然后进行水洗，直至浮色去除干净。其工艺曲线如下：

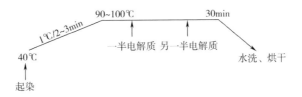

四、亚麻纤维染色物耐水洗牢度的改善措施

虽然直接染料染亚麻纤维的价格便宜，染色方法简单，易操作，但存在耐水洗牢度比较差的缺点。为了能用直接染料染亚麻纤维，又能使染品满足使用要求，需要对染色物进行后处理，以提高耐水洗牢度等染色性能指标。

1. 金属盐后处理 由于某些直接染料分子中具有能与金属离子形成络合结构的基团，例如，偶氮类直接染料分子中的偶氮基的邻、邻′位具有羟基、氨基等形成络合结构的配位基，不但这些基团参与络合反应，而且偶氮基也参与络合反应；又比如分子中具有邻羟基、羧基，即水杨酸结构的直接染料，羟基和羧基也能与金属离子络合。但直接染料染色后采用硫酸铜等金属盐处理时，由于络合结构的形成，或是增大了相对分子质量，使水溶性基团的相对含量降低，或是封闭了水溶性基团，从而降低了水溶性，提高了染色后产品的耐水洗牢度。又由于金属离子是一个强吸电子基，降低了染料分子中相关官能团的电子云密度，不但使颜色转深变暗，而且提高了染色物的耐日晒色牢度。

在实际染色中，也把这种能与金属铜盐等络合的直接染料叫直接铜盐染料。其固色的方法一般是将染色的织物在醋酸为 5 ~ 15g/L、硫酸铜 5 ~ 20g/L 的溶液中，于 70℃ 处理 20 ~ 30min，然后在 60℃ 皂洗 30min，再水洗和烘干。

2. 阳离子型固色剂的处理 由于直接染料是一种水溶性的阴离子型染料，可以采用阳离子型的固色剂进行处理，染料分子中的磺酸基或羧基负离子会与阳离子型固色剂中的阳离子发生强烈的库仑引力的结合，增大了相对分子质量，封闭了染料分子中的水溶性基团，降低了水溶性，在被染物上生成不溶性的物质而牢固地固着在纤维上，提高了织物的染色牢度。这种固色方法操作简单，适用于各种结构的直接染料，而且固色后织物的颜色没有显著的变化。

最常用的固色剂是固色剂 Y 和固色剂 M。它是双氰胺和甲醛缩合的可溶性产物，是无色透明的黏稠醋酸盐溶液，固色剂 Y 能提高染品的耐水洗牢度；固色剂 M 是由固色剂 Y 和铜盐制得的，具有固色剂 Y 和铜盐的双重作用。它除了能提高染品的耐水洗牢度，还可以提高其耐日晒色牢度。后处理时不能使用硬水和铁制容器。阳离子型固色剂的用量一般为 12 ~ 30g/L，加醋酸 2mL/L，使 pH 为 5.5 ~ 6，在 40 ~ 60℃ 的温度下浸渍 20 ~ 30min，然后烘干。

3. 重氮化后再偶合 有的直接染料分子中具有能重氮化的氨基，如分子中具有 H 酸、J 酸等，染色后可以使该染料在纤维上进行重氮化，然后再用不溶性的偶合组分，如吡唑啉酮等进行偶合，这样会增加染料的相对分子质量，降低水溶性基团的相对含量，提高染色物的耐水洗牢度。

虽然还原染料、活性染料和直接染料都可以应用于亚麻纤维织物的染色，但由于还原染料价格昂贵且对染色技术要求高，直接染料虽然价格低廉，染色简单，但各项牢度不高，因此，目前亚麻纤维织物的染色主要采用活性染料。

第四节　计算机测配色系统在染色中的应用

一、计算机测配色系统

1. 计算机测配色的优点 人们所看到的有颜色的纺织品，很少是用一种颜色的染料染成的，通常是由不同颜色的染料以不同的比例拼混而成的。任何一种颜色都可以由红、黄、蓝三原色拼混而成，但并不是所有的染料都可以在一起混合拼色，只有上染速率相同的不同颜色的染料以一定比例拼混，才能保证染液中各种颜色的染料比例在染色过程中都保持一个常数，从而获得色泽均匀一致的纺织品。

以往配色的好坏都是通过目测衡量的，对于有工作经验的工人师傅来说，虽然效果不错，但难免会引入一些主观的因素，对于没有工作经验的人员，便摸不着头脑。随着电子配色技术的发展，计算机配色可以通过自动测色、配色得到染色配方，还可以通过修正配方得到更加合理的配方。可减少实验次数，在最短的时间内达到良好的拼色、配色效果。

2. 引入计算机测配色系统的意义

（1）推动科技进步，提高生产率的需要。长期以来，配色工作均由专门的配色人员担任，工作量大、费时、费料、配色重现性差。信息时代的到来，颜色的数字化管理已呈必然趋势，如果继续依赖经验，无疑很难适应日益激烈的市场竞争，我国的纺织品要参与国际竞争，其颜色质量的评价与控制必须符合国际规范和准则。而计算机测配色系统的引入可以通过人机对话进行配色，速度快、精度高，是各种色料工业现代化的有力工具之一，将计算机配色引入配色领域可使配色更加可靠，使色彩管理和质量检测现代化，有效地提高生产效率，对推动科技进步具有重大意义。

（2）参与市场竞争，提高经济效益的需要。计算机测配色系统可通过信息反馈、比较、运行，可以用最短的时间拼配出高质量的染色产品，大大缩短生产周期，具有很大的潜在的经济效益。

二、计算机测配色的步骤

在亚麻厂的实际生产过程中，经常采用活性染料进行染色，因此以活性染料为例，对计算机测配色的步骤进行简单的叙述。

（1）用于拼配色三原色活性染料的筛选。活性染料的浸染染色工艺常在接近中性的条件下上染，待达到吸附平衡的时候，再加入碱剂，以达到固色的目的。这样可以获得较好的固色率以及良好的匀染和透染效果。其染色特征值可反应在上染和固色曲线上，如图8-1所示。上染百分率始终高于固色百分率，因为在固色的同时，部分染料发生水解，部分水解染料也吸附在纤维上。

①S值和E值。S值反应了染料对纤维的亲和性即直接性的大小。活性染料在未加入碱剂，只加盐时对纤维的上染，通常叫作第一次上染。它基本上是一个吸附的

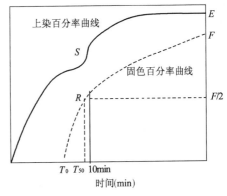

图8-1　单一染料的染色特征值

T_0—开始加入碱剂的时间　T_{50}—加入碱剂后达到最终固色率一半所需的时间　S—未加入碱剂，只加入盐时，第一次上染达到最后平衡的上染率　E—加入碱剂，第二次上染达到最高的上染率　R—加入碱剂固色10min时候的固色率　F—最终的固色率

过程，吸附和解吸同时存在，染料很少与纤维反应、固色，其上染率决定于染料的吸附速度和解吸速度的差。最后上染达到平衡，上染率高低决定于染料的直接性和亲和力。

活性染料上染达到一定的时间以后，需要加入一定量的碱剂，提高染浴的 pH，加快染料和纤维的固色反应。加碱剂后，呈共价键结合的染料不能解吸下来，因此打破了吸附的平衡，染浴中的活性染料又会上染到纤维上，这个阶段叫作第二次上染。第二次上染达到最高时候的上染率叫作 E 值。

染料的 S 值过高或过低都是不利的。染色时，第一次上染率通常都很高，其染浴中剩下的可以上染纤维的染料很少，这就意味着第二次上染的上染率会比较低。因此，第一次上染率的高低和吸附的均匀性与最终上染率高低的关系比较密切，应严格控制，尽量达到均匀上染。中深色品种的第一次上染率相对较低，第二次的上染率很高。因此，第一次和第二次的上染率对于匀染都很重要。第二次上染程度可从 $E-S$ 的差值求得。不同染料的差值不同，拼色的时候应选用差值相近的染料拼色。

②T_{50}（或 R）和 F 值。T_{50}（或 R）和 F 值反映了染料的反应性。活性染料的固色速率、固色程度决定于染料的反应性和固色效率。实际染色时，为了简便地求得染料的固色速率，通常用达到最终固色率的一半所需要的时间 T_{50} 或固色 10min 的固色率 F 来表示，其值越高，表示固色速率越快，反之则比较慢。最后的固色率不仅决定于固色的速率，更决定于固色的效率，因为在固色的同时会发生水解的反应。固色效率高，$E-F$ 的差值就小，被吸附在纤维上的染料固着的就越多。

染料的 T_{50}（或 R）还和染色的条件有关，包括染料的浓度、温度、碱剂和电解质的用量等因素。因此，T_{50}（或 R）也会影响染色的匀染程度和透染程度。F 值的高低还直接关系到颜色的深浅和染料的利用率，影响 F 值的因素很多，所以选择活性染料的时候，也应注意活性染料的 T_{50}（或 R）和 F 值。

（2）基础数据库的建立与管理。建立定标染色基础数据库时，将每种定标染料不同浓度梯度的着色样品的光谱数据输入计算机中，由基础数据库管理模块将定标染料不同浓度梯度的着色样品的光谱数据进行修正，再结合浓度梯度，用最小二乘法拟合方程来表示曲线，计算出对应染料的单位 K/S 值，连同用户所输入的信息一起存入相应的基础数据库文件中。

由于已经存在的染料品种过多，预测配方时既可以由用户人工选定的配方参与计算染料的种类，也可以用计算机自动选择合理的染料进行匹配，而且后一种情况更为普遍且具有实际价值。在自动选择染料的同时，如果基础数据库中所有染料随意地堆积在一起，例如，15 种染料，按照三染料的组合，可以考虑的染料选择就有 $X=15 \times 14 \times 13 = 2730$ 种可能的组合。计算量较大。早在 18 世纪中期人们就发现了色重现和色混合的红—黄—蓝原理，指出在大多数的情况下，多数颜色都可以由这三种颜色混合而形成。因此，三原色染料组合是最常用的染料组合模式。为此，在建立基础数据库的同时就可以按照红、黄、蓝分成三组。以便在自动选择染料的时候，每次只需要从每种颜色的染料中选择一种染料参与组合。如果仍然考虑 15 种染料的情况，将其分为三组。每组有 5 种染料，则有 $X=5 \times 5 \times 5 = 125$ 种可能的组合，大大降低了计算机处理的时间，明显提高了得到所需要配方的速度。

建立基础数据库的目的是为了在配方计算中提供所需要染料的光谱数据、单位 K/S 值、价格等信息，以实现配方预测和评估的目标。为了能及时调用染料的数据，在基础数据库管理模块中按照一定的规则给每种染料指定相应的检索号，由该检索号直接代表该染料，可以十分快速地找到、并读取相应的文件数据信息。这样，在整个过程中，高速而有序，运行效率很高，可以相当满意地实现染料信息的时时存储和读取，高效而科学地完成定标着色基础数据库的建立与管理工作。

（3）染料配方的预测。在完成了测色系统的光谱定标和光度校正并建立了染料的定标着色数据库以后，还要设定配方预测的色度环境参数（标准色度系统、配色及同色异谱评价光源、光谱范围和波长间隔、染色工艺、染料组合模式以及染料配方色容限），然后按以下步骤进行配方预测。

①标准色样的测量。标准色样是配方预测的目标，也是评价配色结果的参照。标准色样的测量应在与定标着色基础数据库建立时所使用的相同的系统上进行，而且该仪器必须经过精密和准确波长的校正和光度定标，由此获得标准色样的光谱反射数据以及有关的色度参数和 K/S 值，这些数据为配色、测色提供了目标和依据。

②初始染料配方的预测计算。由用户确定的配方预测环境参数和作为配色目标的标准色样的数据，按照软件采用的配色光学模型和算法，计算出满足要求的一个或若干个初始染料配方，同时给出相应的评价，如色差、同色异谱数据等。

据选定的染料组合和配色技术条件预测配方，由配方与标准色样的色差决定是否进一步修正配方；如果色差没有达到色差容许的范围，则进行迭代来改善计算、修正配方。

当配方与标准样品的色差小于色差容许的范围，计算出配方的同色异谱指数 M，来评价该配方的同谱异构程度。如果为手工选择的染料组合，则存储配方并返回上一层模块，否则进入下一个染料的组合进行配方计算。当符合配色技术条件，而且色差也满足预定的色差容许范围或染料组合完毕而配方数大于 1 时，应用某种算法选择最好的配方，如用线性规划选择最小成本的配方，提供出较合理的选用。

（4）初始配方的小样试染。根据具体的需要并考虑成本、相容性、匀染性、各种色牢度等因素，从计算机给出的若干个初始染料配方中选择一个比较合理的配方进行染色，验证该配方是否能真正与标准试样相同。

（5）配方修正。如果小样试染的结果表明配方与标样的色差没有达到即设的色差容限，则该配方不符合要求，需要进行配方修正。修正方法是将小样试染得到的试染色样在同一台分光测色仪上进行光谱测量，然后对配色软件上的相应配方进行修正。在指明需要修正的试染染料及其浓度后，配色系统就按软件设定的数学模型的算法进行配方修正计算，并立即输出修正后的配方。一般而言，初始配方经过一次修正就能得到实用的染料配方。但在某些情况下，也需要两次或两次以上的修正。修正配方与初始配方所用的染料在大多数情况下是相同的，但在某些情况下，采用初始配方的染料不能实现满意的修正，此时就得根据标准色样和试染色样的光谱数据选择合适的染料加入配方的计算，使两者的色差值达到要求。

（6）修正配方的染色。初始配方经过修正后，再按新配方重新染色。然后再来比较配方色样和标准色样的色差是否在要求的范围内。

（7）配色误差的分析与讨论。一个实用配方的获得往往需要初始配方的预测以及小样的试染、配方的修正和重新染色等过程。即便如此，也并非每次操作都能得到满意的配方，而每个初始配方经过修正到最后也不一定都能达到要求。造成这种情况的原因很多。

①测色误差。在染料定标染色时的数据库的建立和标准色样光谱数据的输入过程中，都需要对染色样品进行分光测量，因此，测色仪器的颜色测量误差同样会导致基础色样的数据确定性，从而使数据变得不可靠；这种测色误差同样会引起标准色样光谱测量的精度降低，于是使配方预测失去了正确的方向，因此给出的配方必将难以满足要求。

②配色预测计算中对工艺参数的考虑与实际染色的工艺不一致。这种情形发生在由于购置测配色系统时没有充分考虑该系统的适应性，可以通过对测配色系统的合理选择与配置来消除这个不利因素。

③国产染料特性的一致性比较差。来自不同品种的生产厂家或同一生产厂家的同一品种，不同批号染料的特性均有变化，使自动测配色过程对染料的定标着色基础数据库的建立与管理更为复杂，需要随时修改，否则可靠度和有效性都会受到影响。

④染色时同一配方中各染料性能的不同。在染色时同一配方中各染料的力份、相容性、上染率等因素的不一致，同时又难以精确的测量每种染料在不同浓度梯度的上染率等指标，使定标着色基础数据库难以修正，直接影响配方的实用性。

经过试验和探索，得到计算机拼配色的具体步骤：

第一，三原色染料的选择。只有活性染料的特征值几乎相同的各种颜色的染料才能在一起混合拼染出色调均匀一致的纺织品，因此选择特征值相同或相近的三原色的活性染料。

第二，建立三原色染料的基本数据库。将所选择的三原色染料按照一定浓度梯度染出一系列的染色物，将其输入计算机的测配色系统中，建立三原色染料对亚麻纱染色的基本数据库。

第三，测色配色。根据提供的标样，利用已建立的基本数据库进行测色、配色，得出预测的配方。

第四，修色。根据配方进行染色，将染样与标样进行比较，通过修色得出修色配方，再进行染色，再将染样与标样进行比较修色，直至染样与标样之间的色差小于 0.1 为止，从而得出最佳配方。

第九章　亚麻纤维织物的特种染色

第一节　亚麻纤维织物的超声波染色

一、超声波及空穴效应

介质的一切质点都是以弹性力相互联系的，某质点在介质内的振动，能激起周围质点的振动，振动在弹性介质中的传播过程称为波。声波是一种能在气体、液体、固体中传播的弹性波，它可分为次声波、可闻声波及超声波。

1. 超声波　超声波是频率在 $2 \times 10^4 \sim 2 \times 10^9 Hz$ 的声波，是高于正常人类听觉范围的弹性机械振动。声波的振动可用风力、水力、电磁、压电等专门高频发生器发生。声波的频率越高，越与光学的某些特性相似。与电磁波相同，它可以被聚焦、反射和折射，超声波与电磁波又不完全相同，超声波在传播时，需要具有弹性介质，光波和其他类型的电磁辐射可以自由地通过真空，而超声波却不能。超声波传播时，弹性介质中的粒子产生摆动，并沿传播方向传递能量，超声波因波长短而具有束射性强和通过聚焦而集中能量的特点。在液体介质中，常用的超声波波长为 $10 \sim 0.015cm$（对应 $15Hz \sim 10MHz$），远大于分子尺度。因此，超声波在染色体系中对染浴和纤维作用的物理和化学实质，在于声波能传送大量的能量。它的作用不是来自声波与物质分子的直接相互作用，而是源于空穴效应，即液体中空腔的形成，振荡、生长、收缩、崩溃及其引发的物理化学变化。

2. 空穴效应及其影响因素　超声波在气体介质中既可以纵波方式传播，也可以横波方式传播；超声波在液体介质中只能以纵波方式传播，从而产生交变的压缩相和稀疏相。在声波的压缩相内，分子的平均距离减小，而在稀疏相内，分子间距离增大。倘若声波足够强，使液体受到的相应负压力亦足够强，分子间的平均距离就会增大到超过极限距离，从而破坏液体结构的完整性，导致出现空穴，在相继而来的声波正压相内，另外一些空穴泡将完全崩溃，进而产生空穴效应，即声空穴。所谓声空穴过程是集中声场的能量并迅速释放的过程。空穴泡崩溃时，极短的时间内在空穴泡周围的极小空间内，产生 5000K 以上的高温和大约 $5 \times 10^7 Pa$ 的高压。温度变化率可达 $10^9 K/s$，并伴有强烈的冲击波和时速达 400km 的射流。附着在固体上的杂质、微尘或容器表面及细缝中的微气泡或气泡，或因结构不均匀造成液体内抗张强度减弱的微小区域中析出的溶解气体都可以构成这种微小的泡核，它们在超声波的作用下被激活，表现为泡核的振荡、生长、收缩及崩溃等一系列的动力学过程，从而产生超声空穴效应。空穴效应是超声波作用独特的地方，也是引发和决定超声波所有作用结果的最基本作用。

空穴效应是一个极其复杂的物理现象，它是超声波技术应用中的一个十分重要的研究课题。近一个世纪以来，人们对它的研究兴趣与热情经久不衰，直到目前，人们对空穴现象的认识还有待于进一步完善。但不难发现，研究超声空穴效应现象时要涉及诸如液体、声场及环境等多方面条件因素，描述这些条件的许多有关的物理参数都会影响到空穴的过程，如成核和空穴泡的振动、生长及崩溃。这些参数对空穴过程的影响因素主要有黏滞系数（η）、表面张力系数（δ）、蒸汽压（P）、温度（T）、液体中含气体的种类与数量、超声频率（f）、环境压力（P_h）的影响等。

以上各种因素对空穴效应的影响见表 9 - 1。

表 9 - 1 各种因素对空穴效应的影响

影响因素	影响情况
黏滞系数 η	η 越大，空穴效应越难产生
表面张力系数 δ	δ 越大，空阈值越大，空穴难于产生，但崩溃时产生的温度和压力较高
蒸汽压 P	P 越高，空穴效应减弱，崩溃时的温度和压力较小
温度 T	有效的空穴效应一般在较低的温度下产生
液体中含气体的种类和数量	单原子比双原子的气体更易产生空穴效应，溶解性小的气体会产生更强的空穴效应
超声频率 f	f 越高，越不易产生空穴效应，用于超声清洗的超声频率一般选在 20～50kHz
环境压力 P_h	P_h 越高，越难产生空穴效应，崩溃时的程度加剧

二、超声波染色机理

超声波染色的机理远非一门学科所能说明，它不但体现了染色理论方面的知识，而且更多地融会了材料力学、断裂力学、损伤力学以及力化学等方面的内容。下面将以这些理论为依据，运用物理的观点，从超声波对染浴和纤维两方面的作用剖析一下超声波染色机理。

1. 力学机制

（1）超声波对染浴作用的力学机制。

①在浴中它使极细的空化泡形成和破裂，因而在极小的范围内增加压力和温度，瞬间使分子的动能增加，从而有利于染料分子克服扩散能阻进入纤维的内部，从而有利于提高上染百分率，加快上染速率。

②产生类似搅拌的作用，能使染料的扩散边界层变薄、破裂，增加染料与纤维表面的接触，有利于纤维内外染液的循环，提高了染料的扩散速率。

③空穴效应能将纤维毛细管中或织物经纬纱交叉点溶解或滞留的空气分子排除掉，从而有利于染料与纤维间的接触，有利于染色的进行。

其中，更重要的是类似于搅拌的作用。它能使染浴中的胶束和分子的缔合体粉碎，形成均匀的分散体，提高扩散系数，降低了染料的活化能。

（2）超声波对纤维作用的力学机制。所有的纤维都是大分子化合物，都包括晶区和无定形区。染色时，染料分子只能进入纤维的无定形区，因此，凡是有利于纤维无定形区空隙的加大和纤维内外比表面积加大的因素，都有利于染色过程的顺利进行。

当能传播能量的超声波作用于纤维材料时，这种机械作用必将在纤维材料的原始缺陷处（即无定形区的空隙）产生应力、应变能的集中，超声波所传送的能量，必然有一部分转化为形成新表面所需要的能量，引起裂纹的扩展。在适当的条件下，主要发生裂纹的亚临界扩展，即裂纹的尖端钝化，前缘发生一定程度的塑性变形。此时必定会产生微晶之间的错位，使纤维内部的比表面积加大，即无定形区的空隙加大，当然有时也会使纤维高分子物的结晶完整性受到一定程度的破坏，导致结晶度下降，无定形区的含量增加。

由于超声波的作用，产生了纤维表面的微观滑移而形成疲劳源，即所谓的疲劳裂纹成核。此后，这一微小的裂纹沿结晶面生长，相继发生疲劳裂纹的亚临界扩展，致使纤维表面如同被腐蚀了一样。另外，由于水分子与纤维表面发生黏滞性的类摩擦作用，也会产生这种效果。

总之，由于超声波对染浴和纤维作用的力学作用，可使更多的可及的染料分子很快地被吸附在纤维的表面，纤维中有足够大的空隙使染料分子更容易扩散，从而使染料平衡上染百分率提高，染料的上染活化能降低，上染速率加快。

纤维结构发生上述的变化，一定避免不了发生纤维强力等力学性的劣化，但只要把这种损伤控制在所需要的限度内，就能保证超声波染色的顺利进行。

2. 吸热效应　超声波与介质的相互作用尤其是介质的吸热效应也是超声波染色的一个基本出发点和主要基础。在这一过程中，它们必然要与其周围的其他分子发生黏滞性的相互作用，产生类摩擦效应，结果媒质必然吸收一部分声能，把它转化为热能，使其自身温度升高。

除了黏滞性的吸收之外，还需考虑媒质热传导的贡献。当媒质中有声波传播时，压缩区的温度将高于平均温度，稀疏区的温度将低于平均温度，因此有一部分热能将由压缩区转移到稀疏区，这导致压缩区在膨胀时所做的功小于压缩时声波对它所做的功，从而造成对声波的附加吸收。

在介质中还存在着一些离子或自由基、自由电子，在外电场存在的条件下，形成离子导电，也会产生热效应。超声波染色一般使染液的运动加快，温度升高。即存在着选择加热，不至于使纤维因温度过高而被破坏。

因此，采用超声波进行染色，利用染浴对之有较强的吸热效应，完全可以在较低的温度下达到或超过人们所要求的染色效果。

3. 超声波作用的力化学机制　根据高分子物的化学机制，在超声波这种机械作用的影响下，在适当的条件下，纤维材料的大分子会产生初级自由基，而且往往是一个大分子中含有多个自由基。

在液体介质的空穴表面，由于表面离子分布的不均匀性，可能产生一定的势能差，由于带电而导致发光，并使介质组分激发和离子化，生成如离子、自由基及具有不同生存期的原子之类的活性粒子，借助于空穴带消失时所产生的水力冲击进入纤维内部，与纤维大分子的初级自由基产生一定的共价键结合，这样有利于染料的上染，减少染料的浪费，降低环境污染。

三、超声波染色工艺及优点

1. 超声波染色工艺　利用超声波作用的特殊性，能克服亚麻纱传统染色的缺点，实现匀染、透染，提高上染百分率，节约染料和能源。下面介绍一下还原艳绿FFB对于亚麻的超声波染色工艺。

（1）染色装置。超声波染色装置如图9-1所示。

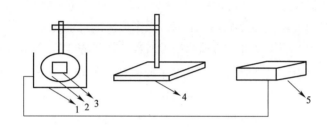

图9-1　超声波染色装置

1—超声波振荡器　2—染液　3—布样　4—铁架台　5—超声波发生器

（2）染色工艺流程。

①常规染色工艺。

准确配制一定浓度染液（氯化钠20g/L）→还原（碱性保险粉8g/L，一定温度）→上染→氧化（空气中放置20min）→水洗→皂煮（皂液浓度2g/L）→热水洗→冷水洗→烘干

②超声波染色。在常规染色基础上施加超声波。

（3）工艺配方。

还原艳绿FFB	0.1g/L
氢氧化钠	8g/L
保险粉	8g/L
氯化钠	20g/L
浴比	1∶50

超声波染色：45~55℃，还原10min，染色15min。

常规染色：45~55℃，还原15min，染色20min。

对常规染色和超声波染色产品的耐皂洗牢度进行测试发现，常规染色试样皂煮液的吸光度要明显高于超声波染色的试样。从皂煮后的试样看，超声波染色能够使染料充分进入纱线内部，把纱线染得又匀又透，并与纱线牢固地结合在一起，增加了其耐水洗牢度。

2. 超声波染色的优点

（1）采用超声波染色，可以在低温、短时间内提高染料的上染百分率，从而大大地节约染料。可以用较少的染料获得较深的色泽，减轻污水处理的负担和费用。

（2）实现了匀染透染低温短时间染色工艺，从而大大节约了能源。当今世界能源紧缺，这是十分有意义的。

（3）采用超声波染色，可以加快上染速率，降低染料上染的活化能。从而克服传统亚麻染色工艺中染色困难的缺点，并且可以节约能量，降低染色成本，改善工人的工作环境。

（4）采用超声波染色后，成品达到了穿着服用的要求，比常规染色工艺的染色物的牢度还要好，其成品必将成为高档产品的首选面料。

（5）将超声波技术应用到亚麻的染色工艺中，可以完全实现亚麻染色工艺的自动化控制。

第二节　亚麻纤维的改性及染色

亚麻属于天然的纤维素纤维，其化学结构如下：

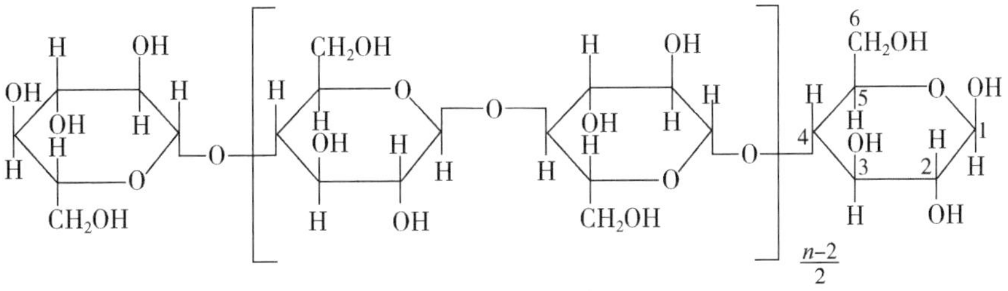

纤维素大分子上的每个葡萄糖剩基都含有三个自由存在的羟基，其中 2、3 键位上的是仲羟基，6 位上的是伯羟基。不同位置上羟基的反应活性不同，它们可以发生氧化、酯化、交联接枝等反应。并且对纤维素的着色起着重要作用，但其结合染料的能力较差。

目前，亚麻纤维普遍采用活性染料染色。纤维与染料之间发生亲核取代反应，生成共价键。由于羟基的电负性偏高，供电子能力较弱，导致纤维与染料的亲核性较弱。因此，一般要在碱性条件下进行染色，以提高羟基的亲核性。但是，在碱性条件下，染料上染率和固色率均偏低，只有 40% 左右，有较多水解染料形成。另外，在碱性条件下，纤维素发生电离而带负电荷，与之反应的活性染料为阴离子染料，同样发生电离生成色素阴离子，这样它们之间产生电荷斥力，使染料对纤维的直接性降低。通常解决的办法是，采用高浓度的电解质，如氯化钠、硫酸钠等来增加染料的上染。但高浓度的电解质会产生大量的废水，引起环境问题。也有一些学者对亚麻纤维接枝阳离子基团，使负电性的纤维上带有一定数量的正电荷，来解决库仑斥力的问题，以改善其可染性，但并未从根本上解决问题。

阳离子染料是腈纶类纤维染色的染料，也用于改性涤纶等的染色。阳离子染料色谱齐全，有很高的直接性和染色牢度，拥有其他染料无法比拟的浓艳色泽。

亚麻纤维分子在碱性染色条件下带有负电性，但是电性不强，不足以和阳离子染料形成库仑引力，并且阳离子染料不宜在碱性条件下染色。因而，普通亚麻纤维是不能使用阳离子染料染色的。如果研究出阳离子染料可以上染的亚麻纤维，将会一改亚麻产品色泽浅淡的现状，对亚麻产品的开发具有重大现实意义。其基本思路为：用氧化剂高碘酸钠氧化纤维素大分子中的羟基，使羟基转化为醛基然后再与亚硫酸氢钠发生亲核加成反应，从而在纤维素大分子中引入磺酸基等负电性基团，使改性后的亚麻纤维可以用颜色浓艳的阳离子染料染色。下面介绍一下阳离子可染亚麻纤维的加工工艺。

一、亚麻纤维改性的机理

1. 亚麻纤维氧化机理 高碘酸盐对亚麻纤维分子中羟基的氧化分为两个步骤：一是高碘酸盐的两个 IO^- 键分别进攻两个连接羟基的碳原子，IO^- 有很高的化合价，有较强的得电子能力，此时，C 键位的电子趋向于 IO^- 键，原有的键位稳定能力丧失，与高碘酸盐分子形成平面环状酯结构；二是电子对完全脱离 C 键位，葡萄糖环内 C—C 键断裂，碘获得电子从 7 价态还原为 5 价态，C 高度缺电子，从而生成不饱和的醛基。

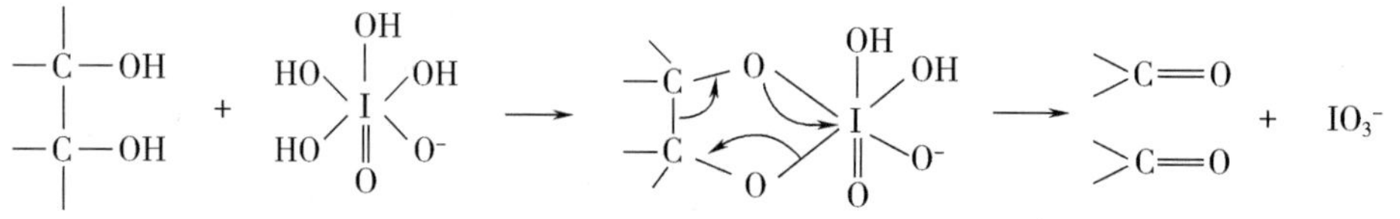

$I=+7$ $I=+5$

2. 氧化后亚麻纤维磺化机理 醛的羰基是极性的不饱和基团，羰基的碳原子是高度缺电子的，所以亲核试剂可与之发生亲核加成反应。当亲核试剂与羰基作用时，羰基的 π 键逐步异裂，直到 π 电子被氧原子所得；同时羰基碳原子和亲核试剂之间的 σ 键逐步形成。在反应前后碳原子由 sp^2 转变为 sp^3 杂化态。

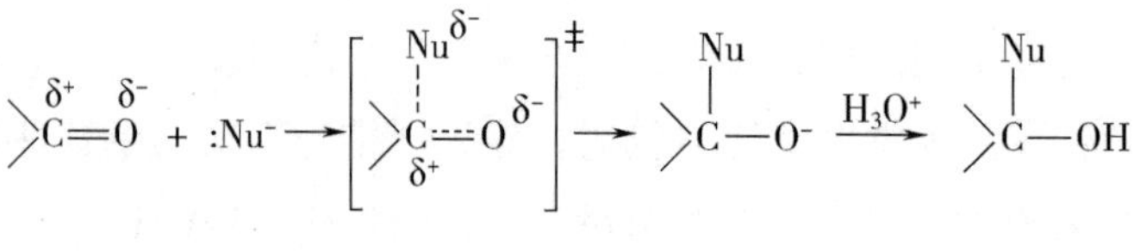

亚麻纤维经高碘酸钠氧化后，纤维分子的葡萄糖环上带有两个醛基，亚硫酸氢钠的亲核性比较强，醛基可以与亚硫酸氢钠的饱和水溶液发生亲核加成反应，生成的产物是 α - 羟基磺酸钠，反应式如下。

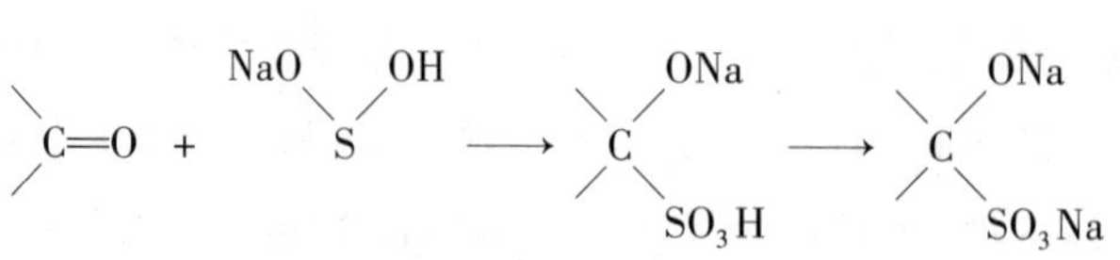

二、亚麻纤维改性的工艺

1. 亚麻纤维氧化工艺 在棕色锥形瓶中配制浓度为 5g/L 的高碘酸钠溶液，在 40℃条件下分别对亚麻纤维织物震荡氧化 60min。将氧化后的亚麻织物用去离子水冲洗数次，置于

1mol/L 丙三醇溶液中浸泡 30min，再在去离子水中浸泡 24h，充分洗涤，干燥。其最佳工艺：氧化剂浓度 5g/L、时间 60min、温度 40℃、pH 为 7、浴比 1∶30。

氧化亚麻纤维醛基数为 201.4μmol/g，织物断裂强力为 452N。

2. 氧化后亚麻纤维磺化工艺　按照已确定的最优氧化条件制备布样，将此亚麻织物浸于浓度为 750g/L 的亚硫酸氢钠的溶液中，在 40℃震荡进行磺化反应，反应 120min 后充分洗涤，干燥。

磺化亚麻纤维的染料上染量为 1.4465g/100g 纤维，织物断裂强力为 421N，断裂强力损失率为 23.21%，即强力保持率为 76.79%。亚麻磺化反应的最佳工艺是：亚硫酸氢钠溶液浓度为 750g/L、反应时间为 120min、反应温度为 40℃、浴比 1∶30。

说明：氧化亚麻织物醛基数的测定

亚麻纤维上的醛基与盐酸羟胺溶液定量反应，生成席夫碱，用 NaOH 的甲醇溶液滴定生成的盐酸，通过 NaOH 溶液消耗的体积计算出参与反应的醛基含量。醛基含量（μmol/g）计算公式如下：

$$醛基含量 = \frac{30V}{W}$$

式中：V——滴定时消耗 0.03mol/L NaOH 甲醇溶液的体积，mL；

　　　W——氧化亚麻纤维的质量，g。

三、改性亚麻纤维的表征

1. 红外谱图分析　物质的红外光谱图是分子结构的反映，谱图中出现的吸收峰与分子中各基团的振动形式相对应。因此，采用红外光谱，对经过高碘酸钠选择性氧化的亚麻纤维及进而磺化处理的亚麻纤维进行红外光谱分析，从而验证是否实现成功接枝。

图 9-2 为接枝改性前后亚麻的红外光谱曲线。由图可知，氧化和磺化前后亚麻的红外光谱变化较大。曲线 b 与曲线 a 相比，曲线 b 在 1731.55cm^{-1} 处出现了醛基的特征吸收峰，同时，b 曲线在 887.96cm^{-1} 处形成了半缩醛振动峰，可见亚麻纤维已被氧化成二醛基纤维。醛基与亚硫酸氢钠亲核加成产物是 α-羟基磺酸钠，曲线 c 和曲线 b 相比，伴随着曲线 c 中 1731.55cm^{-1} 处的醛基吸收峰和 887.96cm^{-1} 处的半缩醛峰的消失，在 1350cm^{-1} 和 1120.73cm^{-1} 处出现了两个独立的吸收峰，前者是磺酸基不对称伸缩振动峰，后者是伸缩振动峰，并且在 1199.96cm^{-1} 处出现了 S＝O 伸缩振动带，说明磺酸基已成功接枝亚麻。

2. X 射线衍射谱图分析　图 9-3 为改性前后亚麻纤维的 X 射线衍射曲线图谱。由曲线 a、b、c 可知，3 条 X 射线衍射曲线形状相似，且 3 条曲线中各衍射峰的衍射角 2θ 度数基本相同，均为亚麻纤维的特征衍射峰。其衍射特征峰的衍射角分别为 14.876°、22.751° 和 14.892°、22.849° 以及 14.916°、22.897°，说明高碘酸钠的氧化和亚硫酸氢钠的磺化不会引起亚麻纤维内部微细结构本质上的改变。同时，比较 a、b 和 c 衍射曲线的强度，d_a = 3.90536，d_b = 3.88895、d_c = 3.88079，氧化亚麻纤维和磺化亚麻纤维的晶区衍射峰较原样相比略有降低，说明改性剂主要作用在亚麻纤维的无定形区，与亚麻纤维晶区的分子略有反应。

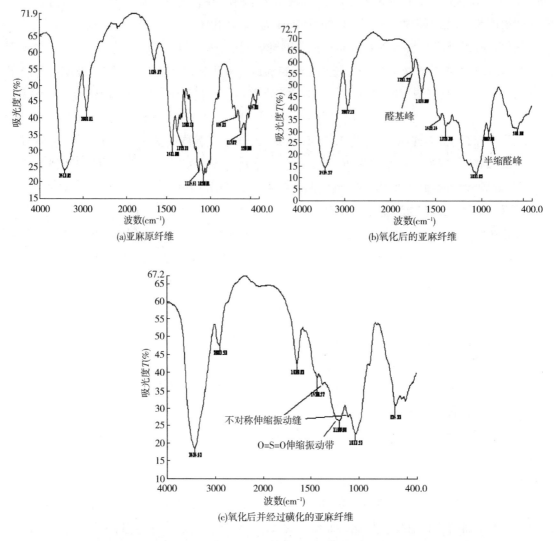

图9-2 亚麻纤维红外谱图

高碘酸钠对亚麻纤维的氧化，是一个开环反应，而轻度氧化亚麻纤维的断裂强力损失率并不像想象中的那么大，在此可以得出一个合理的解释。亚硫酸氢钠的水溶液在空气中可以被氧化生成硫酸，酸性质子对可以切断亚麻纤维葡萄糖环中的苷键，从而对经过氧化后的亚麻纤维进一步损伤，所以 c 曲线的衍射峰有所降低，也可由此说明这一损伤作用很少发生在亚麻纤维的结晶区。

3. 扫描电镜图像分析 图9-4为改性前后亚麻纤维放大2000倍的扫描电镜照片。从扫描效果来看，改性前后的亚麻纤维表面均有不同量的纤维杂屑，但这不影响照片的结果分析。亚麻原样纤维的表面相对比较光滑整齐，经过改性的亚麻纤维表面有侵蚀的窝点出现，并且有明显的剥损条痕。亚麻纤维在微观结构上由结晶区和非晶区组成，在结晶区，分子堆砌紧密，氢键数量多，试剂不易进入，可及度低，反应性能差；在无定形区，分子堆砌疏松，氢键数量少，空隙多，易被试剂渗入，可及度高，反应性能好。因而亚麻纤维的氧化和磺化

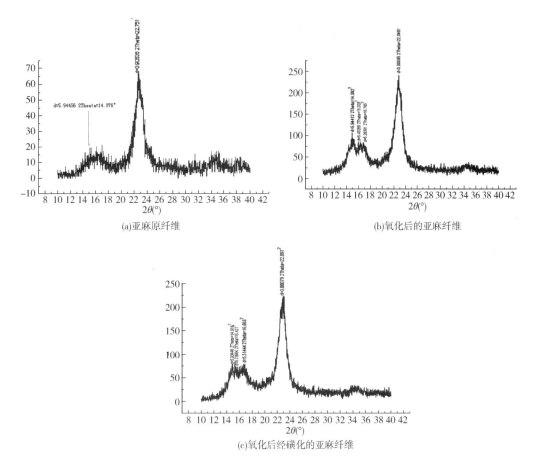

图9-3　亚麻纤维的X射线衍射曲线谱图

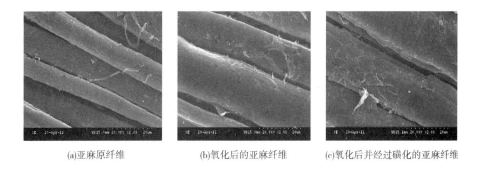

(a)亚麻原纤维　　　　(b)氧化后的亚麻纤维　　　　(c)氧化后并经过磺化的亚麻纤维

图9-4　亚麻纤维扫描电镜照片

反应主要是在无定形区进行，随着纤维素葡萄糖环被打开，纤维大分子间的作用力逐渐减弱，纤维大分子间的结构变得松散，从而引起纤维参差不齐的形貌变化。窝点、剥损条痕这一参差不齐的表象，一方面实质性地增大了纤维无定形区的程度，提高了染化药剂的渗透性能；另一方面也说明了改性剂对亚麻纤维作用的不均衡性，与染化药剂对纤维的上染类似。

四、改性亚麻织物染色的机理

准确称取质量为1.5g的改性亚麻织物若干块，分别投入相对干重织物为0.5%、1.0%、1.5%、2.0%、2.5%、5%的阳离子翠蓝GB染液中，不加电解质，浴比为1:50，保持在80℃，恒温、恒浴、浸染90min。染色完毕后，将各染色残液定容到容量瓶中，用紫外可见分光光度计测量残液的吸光度，并测量一份已知体积浓度染液的吸光度，根据朗伯特—比尔定律，计算出各残液中染料的体积浓度，并根据下式可计算出溶液染料浓度 $[D]_s$ 和纤维上染料浓度 $[D]_f$。

$$[D]_s = \frac{c \cdot v}{M \cdot L} \times 1000 \qquad [D]_f = \frac{G_0 - c \cdot v}{M \cdot W_0} \times 1000$$

式中：$[D]_s$——染液中染料浓度，$mol \cdot L^{-1}$；

c——染色残液中染料的体积浓度，$g \cdot mL^{-1}$；

v——染色残液的体积，mL；

M——阳离子翠蓝GB的相对分子质量（359.89）；

L——染色浴的体积，mL；

$[D]_f$——纤维上染料浓度，$mol \cdot kg^{-1}$；

G_0——投入染料质量，g；

W_0——未染色织物的绝对干重，g。

按照上述实验所得的数据（表9-2），绘制的吸附等温线见图9-5。

表9-2　纤维与染液的染料浓度

染料料质量分数（%，owf）	0.5	1.0	1.5	2.0	2.5	5.0
$[D]_f$（$mol \cdot kg^{-1}$）	0.012782	0.025192	0.034733	0.040193	0.040938	0.041865
$[D]_s$（$mol \cdot L^{-1}$）	0.000022	0.000052	0.000139	0.000308	0.000571	0.001941

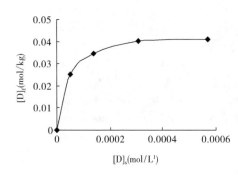

图9-5　改性亚麻纤维的吸附等温线

从图9-5可以看出，曲线的斜率逐渐下降，最后趋向于0，改性亚麻纤维上的染料浓度 $[D]_f$ 随染料用量的增加而提高，染料投入量低于1.5%（owf）时，纤维上染料浓度 $[D]_f$ 增加较快，当染料投入量高于2%（owf）时，$[D]_f$ 增加缓慢，并逐渐接近平衡状态，这符合朗缪尔吸附等温线的特征，说明改性亚麻纤维用阳离子染料染色是在磺酸基上按静电吸附机理进行的。类似于阳离子染料对于腈纶的上染机理。

五、改性亚麻织物的染色性能

1. 改性亚麻织物的染色牢度　不同阳离子染料的改性亚麻织物染色牢度测试结果见表9-3。

表9-3　不同阳离子染料染色的改性亚麻织物染色牢度

染料名称	耐摩擦色牢度（级）		耐水洗色牢度（级）	
	干	湿	褪色	沾色
阳离子红 X - GRL	3~4	3	3	3~4
阳离子黄 8 - GL	4	3	4	4
碱性品绿	3	2	3	2~3
阳离子翠蓝 GB	3	2	3	2~3
碱性紫 5BN	3	2	3	3

从表9-3中可以看出，各种阳离子染料上染改性亚麻织物都有较高的染色牢度，说明改性亚麻纤维的阴离子与染料中的阳离子结合较为紧密。不同染料上染改性亚麻纤维的染色牢度有差别，主要是因为各染料的化学结构不同，与纤维的亲和力不同。阳离子红 X - GRL 和阳离子黄 8 - GL 属于隔离型阳离子染料，它们的染色牢度较高，但匀染性稍差一些；碱性品绿、阳离子翠蓝 GB、碱性紫 5BN 属于共轭型阳离子染料，具有浓艳的色泽，良好的匀染性，色牢度稍差一些。

2. 改性亚麻织物的匀染性　阳离子红 X - GRL 上染改性亚麻织的匀染性测试结果见表9-4。

表9-4　阳离子红 X - GRL 上染改性亚麻织物的匀染性

试验点	X 值	Y 值	Z 值	总色差 ΔE_{ab}^*
1	52.06	26.97	21.36	0.00
2	50.61	25.71	20.13	0.2
3	52.42	27.27	22.04	0.7
4	49.86	26.30	20.83	0.6
5	51.67	26.49	20.94	0.2
6	51.28	26.83	21.61	0.3
7	51.43	26.33	20.91	0.5
8	48.61	25.47	19.93	0.9
9	52.23	28.8	23.88	0.00
10	51.98	26.58	21.25	0.1
11	50.29	24.31	20.06	0.4

匀染性是一项反映染色性能的重要指标，可以通过织物上各部分的色差来反映染色的效果，从而达到完善工艺的目的。以阳离子红 X - GRL 对改性亚麻织物染色为例，从表9-4中可以看到，试样的11个点的总色差值小于0.9，这说明布样各部位的着色量基本一致，从而说明改性织物有一个良好的匀染效果。对布样表面进行目测观察，发现不存在染花现象，从而说明改性亚麻织物具有良好的匀染性，达到了预想的试验效果。

3. 改性亚麻织物的透染性　照相显微镜拍摄的染色纤维横截面照片，见图9-6。

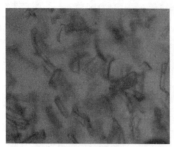
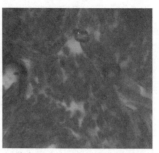

(a)亚麻原样纤维横截面切片　　(b)染色后改性亚麻纤维横截面切片

图9-6　亚麻纤维横截面切片

采用显微镜照片，通过比对亚麻纤维原样和染色后的改性亚麻纤维横截面切片可以看出，阳离子红X-GRL上染改性亚麻织物的透染性很好，没有出现白芯现象。说明通过阴离子接枝改性的亚麻纤维具有良好的染透性。

总之，高碘酸钠为氧化剂，亚硫酸氢钠为磺化剂，适宜于亚麻纤维的阴离子接枝改性；阳离子染料可染亚麻氧化反应的最佳工艺为：高碘酸钠浓度5g/L、反应时间60min、反应温度40℃、反应浴pH为7、浴比1∶30，此时的氧化亚麻纤维醛基数为201.4μmol/g，织物断裂强力为452N，强力损失率为17.53%；氧化后亚麻纤维磺化反应的最佳工艺为：亚硫酸氢钠溶液浓度750g/L、反应时间120min、反应温度40℃、浴比1∶30，此时氧化亚麻纤维染料上染量为1.4465g/100g纤维，织物断裂强力为421N，断裂强力损失率为23.21%，即强力保持率为76.79%；高碘酸钠氧化亚麻纤维，使其带有醛基；亚硫酸氢钠与醛基亚麻纤维发生亲核反应，使其带有磺酸基，红外光谱证实了这两点；改性试剂对亚麻纤维分子有开环作用，但主要作用在亚麻纤维的无定形区，对亚麻纤维的断裂强力没有本质上的破坏，改性亚麻纤维结晶度略有下降，经X射线衍射仪观察亚麻纤维改性前后的微观结构变化，证实了这一点；改性试剂可以扩大纤维无定形区分子间的空隙，增加染化药剂对纤维的可及度，扫描电子显微镜对改性前后亚麻纤维的基本外貌的观察证实了这一点；从阳离子染料上染改性亚麻织物的吸附等温线属于朗缪尔型吸附等温线可知，阳离子染料对改性亚麻的上染机理类似于阳离子染料对腈纶的上染机理，即阳离子染料与改性的亚麻纤维主要靠库仑引力完成，当然其他的作用力也起着一定的作用；改性亚麻织物的匀染性和透染性良好，具有较高的色牢度；本改性方法能使无法上染亚麻的阳离子染料应用于亚麻的染色，并取得了良好的上染率和染色效果，赋予亚麻织物浓艳的色彩，填补了无鲜艳色泽亚麻产品的空白。基于上述种种优点，该改性工艺具有巨大的潜力和发展前景，值得进一步推广应用。

第三节　亚麻织物的电化学染色

一、电化学染色机理

众所周知，电解质溶液是应用最广泛的一类导体。离子导电依靠的是离子的定向运动。

为了使电流通过电解质，须将两个电子导体作为电极浸入溶液，从而形成电极与溶液之间的直接接触。

当电流通过溶液时，在电极与溶液的界面上发生化学反应，溶液中的正负离子分别向两极移动。

1. 离子的定向移动效应　在外加电场的作用下，由于同种电荷互相排斥，异种电荷互相吸引，溶液中的正离子向阴极迁移，负离子向阳极迁移。正负离子迁移的方向虽然相反，但它们的导电方向却是一致的。这就是离子的定向移动效应。

2. 电极反应　图9-7说明当直流电源与两极连接时，电子从电源的负极通过外电路流向阴极。在阴极和溶液的界面上发生某种粒子与电子结合的还原反应。同时，阳极和溶液的界面发生某种粒子失去电子的氧化反应。氧化反应中放出的电子通过外线路流向电源的正极。人们把在电极上进行的这种有电子得失的化学反应称电极反应，两个电极反应的总结果表示为电池反应。

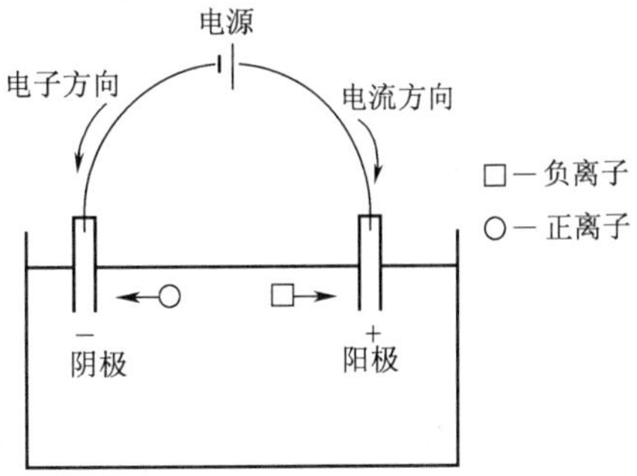

综上所述，电解质溶液的导电过程，实际上包括电极反应和电解质溶液离子的定向迁移。

图9-7　电解质溶液导电机理示意图

为了实现上述染色过程，常规或传统染色需借助于提高染浴温度，即需外界高能量，从而导致能量消耗。除了分散染料等少数染料外，绝大多数染料分子在水中均能电离成正离子或负离子，活性染料、还原染料以及直接染料对于亚麻纤维的染色也是如此。若当染浴中加以电极通电后，正负离子必将发生定向移动，外加电场的存在一方面应能有力地促使染料离子向电荷相反的电极移动，以电能代替或部分代替热能，在低于常规染色温度下进行电化学染色，以期达到降低能耗和提高上染率、加快上染速率、节省时间的目的，并有利于减少环境污染，改善工人的劳保条件。另一方面，它强化了染料离子与织物或纤维之间的作用力，有利于染料从液相向固相转移，从而提高上染百分率以及纤维表面与纤维内部的浓度差，进而提高扩散系数。

二、电化学染色的优缺点

1. 优点

（1）电化学染色可以大大提高染料的上染百分率，可以用较少的染料获得所要的色泽浓度，从而降低废水的排放量，降低环境污染，改善工人的劳动条件。

（2）电化学染色技术可以加快上染速率，加大扩散系数，可以实现织物的短时间染色，从而提高劳动生产率。

（3）电化学染色技术可以降低染料的上染活化能，实现织物的低温染色，从而达到节能的目的。

（4）采用电化学染色技术，可以使高尖技术渗透到纺织行业中，便于纺织行业实现电子计算机控制的自动化。

2. 缺点　电化学染色还有许多亟待解决的课题，如在其他染料染其他纤维中的应用以及其他的微观测试还有待于进一步探讨。

三、影响电化学染色的因素

电化学染色有很多优点，但影响其染色的因素也很多，只有清楚地分析电化学染色的影响因素，才能制订合理的工艺条件和有效的电参数，保证电化学染色的顺利进行。

1. 两极间电压的影响　两极间的电压是影响电化学染色的一个重要参数。实践表明，当电压低于某一值 U_a 时，电化学染色的上染率要比常规的低，这可能是由于存在着反电动势作用的结果。而当电压 $U > U_b$ 时，染料的色光会发生变化，如泛黄等，这可能是发生电极反应的缘故。

2. 电极性质对电化学染色的影响　电化学染色的电极材料不是可以任意选择的，一方面要保证电极自身不发生物理或化学变化，另一方面又要考虑生产的实用价值，因此选择合适的电极材料是至关重要的。

（1）采用铜电极时，即使电压不大（$U \leqslant 2V$），但染后得色萎暗，而且颜色比常规染色浅得多，染浴内有沉淀物生成，这可能是铜电极参与了电极反应的缘故。

（2）采用铂电极，虽然效果比较好，得色鲜艳，但铂电极的价值昂贵，在染色工业中缺乏实际意义。

（3）采用处理干净后的市售石墨电极，在一定电压范围内，几乎无不良影响。

综合各方面的因素考虑，石墨电极是最佳的选择，它可以避免上述两种电极的缺点。

3. 两极间距离对电化学染色的影响　由于两极间距离的变化，会发生场强以及带色粒子在两极间的运动速度及能量的变化，因而会直接影响电化学染色的效果。电极间的距离是一项重要参数，上染率随电极间距的变化而变化，且存在一个极大值。对于不同的染料对不同的纤维进行染色，其最佳电极间距可能是不同的。

4. 布样在染浴中的位置对电化学染色上染率的影响　大量试验表明，布样在阳极上的上染率高于在阴极上的上染率，所以选择阳极染色为宜。产生这一现象的原因可能是染料在染液中形成带负电的胶团，通电时，带负电的胶团向阳极移动，从而导致上染率提高。

5. 染料性质对电化学染色的影响　电化学染色主要是利用染料的色素离子在电场的作用下的定向移动效应完成的，因此染料电离成离子的难易程度是影响电化学染色的重要因素。不同的染料，由于染料分子中含有水溶性基团的种类不同，水溶性基团的相对含量就不同。染料的溶解度不同、在水溶液中离解成离子的带电情况不同、相对分子质量不同，都会直接影响染料色素离子在电场作用下的定向移动效应，因此也会影响到电化学染色的上染率。只要染料能电离成离子，不论是纤维素纤维、合成纤维还是蛋白质纤维，都适合采用电化学技术进行染色。

除了上述因素外，影响电化学染色的因素还有电流的密度、纤维的性质、染浴的体积等。

因此，要顺利地实现织物的电化学染色，应根据染料和纤维的性质，选择合理的电参数。染料和纤维的性质不同，电参数的性质也不同。

第十章　亚麻纤维织物的整理

第一节　亚麻织物的定形

一、热定形的目的及机理

1. 目的　热定形的目的是利用亚麻织物在湿热状态下的可塑性，将织物门幅缓缓地拉到成品幅宽，从而消除内应力，使织物的门幅整齐划一，调整经纱与纬纱在织物中的状态，纠正纬斜，并使织物的尺寸形态稳定，达到定形的效果。

2. 机理　热定形主要利用亚麻织物在湿热状态下的可塑性，使亚麻织物的经向和纬向受到一定的张力，在外力的作用下，亚麻纤维的大分子必然沿着外力的方向进行重排，此时会产生内应力，原来存在于大分子之间的作用力，会阻碍系统中纤维大分子沿着外力的方向进行重排，若此时去除外力，纤维大分子会依靠分子中未断裂的作用力，使系统恢复成原来的状态。但在加热的情况下，内应力得到消除，纤维的大分子具有一定的热能，能克服原来存在的纤维大分子之间的作用力，沿着外力的方向进行重排，原来存在的分子间的作用力被破坏，运动到新的位置，在新的位置上产生新的稳固的作用力。因此当亚麻织物离开热定形机时，由于新位置上新分子间作用力的阻滞作用，会使织物保持定形时的状态不变，从而达到定形的效果，稳定了织物的尺寸及形态。

二、定形工艺及设备

亚麻织物的定形与棉织物的定形相似。可以在定幅机上进行，常用的定幅机主要是布铗式热风定幅机，其结构示意图如图 10-1 所示。

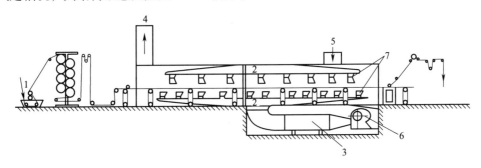

图 10-1　布铗式热风定幅机示意图

1—给湿装置　2—主风管　3—加热器　4—废气排出口　5—吸入新鲜空气的装置　6—送风管　7—喷风口

布铗式热风定幅机主要由进布架、轧车、整纬装置、烘筒、热风烘房和落布装置组成。

轧车可以浸轧水和整理液，织物经过给湿后，就可以在烘筒上进行烘干，以减轻烘房的负担，随后织物进入热风烘房。

热风烘房是由伸幅机构和加热送风装置组成的。伸幅机构包括布铗链和调幅螺杆等。经过烘房并初步干燥的织物，由左右两端的布铗链咬住布边，随布铗链进入烘房，布铗链链间的距离是可以调整的，刚开始的一段布铗链两端的距离较小，以后逐渐扩大，直至将布拉至成品的幅宽。这时两条布铗链保持平行，在烘房穿行一段时间后，即完成定形效果后，为了便于布脱离布铗链，布铗链之间的距离缩小。布铗定幅机上布铗链一般为 15～34cm 长，其中多用 34cm。亚麻织物通过定幅机进行定形时，必须经过拉幅，待拉到成品幅宽时，外面的新鲜空气进入加热室，经过加热后，由主风道分送至各个分风口，由上下两侧的热风喷口向织物喷散热风，从而完成定形。

布铗定幅机除了上述定形装置外，还有调整织物经纱和纬纱状态的整纬装置。布铗定幅机上的整纬装置主要有差动式齿轮整纬装置和导辊式整纬装置。差动式齿轮整纬装置主要安装在伸幅机构出布端的链条上，利用齿轮的差动作用使布铗链一端的运动速度随着纬斜的状态和程度超前或滞后，从而使织物直线性的纬斜得到纠正。导辊式整纬装置一般安装在轧车之后和一组烘筒之前，它由几根被动的直线形和弧线形的导辊组成。当织物通过一组直线形导辊时，可以调节导辊间的相对距离，使其由原来的平行排列变成呈一定角度的倾斜排列，从而使纬斜的相应部分超前或滞后，以使织物中经纱和纬纱处于相互垂直的状态，使织物中直线形的纬斜得到纠正。如果织物通过的是弧线形的导辊，就可以使织物中弧线形的纬斜得到纠正。

第二节　亚麻纤维织物的柔软整理

一、柔软整理的目的

亚麻纤维由于含有油蜡，因此具有一定的柔软性，但在酸洗、煮练及漂白等前处理过程中，已基本去除，而且这些化学加工经过烘燥后，化学药品常残留在织物上，因此使亚麻织物的手感比较粗硬。另外，由于亚麻本身的手感就比较挺实，因此有时亚麻织物要进行柔软整理，但整理程度要适当，否则织物会失去它本身应有的身骨。因此在柔软整理中，有时要加入一些硬挺剂。

柔软整理一般都结合热风定幅同时进行，即在定幅机前面的浸轧槽中加入柔软整理液，经过润湿并挤干的亚麻织物，浸轧后，经过热风定幅机，从而使柔软整理和热风定幅同时进行。

二、柔软整理剂

目前亚麻织物柔软整理常用的柔软剂是柔软剂 VS 和有机硅柔软整理剂。

1. 柔软剂 VS 柔软剂 VS 的结构为：

$$\underset{C_{18}H_{37}NHC}{\overset{O}{\parallel}}-N\underset{CH_2}{\overset{CH_2}{\diagdown}}$$

即 N – 十八烷基 – N' – 亚乙基脲。在酸性催化剂的作用下，能与纤维素上的羟基发生化学反应：

$$纤维素—OH + \underset{CH_2}{\overset{CH_2}{\diagup}}N\overset{O}{\overset{\parallel}{-C}}—NHC_{18}H_{37} \longrightarrow 纤维素—OCH_2CH_2NHC\overset{O}{\overset{\parallel}{}}NHC_{18}H_{37}$$

与纤维素发生反应后，使疏水性的脂肪长链暴露在纤维的表面，起到类似于润滑剂的作用，从而赋予织物一定的柔软效果，使整理后纺织品的质量获得改进。

2. 有机硅柔软整理剂 有机硅柔软整理剂——聚氢甲硅氧烷的结构为：

$$—O—\underset{H}{\overset{CH_3}{Si}}—O—\underset{H}{\overset{CH_3}{Si}}—O—\underset{CH_3}{\overset{CH_3}{Si}}—O—\underset{CH_3}{\overset{CH_3}{Si}}—O—\underset{CH_3}{\overset{CH_3}{Si}}—O—$$

目前市场上应用较多的氨基硅油就是将聚氢甲硅氧烷中部分氢被烷基或氨基取代后生成的。

这类柔软剂虽然分子中不具有与纤维中的官能团发生反应的活性基，但分子中的硅氧键是一个具有弹性和柔顺性的长链，而分子中上下两侧密集的烷基起到类似于一个柔顺性疏水脂肪长链的作用，对亚麻织物起到柔软的作用。

但柔软剂用量一定要适当，否则不但起到柔软的作用，也可以起到拒水的作用。

有时在防皱整理的过程中为了改善整理后织物的手感，也加入一定量的柔软剂。

三、纤维纱线柔软性的测试

目前还没有一个定量测试织物柔软性的方法，只是通过人们对织物的触摸，定性地衡量织物经过柔软整理后柔软性的好坏。亚麻纱线柔软整理前后的柔软性可以采取下面类似定量分析的方法测试。即取相同长度柔软整理前后的亚麻纱线，在 Y331 型捻度仪上让它们发生相同长度的捻缩，通过测定此时纱线的捻度，近似地衡量柔软整理前后纱线的柔软性。不难想象，捻度大的纱线的柔软性相对较差，捻度小的纱线的柔软性较好。

第三节　亚麻织物的防缩整理

经过染整加工并干燥的织物，如果在松弛的状态下再度被水润湿时，会发生明显的收缩，这种现象叫缩水。织物的缩水率通常以织物按照规定方法洗涤前后经向和纬向的长度差，占洗涤前长度的百分率来表示。若用尺寸尚未稳定的织物做成服装，经过洗涤，由于发生一定程度的收缩，会导致服装变形或走样，给消费者带来损失，因此织物的防缩整理在提高织物的尺寸稳定性方面尤为重要。

由于织物在前处理加工过程中，纬向所受到的张力相对较小，经向经常受到外力，产生的干燥定形形变较大，当织物在松弛的状态下再度被水润湿时，经向的缩水较为严重，纬向的缩水较小。亚麻织物也是一种纤维素纤维织物，缩水现象与棉比较接近，因此下面仿照棉的防缩整理，介绍亚麻织物的防缩知识。

一、亚麻织物的缩水机理

纤维素纤维织物缩水的主要原因是由于织物织缩的变化。

织物是由经纱与纬纱交织而成的，经纱、纬纱起伏较大，表明它们的织缩较大。当亚麻织物润湿后，其结构将发生变化，这是导致织物缩水的主要原因。

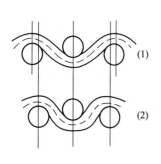

图10-2 织物润湿前后
纬向截面示意图

图10-2（1）所示为织物缩水前的纬向截面。当织物在水中润湿后，纱的直径增大，如果纬纱仍要保持润湿前的状态不变，经纱必须发生一定程度的伸长来满足这一要求。由于经纱在染整加工前处理中经常受到张力的作用，存在着干燥定形形变，在松弛的状态下，被水润湿，非但不能伸长，反而有缩短的趋势，也就是说经纱不可能通过伸长来满足纬纱直径增大的要求，并且由于织物中的纱线相互挤压得很紧，经纱也不可能通过退捻而增加长度来满足这一要求，而唯一可能的是减小经纱间的距离（即密度增大）。如图10-2（2）所示，只有这样才能保持经纱绕纬纱的行程不变，结果经纱的织缩增加，从而导致织物宏观上长度减小。反过来，若经纱直径增大，纬纱也只能够通过纬纱间距离的缩短，来满足纬纱绕经纱的行程不变，从而导致织物幅宽方向上的变窄。织物织缩的改变是织物缩水的主要原因。

由于纤维内应力松弛而引起织物的收缩，通常不超过织物收缩程度的1%~2%，由于纱线长度缩短导致织物的收缩，最多不超过织物收缩程度的1%~2%，既然织物的缩水主要是由于织物织缩的变化而引起的，因此亚麻织物的防缩处理也是建立在这一缩水机理之上进行的。

二、亚麻织物防缩的方法及原理

由于织物缩水的主要原因是由于织物织缩的变化，因此织物防缩处理的基本原理就是在织物成为成品之前，采用一定的机械处理，使织物的纬密和经向的织缩增加到一定的程度，使织物具有松弛的结构。经过这种机械整理后的织物，不但干燥定形的形变较小，而且织物在润湿后发生溶胀时，由于经纱与纬纱之间留有足够的余地或空隙，便不会引起织物经向长度的缩短和纬向方向的收缩。实际上就是使织物原来存在的潜在的收缩在成为成品之前预先收缩，这样便能显著地降低成品的缩水率，这种方法叫机械预缩整理。

机械预缩整理是在专门的机器上进行的。目前亚麻工厂主要采用压缩式防缩机进行机械预缩整理。

三、亚麻织物防缩整理设备

亚麻厂目前采用的压缩式防缩机主要有毛毯式压缩式防缩机和橡皮毯式压缩式防缩机。

1. 毛毯式压缩式防缩机　毛毯式压缩式防缩机的结构示意图如图 10−3 所示。当具有一定厚度的毛毯经过直径较小的导布辊时，外层毛毯扩张，如果被加工的亚麻织物紧贴在表面扩张的毛毯的表面，当毛毯离开导布辊或曲率反向时，必然回缩，这时亚麻织物也必然与毛毯发生同步的收缩，使亚麻织物的经向织缩和纬密增大，织物长度缩短，从而会显著地降低经向的缩水率，达到防缩整理的目的。

2. 橡皮毯式压缩式防缩机　橡皮毯式压缩式防缩机的结构示意图如图 10−4 所示。当橡皮毯从承压辊和导布辊之间通过时，橡皮毯将被压伸长，被加工的亚麻织物紧贴在扩张的橡皮毯的表面从承压辊和导布辊之间通过，当橡皮毯离开承压辊和导布辊之间时，由于其弹性必然回缩，紧贴在橡皮毯表面的被加工的亚麻织物也必将发生同步收缩，也会使织物的纬密和经向织缩增大，织物变得比较松弛，从而可以降低成品的经向缩水率，达到防缩整理的目的。

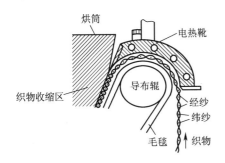

图 10−3　毛毯式压缩式防缩机示意图

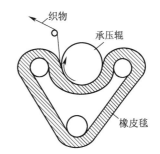

图 10−4　橡皮毯式压缩式防缩机示意图

第四节　亚麻织物的防皱整理

一、亚麻织物防皱整理的概况

1. 发展过程　亚麻纤维具有很好的吸湿性和散热性，穿着比较挺括，是高档服装面料的上等佳品。但由于亚麻纤维的断裂延伸率很小，弹性回复性较差，易起折皱，于是出现了提高织物从折皱中回复原状的能力，以模仿毛织物为主要目的的防皱整理，即提高亚麻织物的干防皱性。

合成纤维在纺织服用纤维中占有的比例与日俱增，合成纤维除了具有洗后不易起皱的特性外，经过一定温度熨烫后的服装能产生永久性的折缝或折痕，且不会因为水洗而消失。为了使亚麻织物具有合成纤维这种优良的性能，应在防皱整理的基础上，进一步提高亚麻织物的湿防皱性和产生难以去除折缝的"洗可穿"整理（又叫免烫整理）和耐久压烫整理。这些整理统称为"防皱整理"，习惯上叫"树脂整理"。

2. 亚麻织物折皱形成的原因 亚麻织物折皱形成的原因主要取决于纤维的本性。亚麻纤维受到外力和去掉外力作用后发生的形变以及回复性能在第二章中已经进行了讨论。亚麻纤维素纤维在侧序度较高区域内，分子排列得比较整齐，分子间的作用力很大、很集中，这一区域内的氢键，在受到外力作用的时候，能共同承担外力，一般只发生较小程度的形变，如果要使其中某一大分子与相邻的大分子分离，发生纤维大分子或基本结构单元的相对位移，则必须有足够的应力，以克服分子之间的引力，因此在侧序度较高的区域内发生分子间移动的机会是极少的，由这部分所提供的形变主要都是普弹形变。而侧序度较低的区域内，分子排列得不够整齐，分子间的作用力较弱，该区域内的氢键在受到外力作用的时候，并非同时受力，而是在沿着外力的方向上，先后受到外力的作用而变形，并随着氢键强弱的不同，逐渐发生键的断裂和基本结构单元的相对位移，即侧序度较低区域内除了产生普弹形变外，还可能产生强迫高弹形变或永久形变。在纤维受到拉伸时，由于纤维素纤维内部存在许多极性羟基，纤维素大分子或基本结构单元取向度提高或发生相对位移后，能在新的位置上重新形成新的氢键。当外力去除后，纤维分子间未断裂的氢键以及分子的内旋转，有使系统恢复成原来状态的趋势，但因在新的位置上形成新的氢键的阻滞作用，使系统不能立即恢复，往往要推迟一段时间，形成蠕变回复。

如果拉伸时分子间氢键的断裂和新的氢键的形成已经达到相当剧烈的程度，使新的氢键具有相当的稳定性时，则蠕变回复的速率较小，便出现了所谓的永久形变，这就是织物折皱形成的原因。因此可以说，亚麻织物折皱的形成就是亚麻纤维受到应力时，纤维大分子或基本结构单元发生相对位移，引起旧的分子间作用力的破坏和新的位置上新的作用力的形成过程，即去除应力后所产生的永久形变。亚麻织物的防皱整理就是建立在这一基础之上的。

3. 亚麻织物防皱整理的机理 亚麻织物防皱整理的机理可参照棉织物的防皱机理。关于织物的防皱整理，早在20世纪50~60年代就提出了两种不同的观点，即树脂沉积论和共价交联论。

无论是树脂沉积论还是共价交联论，有一点是共同的，那就是整理后提高了纤维的弹性模量，即经处理的纤维难于变形，而且有较高的弹性。

二、防皱整理剂

麻织物防皱整理，以前主要使用 N–羟甲基化合物作为整理剂，但在加工和服用过程中存在释放甲醛问题，会对人体造成伤害，因此该类整理剂已很少使用。随着我国加入世界贸易组织，纺织品的出口量与日俱增，这就给纺织印染业带来了巨大的挑战，无疑，环保型绿色纺织品是唯一出路。因此，采用低甲醛或非甲醛类防皱整理剂，降低织物的甲醛释放量已成为免烫整理研究的热点。

目前，国外主要研究多元酸与纤维酯化交联历程的机理、各种催化剂和添加剂的作用以及其他各工艺参数的影响、多元酸酯化交联对织物各性能的影响等。国内在众多多元羧酸整理剂的研究中，注意力主要集中在以丁烷基四羧酸（BTCA）、柠檬酸（CA）和马来酸酐（MA）为代表的小分子多元羧酸上。其中以 BTCA 整理效果最好。某些指标甚至超过 2D 树脂，只是价格太高，使其在工业上的大规模生产受到限制。而其他多元羧酸整理效果又不甚满意，如 CA 整理后的织物泛黄和色变较显著，耐水洗色牢度较差、强力下降显著等。而开发和应用无甲醛的绿色防皱整理剂是提高亚麻织物附加值与市场竞争力的必由之路。

（一）N–羟甲基酰胺类防皱整理剂

即含甲醛类的防皱整理剂，它们是酰胺（—CONH）和甲醛（HCHO）在一定条件下发生反应生成的化合物，可以用通式（—CONCH$_2$OH）表示。

1. 整理工艺

（1）工艺配方。工作液的组成及工艺配方：

整理剂（初缩体）

三羟甲基三聚氰胺（TMM）　　　　　　　40~80g/L

双羟甲基二羟基环亚乙基脲（DMDHEU）

　　　　　　　　　　　　　　　　　　35~45g/L

催化剂

氯化镁　　　10%~12%（以初缩体固体含量计）

添加剂

柔软剂 VS　　　　　　　　　　　　　　20g/L

润湿剂

润湿剂 JFC　　　　　　　　　　　　　　8g/L

（2）各组分的作用。

①整理剂。一方面，借助于整理剂中的羟甲基与纤维素大分子中的羟基发生化学反应，形成的共价交链，限制纤维大分子或基本结构单元的相对移动，使旧的分子间的作用力不容易被破坏，新的位置上新的作用力不容易形成，从而使纤维织物不易产生永久的形变，提高织物从折皱中恢复原状的能力，达到防皱整理的目的，即借助于共价交联论达到防皱整理的目的；另一方面，借助于焙烘阶段在亚麻纤维内部整理剂分子之间自身缩聚成线形或网状结构的树脂的摩擦作用，使纤维大分子或基本结构单元之间的相对移动受阻，从而提高纤维织物从折皱中恢复原状的能力，从而提高防皱性能，即借助于树脂沉积论达到防皱整理的目的。

②催化剂。在整理剂和纤维大分子之间的反应起到催化剂的作用。但为了防止整理剂大分子在上到纤维之前在溶液中发生自身缩聚反应，影响防皱整理过程的顺利进行，应用金属盐作为催化剂，该金属盐在常规的条件下，不会发生作用，只有在焙烘阶段的高温条件下才起催化作用。

③柔软剂。采用上述整理剂进行防皱整理之后，由于共价交联和树脂的生成，会使织物

的手感变得粗糙，再加上纤维织物随外力变形的趋势变差，使纤维织物的耐磨性下降，影响织物的服用性能，为了改善织物的手感和提高耐磨性，应在防皱整理液中加入柔软剂。

通常采用具有与纤维素中的羟基发生反应的活性基的脂肪族化合物，如柔软剂 VS。

④润湿剂。提高被加工织物的润湿渗透性，以便于整理液更好地对织物进行润湿和渗透，提高整理的效果。在实际的防皱整理工艺中经常采用非离子型的表面活性剂，如润湿剂 JFC。

同时需要说明的是，有时为了防止游移现象的发生，减少表面树脂，在防皱整理液中要加入大分子的防游移剂。

2. 亚麻防皱整理的工艺流程及各工序的作用

（1）工艺流程。

浸轧整理液→脱水→预烘→焙烘→后处理

（2）各工序的作用。

①浸轧整理液及脱水。使织物均匀地润湿，整理液中的整理剂才能真正地进入纤维内部，获得良好的防皱整理效果；与其他染整加工一样，为了减轻预烘烘房的负担，避免整理液对烘房的沾污，为了获得均匀的效果，浸轧阶段应具有很好的脱水能力。这些都是通过浸轧过程实现的。

浸轧一般是在两辊或三辊轧车上进行的，采用一浸一轧两次或两浸两轧。织物上带液量的多少主要与轧辊的压力和车速等因素有关。纯亚麻织物带液率一般控制在 60% ~ 70%，而对于亚麻/涤纶的混纺织物，带液率一般控制在 50% ~ 60% 即可。

②预烘。使树脂整理剂真正地扩散进纤维内部，使整理剂均匀地分布在纤维的无定形区，这一过程对于整理品的质量至关重要。

浸轧处理后织物的带液量，只有一小部分进入纤维内部，相当大一部分都存在于纤维及纱线之间的毛细管中，由于织物表面水分的蒸发，所产生的纤维表面与纤维内部的浓度差即浓度梯度，使树脂整理剂充分扩散进纤维无定形区的内部。

预烘过程中，应使水分蒸发的速率和树脂整理剂向纤维内部扩散的速率之间达到平衡，使整理剂充分扩散至纤维的内部。否则，会由于水分的蒸发使整理剂的分子移向纤维的受热面，使较多的整理剂残留在织物的表面或纤维、纱线之间，并且在此处发生缩聚，形成表面树脂，降低防皱整理的效果，使织物的手感粗糙，织物变得发脆，即发生所谓的游移现象。因此应严格控制预烘条件。一般采取先用远红外线均匀快速烘干，烘至含湿率在 20% 的时候，为了降低成本，再换用烘筒烘干或热风烘干。有时为了防止产生游移现象，也可以在防皱整理工作液中加入大分子的防泳移剂，如海藻酸钠等。但是整理后，应充分将大分子防游移剂水洗去除，否则会严重影响织物的手感，降低整理后纺织品的质量。在预烘的过程中，织物应平整无皱，并保持成品的幅宽。

③焙烘。焙烘的主要目的是借助于高温下金属盐酸性催化作用，加速整理剂大分子与纤维素大分子更好地发生反应，生成稳定的共价交联，或使整理剂在纤维无定形区内部自身缩聚，使纺织品获得良好的防皱整理性能。

常用的焙烘机有上导辊式、下导辊式，此外还有悬挂式和针铗式等形式。所用热源有气体、燃气或电热，用以加热空气，然后由鼓风机将热空气送入焙烘房。也有人认为，如采用过热蒸汽作为焙烘介质，整理品的耐磨性比一般方法焙烘所得的要高。无论采用哪种加热方式，烘房的温度一定要均匀，各处的温差不能超过5℃，否则会影响整理效果。焙烘条件为：150～160℃，3～5min。温度低，时间可以长些；温度高，时间可以短些。

由于该类整理剂分子中含有甲醛，焙烘过程中，会有游离甲醛释放，为了防止环境污染和改善操作者的工作环境，除了应尽量减少整理剂中游离甲醛的含量，还要采用密闭的烘燥设备，具有良好的排气设备并加强车间通风。

④后处理。后处理的主要目的是为了去除未反应的化合物、副产物（如游离甲醛、三甲胺等）、催化剂和表面树脂，去除整理品的鱼腥味等一些不被消费者接受的气味，从而提高整理品的绿色环保性，提高整理的效果。

游离甲醛产生的刺激性气味有害于人们的健康，因此整理后的水洗应使织物上甲醛含量降低到符合环保要求的限定量。织物上残留的催化剂，会使织物在储存过程中发生整理剂或纤维素的催化水解，这不但影响防皱整理效果，增加氯损，而且会使纤维的强力下降。三甲胺会产生一种难闻的鱼腥味，使人有不舒服的感觉，因此整理后必须从纺织品上去除。

后处理的水洗通常在水洗机上进行，其工艺过程为：

热水洗（60%）→皂洗（肥皂或合成洗涤剂和碳酸钠各20%）或氨水洗→水洗→烘干

（二）无甲醛防皱整理剂

1. 多元羧酸类整理剂（丁烷基四羧酸，BTCA） 一般认为多元羧酸整理剂的抗皱机理是：多元羧酸先脱水成酐，然后再与纤维素纤维成酯交联。酯化交联对抗皱效果非常重要。

多元羧酸类整理剂通过其分子中的羧基与纤维素分子中的羟基发生酯化反应生成交联，起到防皱作用。它不像传统工艺中所使用的2D树脂那样存在甲醛问题，这就大大提高了织物在整理过程中及穿着过程中的安全性。

在多元羧酸的整理浴中，一般需加入一些催化剂进行催化交联。到目前为止，催化效果最好的是次磷酸钠（SHP），但它存在着使那些用硫化染料或部分活性染料染色的织物发生色变、价格较高、对环境有污染等问题。

因此经证实，以羟基羧酸盐作为BTCA整理系统的催化剂取代价格昂贵的次磷酸盐是可行的。羧酸盐可在反应体系中既提供所需的弱碱又提供所需的弱酸，起到协同催化的作用。羧酸盐的催化效果还与分子中的羟基有关，羟基较强的电负性有助于提高催化效果，羟基又可以与BTCA发生酯化反应，生成含有更多羧基的多元羧酸，且因羟基被BTCA酯化形成较大分子的多元羧酸，减少了羟基脱水成双键的可能性，改善了泛黄问题，提高了整个整理体系的反应活性，从而起到了促进作用。当催化剂与BTCA的摩尔比为0.5∶1时，综合效果最佳。

丁烷基四羧酸防皱整理剂整理后织物的弹性等性能指标都比较好，而且该整理剂分子中不含甲醛，绿色无污染，具有N-羟甲基酰胺类防皱整理剂所无法比拟的优点。但由于该整理剂的价格昂贵，使其工业化生产受到限制。柠檬酸价廉，但有泛黄问题。所以目前很多学者都致力于生产一种价格低廉且整理后不影响织物白度的多元羧酸防皱整理剂。

（1）制备方法。

①由丁二酸和氯乙酸反应制备。为制得价格较低的 BTCA，以价格低廉的丁二酸和氯乙酸为起始原料（两者先在甲醇中与 KOH 反应转化为钾盐），采用锂代双异丙胺（可在混合有机溶剂中使金属锂与双异丙胺反应制备）使丁二酸锂代，生成 2，3 - 双锂代丁二酸中间体，再与氯乙酸反应，最后制得 BTCA。

②由马来酸酐与柠檬酸进行酯化反应制备。以马来酸酐为原料，合成聚马来酸 PMA，再与柠檬酸进行酯化反应，封闭其羟基形成一种无醛免烫多羧酸整理剂 PMA/CA。

（2）整理工艺。

织物二浸二轧（PMA 或 PMA/CA 80g/L，NaH_2PO_2 40g/L，pH 为 2.8，轧液率85%）→预烘（60 ~ 70℃，7min）→焙烘（170℃，2min）

影响整理剂整理效果的因素很多，如 pH、焙烘温度、整理剂用量、次磷酸钠用量等。

上述的整理工艺中，整理后织物的弹性回复角在 260°以上，以厚织物棉卡其整理效果最佳，织物强力达到一等品水平。但 PMA/CA 本身带有棕红色，不适宜浅色和漂白织物的整理。这种整理剂的整理成本略高于改性 2D 树脂的整理成本。

2. 液氨处理　有人也仿照棉的液氨处理对亚麻织物进行相应的防皱整理。无水液氨是纤维素纤维的一种优良溶胀剂。亚麻织物经液氨处理后，织物尺寸的稳定性和抗皱性明显提高，力学性能获得较大的改善，手感柔软。经液氨处理后的织物，再经低甲醛树脂整理，可使织物达绿色免烫整理水平。

经液氨处理后的免烫整理工艺条件为：织物二浸二轧 60 ~ 70g/L FR—ECO、15g/L $MgCl$、30g/L 有机硅柔软剂、1g/L TX—10、pH 为 5 ~ 6 的工作液，轧液率80% ~ 90%，在95℃条件下预烘 3 ~ 5min，然后在 160 ~ 165℃下焙烘 2 ~ 5min。整理后织物释放甲醛量低于 75mg/kg，干折皱回复角在 270°以上，强力保留率大于 70%，达到绿色免烫整理水平。

3. 有机硅防皱整理　关于有机硅防皱整理在亚麻织物上的应用，目前还未见大量的报道。但有机硅在纺织行业中的应用，已有很长的历史了，主要是作为纱线的润滑剂，织物的防水剂、消泡剂、防黏剂等。对提高纺织产品质量起到了一定的作用。尤其是近年来发现用有机硅作为亚麻织物的防皱整理剂，可以提高亚麻织物的防皱整理效果，而且绿色环保，无污染，具有很大的发展前景。

（三）超低甲醛防皱整理剂（改性 2D 树脂）

为了降低 DMDHEU 树脂（即 2D 树脂）防皱整理剂由于甲醛释放而对人体造成的伤害，专家们致力于研究 2D 树脂的改性及改性后 2D 树脂的应用。目前，2D 树脂的改性主要采用的方法为醚化改性。2D 树脂的醚化改性，主要采用的醚化剂有二甘醇、聚乙二醇、甲醇、乙二醇、丙三醇、混合醇等。选用的醚化剂不同，得到的改性 2D 树脂在各项性能上也将不同。下面主要介绍以丙三醇和 1,4 - 丁二醇作为醚化剂的改性 2D 树脂。

1. 亚麻用丙三醇醚化改性的 2D 树脂

（1）丙三醇改性 2D 树脂的制备。通过大量的单因素试验和正交试验，最终确定出丙三醇改性 2D 树脂的最佳工艺。即首先在反应釜中加入一定量的 2D 树脂，再取 40% 的丙三醇

（对 2D 树脂的质量）加入到反应釜中，搅拌，混合均匀，用冰醋酸调节 pH 至 4.0~5.0，控制反应温度为 50℃，在恒定的温度下反应 4h，反应结束后，冷却至 48℃以下，用 25% 的氢氧化钠调节 pH 至 4.4~5.0，搅拌均匀后，冷却至室温，然后出料。

（2）丙三醇醚化改性 2D 树脂的微观表征。

①红外光谱（FTIR - ATR）分析。如图 10 - 5 所示，a、b 分别为丙三醇改性 2D 树脂和一步法合成制备的 2D 树脂的红外光谱图。由图 10 - 5 可以看出，新增波数为 2892cm^{-1} 的对称伸缩振动是 2D 树脂醚化后新增的次亚甲基特征吸收峰。同时，1172cm^{-1} 处伸缩振动峰消失，可能是因为 N—CH$_2$OH 上 C—OH 弯曲振动倍频峰所致。由于 2D 树脂上的羟基被醚化，C—N 键稳定性提高，导致 N—CH$_2$OH 上 C—OH 周围的化学环境发生改变，故此处伸缩振动吸收峰消失；波数 918cm^{-1} 为改性 2D 树脂中 C—O—C 的对称伸缩振动吸收峰；波数位于 1118~1000cm^{-1} 之间 C—O 伸缩振动吸收峰的位置发生了紫移现象，其原因可能是由于 2D 树脂改性后使得树脂分子上羟基之间的氢键作用被减弱，导致 C—O 伸缩振动吸收峰向高波数方向移动；在 1270~1010cm^{-1} 处，存在强的伸缩振动峰，说明可能存在 C—O—C 键；在 1150~1060cm^{-1} 之间存在强度大且宽的 C—O 伸缩振动，具备烷基醚化合物的特征峰，这是唯一可以鉴别醚类化合物存在的特征。综合上述结果可知 2D 树脂已被丙三醇醚化。

②粒径及 Zeta 电位分析。图 10 - 6 所示分别为丙三醇改性 2D 树脂和 2D 树脂中粒径的分布直方图。由图 10 - 6 可知，一步法制备的 2D 树脂的粒径大小主要分布在 190~255nm 范围内，丙三醇改性 2D 树脂的粒径大小主要分布在 164~255nm 范围内。

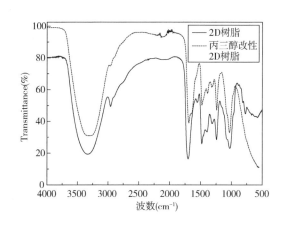

图 10 - 5　2D 树脂和改性 2D 树脂的
红外光谱图

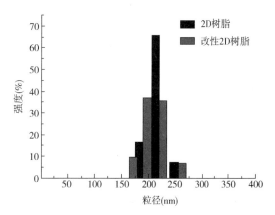

图 10 - 6　2D 树脂改性前粒径后的
粒径分布直方图

Zeta 电位测试结果显示，2D 树脂和改性 2D 树脂的 Zeta 电位分别为 13.3mV、7mV。根据 Zeta 电位数值与树脂稳定性的关系，以及粒径分布与体系稳定性之间的关系可知，改性后的 2D 树脂稳定性和一步法制备的 2D 树脂无明显差距。

③2D 树脂和改性的 2D 树脂的释放甲醛量和固含量。

其结果见表 10 - 1。

表 10 -1　2D 树脂和改性 2D 树脂释放的甲醛量和含固量

整理剂	释放甲醛量（mg/kg）	固含量（%）
2D 树脂	278	69.72
改性 2D 树脂	13.5	60.02

由表 10 -1 可知，经丙三醇醚化改性 2D 树脂整理后的亚麻织物上游离甲醛含量极大地减少，改性 2D 树脂整理后的亚麻织物释放甲醛量降低至 13.5mg/kg，可达到纺织品中甲醛限量 A 类标准的要求，达到了超低甲醛的释放标准，即织物上游离甲醛含量不得超过 20mg/kg（A 类）。

（3）防皱整理工艺。

①工艺流程。

二浸二轧（室温，轧液率 90% ~95%）→预烘（80℃，3min）→焙烘（160℃，3min）

②工艺配方。

2D 树脂/改性 2D 树脂	70 ~90g/L
氯化镁	16 ~20g/L
渗透剂（JFC）	2 ~3g/L
柠檬酸	1 ~2g/L

（4）树脂整理剂整理后织物性能的测试。2D 树脂和丙三醇改性 2D 树脂对亚麻织物进行防皱整理后，参照 GB/T 2912.1—2009 中相关规定，采用水萃取法在 412nm 波长处用 10mm 的吸收池测量其吸光度，根据绘制的甲醛标准曲线计算出织物上的释放甲醛量。并参照 GB/T 3819—1997，在 YG（B）541E 型智能织物折皱弹性仪上对折皱回复度进行测试。结果见表 10 -2。

表 10 -2　树脂整理剂整理后亚麻织物的性能

整理剂	折皱回复角（°）	游离甲醛（%）
2D 树脂	184.85	5.02
改性 2D 树脂	114.96	0.59

由表 10 -2 可知，经丙三醇醚化改性 2D 树脂整理后的亚麻织物折皱回复角降低至 114.96°，游离甲醛含量也降低很多。

2.1,4 - 丁二醇醚化改性的 2D 树脂

（1）1,4 - 丁二醇改性 2D 树脂的合成。在反应釜中加入一定量的 2D 树脂、1,4 - 丁二醇以及邻苯二甲酸酐，用质量百分数为 40% 的 H_2SO_4 调节反应体系所需 pH，一定条件下反应一定时间。反应结束后冷却至 48℃以下，用质量百分数为 25% 的 NaOH 调节体系 pH 至 4.6 ± 0.2，倒出产物并保存。经过大量实验可知，合成 1,4 - 丁二醇改性 2D 树脂的最佳工艺为 n（2D）: n（1,4 - 丁二醇）=1:2.0，pH 为 1.50，温度为 55 ~58℃，反应时间为 4h，邻苯二甲酸酐的用量（相对 1,4 - 丁二醇用量）为 0.5%。

（2）树脂的微观表征。

①红外光谱（FTIR – ATR）。2D 树脂与 1,4 – 丁二醇改性 2D 树脂的红外光谱，如图 10 – 7 所示。

由图 10 – 7 可知，波数为 2930cm^{-1} 和 2872cm^{-1} 处吸收峰明显增强，分别为改性后 2D 树脂中 CH$_2$ 的 C—H 反对称伸缩振动和对称伸缩振动吸收峰。在 1000 ~ 1150cm^{-1} 之间的 C—O 吸收峰，发生了明显的紫移现象，这可能归于醚化改性使得改性 2D 树脂羟基之间的氢键作用被减弱。1695cm^{-1} 为 C =O 伸缩振动吸收峰位置。波数 1042cm^{-1} 和 943cm^{-1}，分别为醚化树

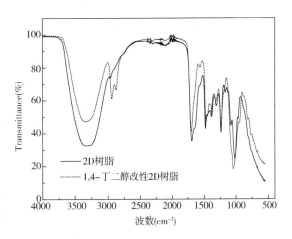

图 10 – 7　2D 树脂和改性 2D 树脂的红外光谱图

脂中 C—O—C 键的反对称伸缩振动和对称伸缩振动吸收峰。由于 N—CH$_2$OH 上羟基被醚化后 C—N 键稳定性提高，使得 N—CH$_2$OH 上 C—OH 的化学环境发生变化，致使波数 1171cm^{-1} 处伸缩振动峰消失，这可能归属为 N—CH$_2$OH 上 C—OH 弯曲振动倍频峰或 C—O 伸缩振动峰。综合以上结果可知，1,4 – 丁二醇完成了对 2D 树脂的醚化改性。

②粒径及 Zeta 电位分析。2D 树脂与 1,4 – 丁二醇改性 2D 树脂的粒径分布直方图，如图 10 – 8 所示。

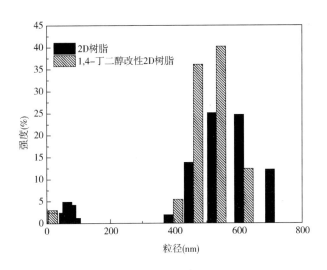

图 10 – 8　2D 树脂和改性 2D 树脂的粒径分布直方图

由图 10 – 8 可知，2D 树脂的粒径主要分布在 458 ~ 712nm 范围内，1,4 – 丁二醇改性 2D 树脂的粒径主要分布在 460 ~ 616nm 范围内；1,4 – 丁二醇改性后的 2D 树脂相对 2D 树脂的粒径分布窄且高，说明改性后的 2D 树脂中各物质之间反应充分，粒子尺寸相对集中、均匀，粒径为 530nm 左右的粒子最为集中。

Zeta电位测试结果显示，2D树脂和1,4-丁二醇改性2D树脂的电位分别为13.3mV、21.8mV；根据Zeta电位与树脂稳定性的关系以及粒径分布与体系稳定性的关系可知，1,4-丁二醇改性后的2D树脂相比2D树脂的分散稳定性能更好。

（3）亚麻织物整理后性能的表征。

①树脂整理前后亚麻布表面形态分析。亚麻原布、2D树脂整理的亚麻布及改性2D树脂整理的亚麻布的表面形态变化，如图10-9所示。

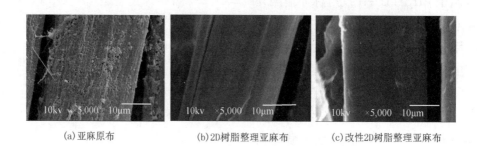

(a)亚麻原布　　　　　　　(b)2D树脂整理亚麻布　　　　　(c)改性2D树脂整理亚麻布

图10-9　树脂整理前后的亚麻布的扫描电子显微镜照片

如图10-9所示，亚麻原布［图10-9（a）］表面粗糙并且分布有较多的孔；2D树脂整理的亚麻布［图10-9（b）］，表面光滑、毛羽较少；改性2D树脂整理的亚麻布［图10-9（c）］，表面光滑、毛羽少。2D树脂和改性2D树脂整理的亚麻纤维表面没有明显的孔，这应该归功于树脂整理剂在亚麻纤维表面和纤维无定形区的沉积。改性2D树脂整理在亚麻纤维表面发生黏结、沉积更明显，这可能是由于改性2D树脂的黏度和亲纤维性更强的原因（2D树脂和改性2D树脂的黏度分别为10.8mPa·s、25.8mPa·s）。

②亚麻织物树脂整理前后X衍射分析。亚麻原布、2D树脂整理的亚麻布及改性2D树脂整理的亚麻布的X-射线衍射图，如图10-10所示。

由图10-10可知，衍射角（2θ）为14.748°、16.645°、22.980°和34.562°分别对应亚麻纤维素纤维的101、$10\bar{1}$、002以及040晶面。根据图10-10中亚麻布树脂整理前后的XRD图谱峰形和位置可知，树脂整理过程对亚麻织物的内部聚集态结构无明显影响。通过jade6.0软件计算可知，亚麻原布、2D树脂整理的亚麻布以及改性2D树脂整理的亚麻布的结晶度分别为48.28%、47.89%和44.60%。经测试发现，2D树脂整理的亚麻布和改性2D树脂整理的亚麻布相比亚麻原布的强力保留率分别为63.86%、51.28%。因为树脂整理剂与亚麻纤维发生交联作用，形成了大量的醚键，破坏了亚麻纤维分子间的氢键作用，导致结晶度降低。同时，由于酸

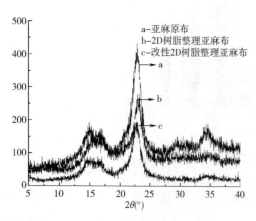

图10-10　亚麻布树脂整理前后的
X射线衍射图

性条件使得亚麻纤维素被水解，晶体表面被破坏，晶体尺寸变小，也导致结晶度降低。改性2D 树脂是在强酸性条件下与亚麻纤维发生交联作用完成防皱整理工艺，故而改性 2D 树脂整理后的织物结晶度相比 2D 树脂整理后的织物结晶度更低，这与改性 2D 树脂整理后亚麻织物的强力下降结果一致。

综上所述可知，1,4 – 丁二醇改性 2D 树脂的最佳工艺为：$n(2D):n(1,4-丁二醇)=1:2.0$，pH 为 1.50，温度为 $55\sim58℃$，反应时间为 4h，邻苯二甲酸酐的用量（相对 1,4 – 丁二醇用量）为 0.5%。经过 1,4 – 丁二醇改性 2D 树脂整理的亚麻织物，释放甲醛量为 39.48mg/kg，达到了纺织品中甲醛限量 B 类标准（小于 75mg/kg）的要求，折皱回复角为 204.09°，断裂强力保留率大于 50%，白度得到了一定程度的改善。通过红外光谱（FTIR—ATR）、纳米粒度分析得知：1,4 – 丁二醇改性 2D 树脂成功被制备；1,4 – 丁二醇改性 2D 树脂的粒径主要分布在 460~616nm，相比 2D 树脂的粒径分布更加集中、均匀，分散稳定性能更好。改性 2D 树脂整理后的亚麻布相比于亚麻原布、2D 树脂整理的亚麻布，结晶度较低，强力有所下降，表面更加光滑。

三、织物防皱性能评价指标与测试

（一）折皱回复角的测定

在实验室中测定整理剂整理后织物防皱性能最简单而且最方便的方法是测定折皱回复角和折皱回复度。取一定尺寸的矩形布条，使之对折，并用重锤加压一定的时间，然后去除外力，并设法使折缝两侧的一翼与地面垂直，待回复一定时间后，测定折缝两翼间的夹角，称为折皱角或回复角。折皱角越接近 180°，整理后织物的防皱性越好。也可以用折皱角或两翼间的最大距离对 180°或试样的原长的百分率来表示织物防皱性能的好坏，称为回复度。织物的折皱角越接近 180°或两翼间的最大距离越接近试样的原长，防皱性越好。折皱回复角的测试是在折皱性能测试仪上进行的，其示意图如图 10 – 11 所示。

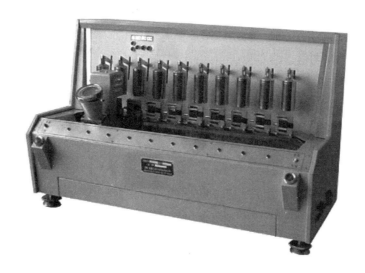

图 10 – 11　织物折皱性能测试仪

折皱回复角的测试参照 ISO 2313—1972《纺织品以回复角表示水平折叠试样的折痕回复性的测定》及 GB/T 3819—1997《纺织品 织物折痕回复性的测定 回复角法》进行测试。

（二）整理后织物上游离甲醛含量的测试与分析

织物上游离甲醛含量的测试一般采用戊二酮法或乙酰丙酮法，此外还有间苯三酚法、密封瓶法及汽蒸法。这些方法或采用液相萃取或采用气相萃取，使织物上的游离甲醛萃取为水溶液，再在各自的条件下进行测试。不同方法所得甲醛的类型和数量并不完全相同，因此就有不同的结果。

间苯三酚法和戊二酮法相比，间苯三酚除与甲醛形成稳定性较低的有色物质外，还可以与树脂中的其他物质发生反应，测定结果一般偏高；而戊二酮能与甲醛形成较稳定的黄色物质，但因测定时所选择的最大吸收波长接近于可见光的末端，重现性较差。下面介绍一下戊二酮法和乙酰丙酮法。

1. 戊二酮法 其主要步骤如下：

（1）准确配置戊二酮试剂和 1000mg/kg 的甲醛标准溶液。

（2）萃取。

①液相萃取法。精确称取剪碎后的试样 1g，放入 500mL 的碘量瓶中，用移液管加入 0.01% 非离子型渗透剂的蒸馏水溶液 100mL，在（40±1）℃水溶液萃取 1h，其间摇动 2~3 次，冷却至室温，用砂心玻璃漏斗过滤，取清样做比色测定。

②气相萃取法。用移液管吸取 100mL 蒸馏水，置入磨口广口瓶中，将广口瓶放在（65±1）℃的烘箱中预热 20~30min。精确称取试样 1g，将试样悬挂在广口瓶中的吊钩上，盖上瓶盖，放在烘箱内于（65±1）℃保温 4h，然后将瓶取出，待冷却后，取出试样，盖上瓶盖，摇动，以便将瓶壁上凝结的水珠充分混合，此溶液留作比色用。

（3）甲醛标准曲线的绘制。取 1000mg/kg 甲醛标准溶液，用蒸馏水稀释到 100mg/kg，再加适当的蒸馏水配制 1mg/kg、2mg/kg、4mg/kg、6mg/kg、10mg/kg 的淡甲醛标准溶液，并分别移取 5mL 于比色管中，各加入 5mL 戊二酮试剂，加盖摇匀，置于（40±2）℃水浴中，加温 30min，取出冷却。在分光光度计上于 415nm 波长下测定吸光度值，作出标准曲线。取 5mL 蒸馏水、5mL 戊二酮试剂做空白实验。

（4）测定。取上述试样溶液 5mL，加入戊二酮试剂 5mL，摇匀，在（40±2）℃水浴中加热 30min 进行显色，然后取出放置 30min。用分光光度计在 415nm 波长下测定其吸光度值，在标准曲线上查得 mg/kg 的值。如果甲醛的含量过高不能查找时，可以将萃取液稀释若干倍重新测定。计算如下：

$$织物上释放的甲醛量 = \frac{CFV}{W}$$

式中：C——标准曲线上查得的 mg/kg 的值；

F——萃取液体积因素；

V——萃取液总体积，mL；

W——试样重量，g。

2. 乙酰丙酮法　乙酰丙酮法的具体步骤如下：

（1）乙酰丙酮溶液的配制。称取乙酸铵150g，加适量的水溶解，然后加入冰醋酸3mL和乙酰丙酮2mL，加蒸馏水1L。该溶液要求避光保存，有效期为1~2周。

说明：甲醛在过量铵盐存在的条件下，与乙酰丙酮反应生成黄色化合物，最大吸收波长为415nm。

（2）甲醛标准溶液的制备。

①用移液管吸取3.8mL的甲醛于1L容量瓶中，用蒸馏水稀释至刻度。

②用移液管移取50mL浓度为0.5mol/L的亚硫酸钠溶液于250mL的碘量瓶中，加百里酚酞指示剂2滴，必要时，加几滴浓度为0.01mol/L的硫酸直至蓝色消失；移取上述甲醛溶液10mL至碘量瓶中，重新出现蓝色，用浓度为0.01mol/L的硫酸滴定直至蓝色消失。记录耗用硫酸的体积，按下式计算甲醛的浓度（μg/mL）值。

说明：约为7500（μg/mL）

滴定反应式为：

$$HCHO + Na_2SO_3 \Longrightarrow HOCH_2SO_3Na + NaOH$$
$$2NaOH + H_2SO_4 \Longrightarrow Na_2SO_4 + 2H_2O$$
$$甲醛浓度（μg/mL）= \frac{V(H_2SO_4) \times 0.6 \times 1000}{V}$$

V（H_2SO_4）——滴定时耗用的浓度为0.01mol/L的硫酸的体积；

V——甲醛溶液的体积（3.8mL）；

0.6——1mL浓度为0.01mol/L的硫酸相当于0.6mg甲醛。

（3）甲醛溶液标准曲线的绘制。将标定的甲醛溶液分别移取1mL、2mL、5mL、10mL、15mL、20mL、30mL、40mL稀释至500mL，配置成15μg/mL、30μg/mL、75μg/mL、150μg/mL、225μg/mL、300μg/mL、450μg/mL和600μg/mL的标准溶液，用移液管分别移取上述标准溶液5mL于试管中，加入乙酰丙酮溶液5mL，加盖摇匀；取另一个试管移取5mL的蒸馏水和5mL的乙酰丙酮溶液，加盖摇匀，作为参比用，都在（40±2）℃水浴中加热30min进行显色，最后绘制出吸光度A对标准甲醛溶液浓度之间的关系曲线。

（4）织物上游离甲醛的萃取。采用液相萃取。精确称取剪碎后的试样1g，放入250mL的碘量瓶中，用移液管加入0.01%非离子型的渗透剂的蒸馏水溶液100mL，在（40±2）℃恒温震荡水浴锅中萃取1h，其间摇动2~3次，冷却至室温，用砂心玻璃漏斗过滤。

（5）测定分析。用移液管移取萃取液和乙酰丙酮各5mL于试管中，加盖摇匀，（40±2）℃水浴中加热30min进行显色，然后取出冷却至室温；并以5mL的蒸馏水和5mL的乙酰丙酮溶液做参比液，用分光光度计在415nm波长下测定其吸光度值，在标准曲线上查得对应的甲醛的浓度。如果甲醛的含量过高不能查找时，可以将萃取液稀释若干倍重新测定。计算如下：

$$织物上释放甲醛的量 = \frac{C \times 100}{m}（μg/g）$$

式中：C——在甲醛的标准曲线上查得的甲醛浓度，μg/mL；

m——试样重量，g。

四、力学性能指标的测试

由于整理后织物有些力学性能指标发生变化，在考虑织物防皱性能提高的前提下，还要考虑各种性能指标的综合平衡。因此要对整理后织物的强力等力学性能指标进行测试。

1. 织物撕破强力的测试　防皱整理后的亚麻织物，由于纤维大分子或基本结构单元的相对移动性能受到抑制，撕破时，可以聚拢在一起共同承担外力的纱线数目减少，会导致织物撕破强力下降。织物撕破强力可以按 GB/T 3917.3—2009《纺织品　织物撕破性能　第 3 部分：梯形试样撕破强力的测定》进行测试。

防皱整理后织物的撕破强力可通过在整理工作液中加入柔软剂来改善。

2. 断裂强力　经过防皱整理后，亚麻织物的断裂强力会下降。织物断裂强力的测定按 GB/T 3923.1—2013《纺织品　织物拉伸性能　第 1 部分：断裂强力和断裂延伸率的测定（条样法）》进行测试。

测定五经五纬试样，各自取平均值为试样的经向强力和纬向强力，按下式计算强力下降率（简称降强率）。

$$降强率 = \frac{处理前断裂强力 - 处理后断裂强力}{处理前断裂强力} \times 100\%$$

亚麻织物经过防皱整理后，其断裂强度降低，这一点是很容易理解的。亚麻织物的断裂不是由于分子链的断裂或相对滑移造成的，而是由于纤维超分子结构内部存在着许多缺口、弱点，拉伸时，弱点首先断裂，然后缺口逐渐扩大，进而应力集中，分子链拉断，导致纤维断裂。亚麻织物经过防皱整理之后，由于在其基本结构单元及大分子之间引入一定数量的稳定的共价键或沉积树脂，各个单元的相对移动性受到限制，使纤维负担外力的情况更加不匀，必然引起纤维断裂强力的下降。

综上所述，虽然采用 2D 等含甲醛的防皱整理剂对亚麻织物进行防皱整理具有良好的防皱效果，但却存在环保问题。而采用无甲醛的多元羧酸、液氨以及有机硅等防皱整理剂对亚麻织物进行防皱整理，也具有良好的防皱整理效果，但由于这些整理剂整理后的纺织品容易泛黄或因成本高，使它们的使用受到了很大程度的限制。因此，环保型的、超低甲醛的、无甲醛的、低价格的防皱整理剂是最佳选择，也是目前防皱整理剂的发展趋势。

第五节　亚麻织物的阻燃整理

随着纺织品应用的推广，由纺织品引起的火灾不断增加。纺织品与人类直接接触，一旦发生燃烧，小则部分皮肤烧伤，大则皮肤大面积烧焦，危及生命。纺织装饰材料一旦发生火灾，除了会造成人员伤亡外，还会造成严重的经济损失。

由此可见，提高纺织品的阻燃性，对确保安全，减少不必要的火灾事故，起着重大的作用。纺织纤维绝大多数在 300℃ 以下就会发生分解，经过阻燃整理之后，并不是就不发生燃烧或不会造成损伤，只是不同程度地降低了其可燃性，或离开火源后会立即停止燃烧。因此，阻燃整理是一个相对概念。

亚麻织物的阻燃整理可以借鉴棉织物的阻燃整理过程进行讨论。

一、阻燃整理机理

不同的纤维由于化学组成、结构以及物理状态的差异，燃烧的难易程度就不同。各种常见纤维燃烧的特性见表10-3。

表10-3　常见纤维的燃烧特性

纤维	着火点（℃）	火焰的最高温度（℃）	发热量（kJ·kg^{-1}）	极限氧指数（%）
棉	400	860	15.9	18
黏胶纤维	420	850	—	19
醋酯纤维	475	960	—	18
羊毛	60	941	19.3	25
锦纶6	530	875	27.2	20
聚酯纤维	450	697	—	20~22
聚丙烯腈纤维	560	855	27.2	18~22

从表10-3可以看出，棉、黏胶纤维等纤维素纤维属于易燃纤维，而其他常用的纺织纤维都属于可燃纤维。各种常用纺织纤维在一定程度上都具有可燃性，亚麻也不例外。因此，对于一些麻纺装饰产品也需要进行阻燃整理。要了解麻纤维阻燃整理的机理首先应当明确织物燃烧的机理以及麻类产品即纤维素纤维燃烧的热裂解过程。

1. 织物燃烧的机理　高聚物（如亚麻）受热就会发生分解，其产生的可燃性或挥发性气体一旦扩散到高聚物的表面并和氧接触，就会发生燃烧现象。燃烧过程中会产生大量的热，与空气形成对流后，就可以扩散到被燃烧织物的内部，织物继续发生热裂解，产生可燃性或挥发性气体扩散到织物的表面形成火焰的燃料，当与氧相遇时即可以继续燃烧，产生的热量又会循环地扩散到被燃烧织物的内部，维持织物持续地进行燃烧，在织物燃烧退化的过程中，一些表面固体的颗粒也会脱离固体的表面进到火焰中，成为火焰的另一个固体燃料。织物燃烧的过程就是上述过程不断循环的过程。

2. 织物阻燃整理的机理　阻燃整理就是控制织物燃烧的热量再次转移到被燃烧织物的内部、控制织物燃烧时产生的可燃性气体和挥发性气体的量、控制固体残渣的氧化过程、控制纤维素热裂解过程、阻止左旋葡萄糖的生成，以达到抑制织物继续燃烧的目的，达到阻燃的效果。

织物燃烧热裂解时释放出的可燃性气体或挥发性的气体，扩散到被燃烧织物的表面的燃烧叫有焰燃烧；织物燃烧热裂解过程中产生的固体残渣或燃烧织物表面退化的固体颗粒的氧化过程叫无焰燃烧。

（1）有焰燃烧的阻燃机理：有焰燃烧的阻燃机理有催化脱水交联论、气体论、覆盖论和热论等。具体内容可参照棉纤维的阻焰燃烧的阻燃机理。

（2）无焰燃烧的阻燃机理：无焰燃烧的过程就是碳的氧化过程。

阻无焰燃烧的机理主要有以下几方面：

①改变反应的活化能，使反应有利于第一个反应的发生，不利于第二个反应的进行。

②使阻燃剂吸附在碳的反应活化中心上，减少碳氧化的机会，主要生成一氧化碳。

③阻燃剂与一氧化碳发生反应，阻止一氧化碳氧化成二氧化碳的反应发生，从而达到阻燃的目的。

二、阻燃整理剂及其整理工艺

阻燃整理剂的品种很多，也有很多分类方法，按化学组成可以分为有机的和无机的；按阻燃整理后织物阻燃的耐久性又分为暂时性阻燃整理剂、半耐久性阻燃整理剂和耐久性阻燃整理剂。阻燃整理剂除了应具有良好的阻燃效果外，还应对织物的强力等力学性能的影响较小、不会使染色布变色和褪色、没有毒性、对皮肤没有刺激作用、燃烧时产生的烟雾无毒、价格合理、成本增加不多。

目前阻燃产品要全部达到上述要求还比较困难，因此，目前阻燃整理剂都根据产品的要求来选择合适的阻燃剂和阻燃整理工艺，只要符合指标的要求，就可以作为合格的产品，不必过于苛求。

由于亚麻织物化学组成等方面都与棉相似，因此亚麻织物的阻燃整理剂应与棉纤维织物的阻燃整理剂相类似。目前棉织物上常用的阻燃整理剂主要是一些含磷以及含磷、含氮的化合物。棉织物的阻燃整理剂及其整理工艺如下。

1. 暂时性的阻燃整理剂 整理后能使织物保持优良的防火性能，但一经水洗阻燃效果会全部消失。一般耐洗次数在15次以下。经过一段时间后，必须重新进行防火处理，才能恢复防火性能。此类整理剂有：钛和锑的金属氧化物和卤化物、磷酸氢铵和氨基磺酸胺、烷基磷酸氢胺、脒基尿磷酸盐、无机溴化物、硼砂、硼酸等。

该类整理剂主要适用于窗帘、帷幕、装饰用不常洗的织物。

工艺流程如下：

浸轧（10% ~32%尿素以及5% ~16%的磷酸氢铵）→烘干→焙烘（140 ~160℃，2 ~6min）→水洗→浸轧（25% ~50%的磷酸氢钛溶液）→碱洗→烘干→浸轧3%的聚乙烯乳液

由于硼酸和硼砂在很高的温度下也不发生分解，它们作用于织物上，一旦织物由于某种原因发生火灾时，它们就会在织物的表面形成覆盖层，一方面可以阻止织物与氧气的接触，另一方面也可以阻止燃烧热裂解产生的可燃性和挥发性的气体向织物的表面转移，即起到类似于绝缘层的作用，从而达到阻燃的目的。

2. 半耐久性的阻燃整理剂 半耐久性阻燃整理剂是指经过阻燃整理后阻燃效果能够保持较长时间，但经过多次洗涤后又能消失，一般耐洗次数在15 ~50次。该类整理剂及其适用的对象如下：

（1）氟莱姆普罗夫462 -5（Flameprof 462 -5）。该整理剂是一种卤磷化合物，适用于聚酯纤维。

（2）四羟甲基氯化磷和 2，3 - 二溴丙基溴酸酯。它们可以用一浴法浸轧涤/棉织物，获得较耐久的阻燃整理效果。其工艺流程如下：

浸轧→烘干→热溶（180～200℃）→皂碱洗涤（70～80℃）→水洗→烘干

（3）TY1068。它是一种有机聚磷酸胺，主要用于纤维素纤维和羊毛的阻燃整理。

（4）福斯康 CT（Phoscon CT）。它是羟甲基双氰胺衍生物，主要用于纤维素纤维、聚乙烯醇缩醛纤维的阻燃整理。

（5）四羟甲基氯化磷（THPC）与双氰胺。它们共同用于纤维素纤维织物的阻燃整理，效果较好。

在上述各种半耐久性阻燃整理剂中，最常应用于纤维素纤维阻燃整理的是四羟甲基氯化磷与双氰胺的混合物。

THPC 是一种白色、溶于水和低级醇的结晶化合物。由磷化氢、甲醛和盐酸在室温下发生化学反应制得的，可以表示如下：

$$PH_3 + 4HCHO + HCl \longrightarrow (HOCH_2)_4P^+ Cl^- \ (THPC)$$

在水溶液中可以离解，具有酸性，可以表示如下：

$$(HOCH_2)_4P^+ \longrightarrow (HOCH_2)_3P + CH_2O + H^+$$

四羟甲基氯化磷又是一种三官能团的化合物，能与胺、酰胺、酚、醇等进行化学反应，例如，与纤维素纤维中的羟基发生反应可以表示如下：

$$(HOCH_2)_4P^+ \longrightarrow (HOCH_2)_3P + CH_2O + H^+$$

$$纤维素 —OH + CH_2O \longrightarrow 纤维素 —OCH_2OH$$

$$纤维素 —OCH_2OH + H^+ \longrightarrow 纤维素 —OCH_2^+ + H_2O$$

$$纤维素 —OCH_2^+ + [:P(HOCH_2)_3] \longrightarrow (HOCH_2)_2PCH_2O— 纤维素 + CH_2O + H^+$$

上述整理剂在对纤维素纤维进行阻燃整理时，会和纤维素纤维发生共价交联，改变纤维素纤维热裂解的过程，从而达到阻燃的效果。

由于四羟甲基氯化磷的水溶液具有酸性，在对纤维素纤维织物进行阻燃整理时，为了防止纤维素纤维的强力下降，应在阻燃整理液中加入适当的碱剂，如乙醇胺、纯碱或烧碱等。为了提高阻燃整理效果的耐久性，在整理液中有时要加入双氰胺或酰胺类。

例如，用于纤维素纤维织物阻燃整理的工艺配方为：

THPC	16.0%（owf）
NaOH（或 2.5% Na$_2$CO$_3$）	1.0%（owf）
尿素	9.7%（owf）
TMM（三羟甲基三聚氰胺）	9.7%（owf）
柔软剂	1.0%（owf）
润湿剂	0.1%（owf）

其工艺过程如下：

织物浸轧上述整理液→烘干（80～90℃）→焙烘（150～160℃，2～3min）→水洗→烘干整理后织物的阻燃性和弹性提高，但双氰胺防皱整理剂的使用会导致织物强力等力学性能下降。

3. 耐久性阻燃整理剂　耐久性阻燃整理剂利用化学的方法在纤维内部或表面进行聚合或共聚，形成一层不溶于水和一般溶剂的聚合物，或用乳胶树脂将不溶于水的阻燃整理剂黏附在纤维上。属于此类的整理剂有：

（1）派罗代克斯 CP（Prodatex CP）。化学结构为二甲基 – N – 羟甲基丙烯酰胺膦酸酯，常与羟甲基三聚氰胺树脂以及树脂催化剂共同使用。分子结构可以表示为：

$$(CH_3O)_2PO—CH_2CH_2CONHCH_2OH$$

（2）法罗尔 76（Fyrol 76）。化学结构为乙烯磷酸酯低聚物，它常与羟甲基丙烯酰胺一起使用，并以过硫酸钾为引发剂，在织物上形成含磷酸酯成分的共聚物。分子结构可以表示为：

$$\left(O—\overset{\overset{\displaystyle O}{\|}}{\underset{\underset{\displaystyle CH=CH_2}{|}}{P}}—O—R \right)$$

（3）普罗班（Proban）。四羟甲基氯化膦与酰胺的低分子预缩体，主要用于麻、棉织物的阻燃整理。分子结构如下：

$$(HOCH_2)_3P^+Cl^- —CHRNCONRCHPCl^- (HOCH_2)_3$$

（4）四羟甲基氢氧化膦。其结构式为 $(HOCH_2)_4P^+OH^-$，简称 THPOH。适用于纤维素纤维（如麻等）的阻燃整理。

在上述几种耐久性阻燃整理剂中，麻及棉等纤维织物中最常用的是四羟甲基氢氧化膦。

由于四羟甲基氯化膦的水溶液具有酸性，在对纤维进行阻燃整理的过程中，非常容易造成纤维的损伤和破坏，导致强力下降。因此就将四羟甲基氯化膦用烧碱进行中和处理，生成四羟甲基氢氧化膦。可以发生下面的反应：

$$(HOCH_2)_4P^+Cl^- + NaOH \longrightarrow (HOCH_2)_4P^+OH^- + NaCl$$
$$\text{(THPC)} \qquad\qquad\qquad \text{(THPOH)}$$

通常的四羟甲基氢氧化膦实际上是大部分四羟甲基氯化膦转化的 THPOH。虽然随着 pH 的升高，转化率不断提高，当 pH 增加到 8.8 时，THPC 可以全部转化为 THPOH，但当溶液的 pH 过高，会发生下面的反应：

$$(HOCH_2)_4P^+Cl^- + NaOH \longrightarrow (HOCH_2)_3P + NaCl + CH_2O + H_2O$$
$$(HOCH_2)_3P + HOH \longrightarrow (HOCH_2)_3PO$$

生成的三羟甲基氧化膦与纤维素纤维反应得很慢，会降低产品的阻燃性能。因此实际 THPOH 是大部分为四羟甲基氢氧化膦与少量未被碱化的四羟甲基氯化膦的混合物。

由于 THPOH 与纤维的反应性要比与 THPC 的反应性低一些，固其溶液比较稳定。整理后对纤维强力等力学性能的损伤较小，手感也比较好。通常它也与酰胺类混合使用。

例如，用于纤维素纤维织物整理的工艺配方为：

　　　　　　　　THPOH　　　　　　　　　　　　　　　　　15%（owf）

TMM	9%（owf）
尿素	7%（owf）
柔软剂	1.0%（owf）
润湿剂	0.1%（owf）

织物浸轧上述整理液后，四羟甲基氢氧化磷在纤维内生成高分子的缩聚物，最后用过氧化氢或过硼酸钠氧化，使防火剂高分子中的磷由 3 价磷氧化成 5 价磷，以提高阻燃整理织物对洗涤、日晒、氧漂的稳定性。

三、阻燃性能评价指标与测试

织物阻燃效果的好坏，可以用极限氧指数、垂直燃烧法以及织物强力等性能指标进行评价。

1. 极限氧指数　织物在氮氧混合气体中保持烛状燃烧所需要氧气的最小体积分数叫极限氧指数，可以用下式表示：

$$极限氧指数 = \frac{氧气}{氧气 + 氮气} \times 100\%$$

极限氧指数越高，表示织物燃烧时所需要的氧气的体积分数越大，织物的阻燃效果越好；反之，织物燃烧所需要的氧气的体积分数越低，织物的阻燃效果越差。极限氧指数的测定按照 GB/T 5454—1997《纺织品　燃烧性能测试　氧指数法》进行测试。

2. 垂直燃烧法　垂直燃烧法测定是按照 GB/T 5455—2014《纺织品　燃烧性能　垂直方向损毁长度、阴燃和续燃时间的测定》进行测试的。

试样为 300mm×89mm，经向、纬向各 15 块，测试温度为 10～30℃，相对湿度为 30%～80%。LCK—08 织物阻燃性能测定仪调试参照使用说明书。将试样放入试样夹，试验下端与框夹下端对齐，打开燃烧箱门，将试样夹垂直挂于箱体的中央；关闭阀门；接通气源通气灯亮，按下"点火"按钮，点燃燃烧器，待火焰 30s 后，按下"启动"按钮，燃烧器移到试样悬挂位置，点燃试样，12s 后燃烧器停止供气并复位；计时开始，用秒表测定续燃时间和阴燃时间（以秒计），测定结束，关电源停机；打开燃烧箱门，取出试样夹，卸下试样，根据织物的重量选择重锤，见表 10－4，并测量损伤长度。

表 10－4　织物重量与选用重锤重量之间的关系

织物重量（g/m²）	重锤重量（g）	织物重量（g/m²）	重锤重量（g）
101 以下	54.5	338～650 以下	340.2
101～207 以下	113.4	650 及以上	453.6
207～338 以下	226.8		

损毁长度的测量：于试样烧焦区的一端，距侧边和下边各 6mm 处剪一小洞，在该小洞处悬挂一重锤，并离开桌面（图 10－12），使试样在自然状态下从损毁处裂开（为了提高测量准确度，防止撕裂方向改变，应在炭化中心处剪一段距离），保持裂缝逐步扩大，直到不裂

开为止。测量撕裂顶端到末端的距离（以 cm 为单位），即为损毁长度。

图 10 - 12　测量损毁长度的示意图

织物阻燃整理效果的好坏，也可以用使织物按照规定的方法与火焰进行接触一定时间后，移去引起着火的火源，以剩余有焰燃烧和无焰燃烧所需要的时间来表示。所用时间越短，其阻燃的效果越好。

四、一种新型的耐氯阻燃整理剂

近年来，随着经济的不断发展，火灾的发生呈现多样性，由纺织品引发的火灾数量在世界各国也在不断地增加，所发生的火灾造成了重大的经济损失与人员伤亡。在我国经济快速发展的近十几年中，每年都会发生数万起火灾，造成数千人的伤亡，给我国的经济也造成了惨重的损失。根据公安部消防局的统计，仅 2015 年一年全国接报的火灾数就高达 33.8 万起，造成 1742 人死亡、1112 人受伤，直接财产损失高达 39.5 亿元，全国消防队伍接警出动 112 万起，共出动车辆 204.1 万辆、消防员 1197.7 万人，营救遇险被困群众 16.5 万人。全年中，因家庭火灾死亡的人数较多，可占到死者总数的 69.6%。其中纺织品引起的火灾在火灾总数中占有很大比例。由此可以表明，织物用阻燃整理剂的开发与应用变得日益重要起来。

众所周知，无机阻燃剂的历史悠久，是应用较早的一种阻燃剂，具有良好的稳定性，在储存的过程中不挥发、不析出，低毒或者无毒，对人体具有良好的安全性，来源广泛，成本低廉，并具有优越的阻燃性能，使其应用范围比较广泛。但目前的无机阻燃剂大多数不耐水洗，为暂时性的阻燃整理剂，使其在应用方面受到了一定的限制。有机卤系阻燃剂虽然目前仍是应用的主流，但是这类含有卤素的阻燃剂，由于卤素本身的化学性质，使其本身也存在着许多不可忽视的缺点。例如，在高温或明火的情况下，这类阻燃剂会释放出带有有毒的卤化氢气体的浓烟。有数据表明，在建筑物火灾中，卤系阻燃剂释放出的有毒气体是造成人员伤亡的罪魁祸首。随着经济的高速发展，人们环保意识的日益增强，这类阻燃剂的生产与应用都受到了极大的限制。目前磷系阻燃剂以及与其协同的阻燃剂为研究的主流，尤其以磷—氮阻燃剂为主，但磷—氮阻燃剂大多数不耐氯，所以今后磷—氮阻燃剂的发展方向应以耐氯为主。

基于普通磷—氮阻燃剂的合成方法，制备氮原子上不含氢原子的磷—氮阻燃剂。

采用亚磷酸二乙酯、丙烯腈、甲醇等为原始材料合成了一种磷氮系无甲醛耐氯阻燃整理剂。其合成过程如下：

将 0.15mol 丙烯腈，0.15mol 甲醇，3×10^{-4} mol 对羟基苯甲醚混匀后倒入 250mL 的四口

烧瓶中，取 0.45mol 浓硫酸倒入漏斗中从一个侧口中滴入，另两个侧口分别安装温度计与冷凝管，中间的瓶口装入搅拌器，控制搅拌速度在 100r/min。调节漏斗中浓硫酸的滴入速度，使反应瓶中的温度控制在 45～55℃，滴加时间约 60min，继续反应 30min。反应液用氨水中和至 pH＝1～2，中和后，反应液分为三层，水层与油层分别放入两个烧杯中，水层充分冷冻使产品结晶，浮在水层的上面，硫酸铵晶体沉淀在烧杯的底部；油层充分冷冻使之结块，然后，油层结块和水层晶体减压抽滤，置于真空烘箱中室温干燥，再用苯—正己烷混合溶剂重结晶至少 3 次，即得白色晶体状。丙烯腈与甲醇在酸性条件下反应式如下：

$$H_2C=CHCN + CH_3OH \xrightarrow{H^+} H_2C=CHCONHCH_3$$

装有搅拌器、温度计、回流冷凝器的四口烧瓶中加入亚磷酸二乙酯、甲醇钠，升温至 40℃，待甲醇钠完全溶解后加入 N – 甲基丙烯酰胺，再缓慢升高水浴温度至适当值（40～50℃），保温反应一定时间，得无色透明液体。向透明液体中加入 50mL 苯，析出未参加反应的 N – 甲基丙烯酰胺，过滤得透明溶液。再将此透明溶液减压蒸馏得浅黄色透明浆状物；在装有无色透明浆状物的三口烧瓶中加入乙二醛，用 25% 的 Na₂CO₃ 溶液调节 pH 至 5～6，加热水浴至所需温度（45℃），保温反应一定时间，得黄色透明液体即为最终产物。其反应式如下：

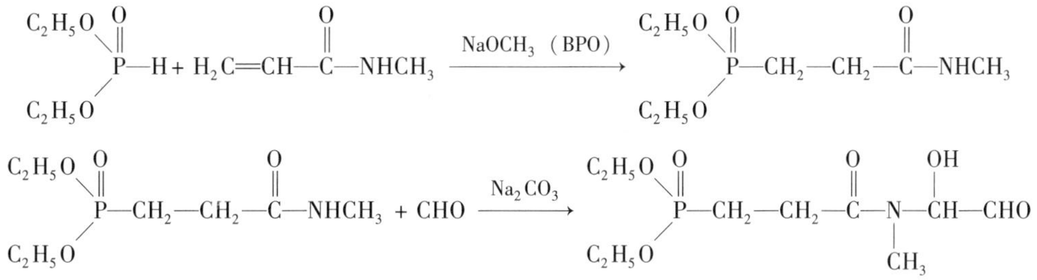

最后，比较普通磷—氮阻燃剂与本阻燃剂的各项性能指标。比较应用于整理工艺的实际效果。对整理后的织物进行红外谱图分析、X 射线衍射谱图分析、扫描电镜图像分析以及透湿透气性、织物柔软度、织物断裂强力和白度测试等。

第十一章　亚麻纺织染整生产实例

第一节　粗纱的色纱生产

亚麻纱线染色往往借鉴棉的染色方法，用绞纱和筒子纱进行染色。其工艺流程为：

粗纱→酸洗→亚漂→氧漂或双氧漂→水洗→染色→水洗→湿纺细纱→干燥→络纱

大大缩短了亚麻色纱生产的工艺流程，降低了成本，节约了能源，减少了污染，且在成纱质量、鲜艳度、透染性、色差率等方面都要好于传统的染色方法。而且生产过程易于控制，产品质量稳定。

一、粗纱煮练工艺的设计和控制

粗纱煮练时对前纺各道工艺控制如下：首先锅与锅之间要求定量管理，每锅粗纱漂前净重应控制在 380～390kg，卷绕密度控制在 0.37～0.38g/cm³，并且应在漂白前对粗纱进行筛选，禁止使用成形不良、面色、冒头、冒脚、软硬边等纱。煮练损失率严格控制在 10% 以内，采取以上措施即能保证锅与锅之间、一锅之内、粗纱内外层之间色差控制在最小范围内，保证粗纱染色色泽的均匀一致，无色道和色花现象。煮练时，应根据亚麻的产地、上染颜色及所纺线密度等综合因素，对粗纱煮练的工艺进行具体的调整。

国产麻及法国、比利时等外国麻染中浅色，如染浅色浓度在 1.5% 以下的煮漂工艺为：

碱煮→酸洗→亚漂→轻度氧漂→复氧漂

染中等色泽，浓度在 1.5%～3% 的煮漂工艺为：

碱煮→酸洗→亚漂→轻氧漂

浓度在 3% 以上，染黑、藏青、深褐、深咖啡等颜色时的煮漂工艺为：

碱煮→酸洗→轻氧漂（或不漂）

1. 碱煮　火碱 5.8g/L，纯碱 5.4g/L，温度 100℃，时间 60min。在强碱的作用下，亚麻纤维中的果胶水解，而固着在纤维表面的木质素磺化降解，并且使降解产品分解或裂解。研究表明，氢氧化钠浓度对于亚麻纤维中木质素含量、果胶含量和失重率的影响很大。当氢氧化钠的质量浓度在 4～8g/L 时，木质素和果胶含量下降较快，分裂度提高也较快，但失重率的增加不明显。如果氢氧化钠的质量浓度过高，亚麻纤维的损失很大，造成超短纤维含量过多，当氢氧化钠的浓度达到 30% 以上，纤维变成短绒，虽然分裂度得到较大的提高，但并不利于改善可纺性能，不利于提高成纱质量，相反，会使亚麻纱的品质指标下降，导致麻粒增多，档次下降，条干均匀度和强力 CV 值等各项指标下降。因此，可用碳酸钠来缓解对亚麻纤维的作用，从相关的实验得知，Na_2CO_3 质量浓度为 5.8g/L 时，分裂度的提高相对明显，纤维的失重率、短绒含量无明显的变化；但超过 8g/L 时，分裂度变化不大，所以 Na_2CO_3 的浓度应在 5~8g/L。加入亚硫酸 0.8g/L，能使木质素形成易于溶于碱的衍生物。此外，煮练温度可以加快反应的速度，煮练时间可以加深反应的程度。

2. 酸洗　酸洗的目的在于中和残留在粗纱上的残碱，并去除沤制过程中产生的灰分等杂质，半糖类物质和果胶等多糖类物质对酸的作用敏感，易水解而变成果胶酸，去除纤维中的铁等金属离子，同时和碱作用并脱胶；保持其后使用的双氧水的稳定，提高漂白效果。适当控制各种影响因素，便可以控制反应的程度。其工艺条件为：

浓硫酸	2g/L
温度	30℃
时间	20min

亚麻纱经过上述工艺处理后，纤维的强力无明显下降。

3. 亚氯酸钠漂白　亚麻纤维中含有大量的木质素等杂质。为了去除木质素且对纤维的强力损失小，采用亚氯酸钠对纤维进行漂白。亚氯酸钠在漂白过程中对纤维进行有选择的攻击，仅使醛基氧化成羧基，这样既达到了漂白的目的，纤维的失重率和损伤也较小。但如果工艺条件控制不当，也会使亚麻纤维的强力受到很大的损伤，因此应根据原料的产地及麻质粗硬程度的不同选择不同的工艺条件。根据克山金鼎亚麻纺织有限公司的生产实践得出下面的工艺：

H_2SO_4	2.3g/L
渗透剂 Leonilok	0.6g/L
$NaClO_2$	2.7~3.4g/L
$NaNO_3$	1.6g/L
温度	50℃
时间	40min

采用上述工艺既可以脱去一部分纤维杂质，又使粗纱湿态强度在染色前有了一定的控制。

4. 双氧水漂白　粗纱氧漂工艺为：

H_2O_2	1.8g/L
碱液（$NaOH:Na_2CO_3 = 1:2$）	3.6g/L
pH	11~11.5
硅酸钠	0.8g/L
稳定剂 SOF	0.3g/L

采用上述氧漂工艺对亚麻粗纱进行漂白，由于没有使用硅稳定剂，能减少硅酸络合重金属量，防止对双氧水的催化氧化分解，提高双氧水的利用率，降低成本，使纤维保持一定的聚合度，减少对亚麻纤维的损伤。经过煮练漂白后，纤维具有较高的白度，去除了大量木质素、脂蜡质、含氮无机盐等杂质，克服了染色均匀性差和不易染透的缺点。

二、染色

1. 染料的选择　在亚麻散纤维染色中克山金鼎亚麻纺织有限公司选用了上染率和透染性好、性价比优异的瑞士科莱恩活性染料（S 型染料，即乙烯砜型或 KN 型）和助剂（纯碱以及固色剂 E - 50 等）。

2. 染色设备及工艺配方

（1）染色设备。香港立信 CCS - 140A 型煮练锅。

（2）S 型染料工艺配方及工艺条件。

紫色、蓝色 S - R	0.47%（owf）
红色 SF - 3B	0.23%（owf）
黄色 S - RNL	0.2%（owf）
NaCl	30g/L
染色时间	40min
固色时间	50min

（3）S 型活性染料染色的工艺曲线。

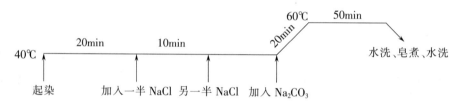

说明：40℃时起染，20min 时加入一半 NaCl，再染 10min 后再加入另一半 NaCl，再染 10min，加入 Na_2CO_3，20min 内升温至 60℃，保温固色 50min，然后水洗、皂煮、水洗后处理，完成染色过程

（4）皂洗工艺条件。

温度	90℃
时间	20min
RSK	1g/L

3. 染色过程中的注意事项

（1）染料由辅助缸搅拌并且线性计量加入，同时盐、碱加入按照预先设定程序线性加入，第一次上染时，最好分批加盐，以控制上染速率，如果一次性加盐过多，不仅大大加快上染速率使染色不均匀，而且会引起染液中染料的聚集，甚至出现沉淀；加碱之后进行第二次上染时，由染浴的 pH 控制上染速率和固色程度，加入大量碱剂，使 pH 迅速升高，不但水解染料增多，而且大量染料在瞬间固着，很难移染，造成匀染性和透染性差。因此，应合理控制盐、碱用量及加入的方式，以保证最佳染色效果，防止染花、色差大的缺点。

（2）色纱皂煮时采用高效润湿、具有净洗功能的洗涤剂 RSK 作为皂洗液，此阶段工艺控制包括水洗温度、水流速度、pH 等方面。主要目的是为了去除电解质和未反应的染料。因此，要在 90～95℃的条件下，使用水流速度快和具有强净洗功能的洗涤剂。

第二节　麻和棉双层织物的设计与生产

　　双层组织的织物色彩表达能力强，由多色经、多色纬织制的提花装饰布颜色极为丰富，能将色织产品复杂的色彩表现出来。利用双层组织表层和里层相对独立的特性，能够生产出色彩效果丰富和具有独特结构搭配的提花织物。相比于纯亚麻织物，麻棉混纺织物具有成本低、利润大、吸湿性强、透气性好的特点，其性能更优于棉织物。亚麻中含有大量的果胶，含氮量高，具有抗静电性。因此，其产品具有保健的功能。随着人们追求纺织品天然风格的消费心理日益增强，该类产品越来越受到人们的青睐。市场前景广阔。

　　双层织物的生产工艺过程是：

　　原纱检验→松筒→前处理→染色→烘干→络筒→整经→浆纱→织造→修布→成品检验→柔软→预缩→成品检验→包装

一、前处理和染色

1. 前处理工艺配方

煮漂工艺配方：

纱线	200kg
水	2000L
氢氧化钠	2g/L
双氧水（27%）	2.8~3.0g/L
硅酸钠	8kg
温度	95℃
时间	60min

　　经测定，53tex 麻棉纱的强力减少了 2%~3%，毛效和损失率控制在最佳水平，并且保证了织造强力损失较小。

2. 染色工艺配方及流程

采用筒子纱染色的方法，首先将原纱制成松式筒纱，要求筒纱卷绕密度均匀一致，密度不能过大，否则容易造成染色不匀不透，内外层颜色不一致或白斑的染疵。密度也不能太小，否则容易造成纱线颜色深浅不一。密度一般控制在 0.37g/cm³，每筒纱的重量应控制在 0.55kg，重量差异要小，否则容易造成染花。一般重量差异应控制在 3% 以下。

　　（1）染色的工艺配方。

　　①染色工艺配方 1。

紫色、蓝色 S－R	0.25%
黄 S－RNL	0.01%
红 SF3B	0.09%

NaCl	2.5g/L
Na$_2$CO$_3$	5g/L
浴比	1∶10

皂洗：

皂液 RSN	2kg
温度	95℃
时间	20min

②染色工艺配方2。

绿色、嫩黄 S－4CL	1%
蓝 S－R	0.12%
NaCl	40g/L
Na$_2$CO$_3$	10g/L
浴比	1∶10

皂洗：

皂液	2.8g/L
温度	95℃
时间	20min

（2）染色工艺曲线。

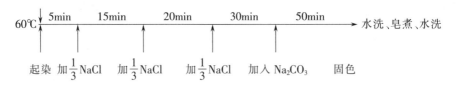

（3）染色工艺流程。

染色→水洗（70℃或40℃洗涤，各10min）→皂洗→水洗（80℃、60℃洗涤，各10min）→脱水→烘干

二、织造工艺

1. 络筒整经 麻棉混纺纱毛羽大，纤维粗硬，纱线与纱线之间易纠缠，使织造难度增大，所以络筒前适当在纱线表面擦少许的蜡，以起到伏帖毛羽的作用。采用槽式引纱络筒机，转速达800r/min 左右，并可适当增加张力盘重量，以保证成形良好，卷绕密度均匀，减少络纱的断头。为防止纱线缠绕时发生扭结，落筒后首先将纱线放在相对湿度80%～85%的室内自然定捻24h 后使用。

整经采用国产 GA1452C 型整经机，为了减少经纱弹性损失，提高效率，减少断头，采用小张力工艺，车速选择为 80～100m/min。张力配置选用前、中、后三段。

2. 浆纱 由于麻/棉纺纱采用的是干纺工艺，与湿纺亚麻纱、棉纱相比，纤维粗硬，刚性大，弹性恢复性差，纤维间抱合力差，易断裂，并且表面毛羽多，粗节多，织造中易断头，影响产量和开分效率。基于以上因素，对麻/棉纱线，上织机前要进行浆纱，以改善以上不良状况，增加纱线的强力，伏帖毛羽，避免由于断头和纱尾自然解捻与邻纱纠缠而使织造跳花而影响质量。经过测试，上浆烘干后的纱线强力增加 205N 左右，使麻/棉纱在织造的过程中，开口清晰，解决了断头率高的难题。

浆料工艺配方：

液量	200L
玉米淀粉	12kg
Arkofil 3676	2kg
DDF	0.8kg
Lenik SK	0.5kg
甘油	0.2kg
火碱	0.04kg
调配缸中温度	(80 ± 2)℃
浆槽中温度	(92 ± 3)℃
上浆率	10%
回潮率	7%～8%

配方中使用 Arkofil 3676，能使纱线表面光洁、毛羽纱少、浆膜柔韧耐磨；加入 Lenik SK，能够起到柔软纱线的作用。考虑到麻纤维粗硬、弹性差的特点，仍采用小张力的工艺。各个工序的张力要合理调整，保证浆轴卷绕平整。

3. 织造 织布工艺：

线密度：58.3tex 麻/棉（经、纬）纱

密度：经纱 212 根/10cm（成品），198 根/10cm（坯布）

　　　纬纱 218 根/10cm（成品），220 根/10cm（坯布）

　　　经纱排列：1 紫 +1 绿……

　　　纬纱排列：1 紫 +1 绿……

型号：64 号

每筘齿根数：4 根

织造时，在开口运动过程中，经纱张力由小变大逐渐增加，闭口时则相反，应尽量减少经纱张力的波动，合理分配经纱开口、闭口时间，采用低车速、小张力的工艺。车速为 270r/min，后梁高度 1000mm，经停架高度 970mm，织造过程中温度控制在 26～28℃，相对湿度为 80%～85%。生产该品种时，机台最好设置在车间中央，保证温湿度的波动最低，避免麻/棉纱织造时发黏发脆。在织造过程中，还应及时清理机后的飞花、短绒等杂物，减少停经和综丝的受阻机会。保证纱线运动过程中的通畅，从而保证产品质量。

三、后整理

后整理采用以下工艺流程：

烧毛→整纬→柔软拉幅→预烘→橡皮毯式预缩→呢毯预缩→热定形

为了保证布面光洁平整，烧毛等级定在 3 级以上，整纬 3cm，经向、纬向缩水率控制在 0～3%。

目前市场上客户的需求层次越来越高，要想使产品畅销和顺利出口，就必须不断提高产品的竞争优势，不断提高质量，精益求精，使产品牢牢地占据稳定的市场，提高企业的市场竞争力。

第三节 高档亚麻花式纱线面料和针织用纱的开发与利用

色织产品的技术附加值较高，随着消费水平的提高，选用色织面料的比例不断上升，目前色织面料的主要发展趋势是使用各种新型材料、各种纤维材料和各种花式纱线与流行色彩搭配应用。

亚麻纤维属于天然纤维素纤维，纤维素含量只占 70% 左右，而含有大量的木质素和果胶等杂质。传统的亚麻湿纺工艺，是对前纺纺制的亚麻粗纱进行漂白，从而去除亚麻原料中不可纺的杂质，以提高纤维的分裂度，从而达到纺制亚麻纱的目的，然后对粗纱和筒子纱进行染色。但此种纱线，每根纱线上只有一种颜色，为了开发出每根纱线上具有两种或两种以上不同颜色的花色纱，应该对传统工艺路线进行改进。

一、工艺路线的选择和优化

1. 传统亚麻短麻湿纺工艺路线及其改进

（机下短麻）→混麻自动线（加湿养生）→高产联梳机预针梳（一、二）→精梳→后针梳（一、二、三、四）→粗纱→煮漂→细纱→烘干→络筒→包装或栉梳（机下短麻）→（加湿养生）→大切→Ⅰ道圆梳精梳——→排麻→延展→制条→并条→粗纱→煮麻→烘干→络筒→包装
└中切，Ⅱ道圆梳┘
　　　　└小切，Ⅱ道圆梳┘

如果采用以上工艺流程无法纺制不同比例多种颜色组合在一根纱线上的花色亚麻纱；当然将几种颜色的纱线进行合股也可以产生花式纱的效果，但是这种纱线存在着线密度偏高的问题。因此将该工艺改进为：

（机下短麻）→短麻煮漂→染色→烘干→加湿养生→大切→圆梳→中切→圆梳→小切→圆梳→排麻→配麻→延展→并条→粗纱→润湿→梳理→混条→湿法纺纱（润湿和精练）→细纱→烘干→络筒→包装

此工艺的独特之处在于纺纱之前进行漂白和染色，然后走短麻传统纺纱工艺路线，即梳理、混条和湿法纺纱（润湿和精练）→细纱→烘干→络筒→包装。

2. 染色前处理的改变 传统亚麻湿法纺纱的前处理根据不同的亚麻原料有不同的方法。

亚麻半漂细纱→松筒→煮练→水洗→漂白→染色→水洗→烘干→络纱→包装

粗纱→漂白→水洗→染色→水洗→湿纺经纱→干燥→络纱

这两种方法都是对筒子纱或粗纱进行煮练、漂白和染色。亚麻纤维中纤维素占70% ~ 80%，半纤维素占12%，木质素占3% ~5%，果胶、脂蜡质、灰分、含氮物质等杂质占20%左右，而上述纤维素杂质去除的多与少直接影响染色的效果，影响到染色的匀染性、上染速率、色调饱和度和颜色鲜艳度。

应根据原料的产地不同和散纤维的作用不同制订相应的煮漂、染色工艺。

（1）国产栉梳机下短麻，二粗10#以下机制短麻以及俄罗斯和埃及等麻质粗硬的亚麻原料采用的工艺为：

酸洗→碱煮→氧漂工艺

（2）法国、比利时雨露沤麻机下短麻采用氧漂工艺流程。

酸洗的工艺配方如下：

98%的浓硫酸	2.2g/L
温度	30℃
时间	30min

然后水洗直至中性为止。

（3）煮练。国产麻中果胶、木质素、半纤维素的含量均要比相应的雨露沤麻法要大，通过煮练，提高纤维的分裂度，使连接纤维的果胶酸得以去除，并且有软化水质、改善麻纤维手感的作用，同时达到最佳的吸湿性毛效和纤维的纯净度，通过碱处理以促进降解产品的分解和裂解。使纤维变得更细，使纤维长度、整齐度等结构均匀度有所提高，达到合理的工艺参数，提高纤维的可纺性。

（4）煮练配方及工艺参数。

氢氧化钠	5 ~ 7.5g/L
纯碱	3 ~ 3.8g/L
亚硫酸氢钠	0.8g/L
高效渗透剂 Leonil SR	0.5g/L
温度	100 ~ 140℃
时间	70min

通过扫描电子显微镜观察，亚麻纤维经过上述处理后，纤维杂质及其降解物去除彻底，纤维分裂程度良好，提高了染色纱的品质指标。

（5）漂白。亚麻纤维用双氧水进行漂白。亚麻纤维经过酸洗和煮练后，去除了果胶、灰分和脂蜡质等杂质，增加了毛效，但亚麻纤维的色素还没有去除。若采用双氧水进行漂白，它不但可以氧化色素，还可以氧化木质素、纤维素以及伴生物。氧漂的工艺如下：

双氧水（100%）	3g/L
碱度（氢氧化钠∶碳酸钠 = 2∶1）	4g/L
pH	11.2

稳定剂	0.8g/L
温度	95℃
时间	60min

亚麻纤维漂白和粗纱漂白最大的不同之处，在于亚麻纤维没有经过各道机械牵伸并合梳理除杂，在漂白难度上要明显高于粗纱，它对纤维的长度、整齐度、分裂度都有要求。为了更好地控制纤维的白度，解决亚麻纤维分裂、主体长度、短绒含量等衡量纺纱性和成纱质量的重要技术指标之间的关系，双氧水稳定剂 SOF 完全取代水玻璃，它具有络合重金属离子，能防止其发生氧化催化反应而过早发生分解，对双氧水具有杰出的稳定性能。它具有白度高，使纤维保留适宜的聚合度，纤维损伤小的优点，双氧水利用率达到最佳状态，白度提高了8～10 个百分点，并且用量低，节约成本。将纤维主体长度控制在 100～120mm，短绒含量小于15%，以便成纱强度 CV 值、条干、粒子等各项指标达到一等纱的要求。

二、受控染色工艺

受控染色工艺最重要的是配伍染料和助剂，通过一定的程序控制染色过程，将亚麻纤维中的半纤维素、木质素、果胶、色素等杂质去除之后，极大地改善了染色的均匀度，提高了纤维的吸湿性和鲜艳度。同时还要合理制订染色工艺条件和选择染料和助剂。

1. 染料的选择　在亚麻散纤维染色开发过程中，曾对不同类型活性染料进行选择，通过生产实践中摸索，依照染色效果，染料的均匀性、上染率、得色深度和染透性，染料从小试到大试的重现性等选择了瑞士科莱恩公司生产的 S 型和 M 型染料。S 型染料属于乙烯砜型中温染料，对于亚麻来说，主要克服亚麻纤维较其他纤维染透性差的难题；M 型属于乙烯砜型和一氯均三嗪双官能团改良型，除了具有上述优点外，还具有更好的重现性和直接性，并具有极高的染料力份。对于高档产品应选择 M 型。

2. 助剂的选择　在助剂中选用食盐或元明粉进行促染，依靠纯碱对纤维进行固色，同时用 RSK 作为洗涤剂对其进行皂洗，用 E—2R 阴离子活性染料，用匀染剂控制匀染用阴离子E‑50 作为深颜色固色剂，可以改善纤维的耐干湿摩擦色牢度。

3. 染色设备及工艺配方

（1）染色设备。采用国产高温高压染色机、绞纱染色笼子。

（2）工艺配方及工艺条件。散纤维活性染料漂染工艺：

活性黄 SRN	2%
E‑2R	1mL/L
食盐	40g/L
纯碱	8g/L
染色温度	60℃
浴比	1∶15
染色时间	40min
固色时间	50min

（3）皂洗的工艺配方及工艺条件。

RSK	1g/L
温度	90℃
时间	20min

（4）染色工艺曲线。

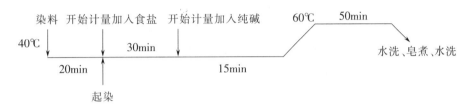

（5）染色工艺条件及注意事项。染色时，应将染料预溶解后再打入缸中循环20min，缓慢加入食盐后循环20min，然后保温促染30min，中间每隔3min换循环方向，这是因为在活性染料第一次上染时，通过加入食盐或元明粉提高了上染速率和上染量，但开始时的染液浓度高，上染速率也较快，如果此时加入大量的电解质，不仅由于加快了上染速率使染色不匀，而且可能会引起染料在溶液中的聚集或产生沉淀，理想方式为自动加入，以控制上染速率，避免一次性加入，可以分批加入。此外，食盐或元明粉浓度应与染料的浓度相适应，染料的浓度低，食盐或元明粉的浓度也低，不同浓度的染料，食盐或元明粉添加速率也不同，染料的浓度低，添加速率稍快些。因为染液中的染料浓度降低得也较快，而要控制染料的上染速率不变，均匀上染，电解质添加速率应快些。基于上述情况，食盐或元明粉加入应按预先设定程序计量加入，然后打入预先溶解的纯碱溶液，在15min内加完，加碱之后第二次上染的上染速率、固色速率和固着程度是通过计量加碱液控制染浴的pH达到的。加碱固色开始时第一次的上染平衡被破坏，染浴中还有大量的染料是在加碱固色后上染到纤维上去的，若大量的碱剂一次性加入，pH迅速升高，虽然会加快已上去的染料与纤维间的固色反应，但水解的染料量也会增加，降低固色率，同时也会在极短的时间内增加第二次上染的染料量，甚至发生边上染边固色，使第二次上染的染料很难发生移染，匀染性差，透染性也不好，而随着固色时间的延长，染浴的pH反而会下降，固色速率越来越慢，如果采用控制性计量式加入碱剂，能始终控制固色速率不变，不仅匀染性和透染性好，染料利用率高、固色率高，而且可以减少碱剂的用量。因此，应按预先设定的程序把溶解成一定浓度的碱液计量加入，使开始时的pH低些，然后逐步升高，使pH保持在10.5~11.5，60℃保温40~50min。通过合理地控制盐、碱用量和加入方式，从而合理控制上染阶段和固色阶段，以保证最佳的染色效果。

（6）干燥。亚麻散纤维干燥之前首先用离心式脱水机对其脱水，然后对其用隧道式烘干机进行烘干（分干燥仓和加湿仓），散纤维分5层均匀铺放在铝合金小车内，每个小车大约铺纤维40kg，仓内一般容纳24个小车，间歇式地在两排钢轨上行进。蒸汽气流在干燥仓循环后逐渐向前推进，热空气排出的流向与纱车运行的方向相反，用加湿仓解决上、下层烘干不一致现象，使纤维趋于均匀润湿，其作用缓和。

亚麻散纤维染色加工的特殊性和关键性区别于传统的纺纱染色工艺，就是先对短纤维进行漂白和染色，然后进行各道混并纺纱，因而短纤维的前处理是散纤维纺纱染色的基础，从而彻底地改变了传统的纺纱染色工艺。对散纤维直接进行漂白和染色处理，从而在后道工序梳理混并才能制出客户所要求的真正具有花式效应的纱，而不是通过粗纱和筒子纱等传统方法进行处理，染色后捻线得到所谓的花式纱。亚麻纤维染色效果的好坏，活性染料的选择具有决定性的作用，因为它直接影响小试、中试、大试的颜色重现性，同时对同批原料之间、锅与锅之间的锅差以及染透性、匀染性、染色牢度等色纱的各项指标都具有很大程度的影响。因此，通过先漂白短麻再染纤维的工艺，相对于传统染绞纱、筒子纱或粗纱，通过梳理混并大大降低成纱之间的锅差和批差，对于高档亚麻针织用纱和针织物具有深远的意义，同时此布的独特性深受广大用户的青睐。

第四节　麻/棉和麻/黏纱染色

麻类产品作为一种天然原料型保健品已经越来越受到人们的关注，深受广大消费者的青睐。同样，具有高科技、高附加值的麻/棉、麻/黏纱织制的色织布纹路清晰、丰厚、吸湿性好、抗菌防蛀、挺括滑爽、坚牢耐用。当然为了使最终产品具有以上麻织物的特点和风格并顺利出口，麻纤维在其混纺纱中的含量保证大于 55%，这样不仅具备以上的风格，而且在出口美国时，不受配额限制，将大大降低出口成本，相当于纯麻产品价格 1/3，利润丰厚，具有广阔的市场前景。

一、前处理加工

由于麻纤维含有大量的木质素、果胶等杂质，加上麻纤维粗硬，导致麻纤维存在上染率低、色泽萎暗、染色牢度差、匀染性差、透染性差、色花和色差较大的问题，经常造成严重的色花疵病，所以必须在常规染色的基础上进行改进。

1. 工艺流程　麻棉、麻黏混纺纱煮练氧漂采用煮漂一浴两步法，工艺流程如下：

松筒→酸洗→煮漂→染色→脱水→烘干→络筒→包装

2. 工艺配方　煮漂配方：

浴比	1:15		
纱线	100kg		
水	1500L		
硫酸	1g/L	温度：30℃	时间：30min
氢氧化钠	1.5g/L		
碳酸钠	0.8g/L		
双氧水	3.0~3.2g/L	温度：95℃	时间：60min

麻/棉、麻/黏纤维均是干纺纺制出的混纺纱。纤维中含有大量的灰分、异物和杂质，并且纤维粗硬、强度低、毛羽大。酸洗就是为了去除上述杂质和粗硬的毛羽，同时去除加快漂

液分解的重金属离子，酸洗用硫酸 1g/L，在 30℃洗 30min。在煮漂一浴两步法中，采用上述各个工艺参数和条件，既去除了杂质，保证纱线具有一定的白度，又保存了纤维大分子的聚合度，使纤维的强力下降能控制在 3% ～5%，失重率控制在 5% ～5.5%，毛效达到 12 ～14cm，完全符合染色的技术要求。

二、染色加工

1. 染料的选择　考虑到染料本身的特点和性质以及麻/棉、麻/黏纤维在强力、含杂等方面与纯麻、纯棉和黏胶等纤维之间的区别和特点，选择瑞士科莱恩公司生产的 M 型活性染料。M 型活性染料是由一氯均三嗪和乙烯砜硫酸酯基团构成的，此种染料是含有不同类型双官能团反应基的染料，该染料具有上染率好、固色率高、溶解度较高、扩散性好，并且初始上染率低、移染性能好的特点，因此，可以避免产生色花和色点疵病。

由于两种以上的染料拼色时，要求染料的基本性能相似，配伍性好，以保证小试、中试到大试的颜色具有良好的重现性。保证染料在任何情况下均匀吸附。

M 型活性染料具有较好的各项牢度指标，染色工艺稳定性优良，是不含有禁用染料的环保型染料。

2. 注意事项　固色阶段即反应阶段要用相对缓和的碳酸钠作为碱剂来控制染浴的 pH，采用线性递增的加入方式，以获得良好的匀染性和透染性。

总之，合理地选择盐的浓度以及添加方式、固色温度、时间、浴比、固色阶段碱的添加方式，并对此进行严格的控制，就能将回染率控制在 1%，并使染料上染时更加直接，使固色率得以控制，使染色工艺在受控的情况下进行，这样能大幅度地提高麻/棉、麻/黏纤维的移染性、匀染性、重现性、透染性，避免了锅差、批差和色花以及内外层色差等染色疵点。

参考文献

[1] 中国农业科学院麻类研究所. 中国麻类作物栽培学 [M]. 北京：农业出版社，1993.

[2] 万经中，周祥春. 亚麻栽培与加工 [M]. 北京：中国农业出版社，1998.

[3] James A. 亚麻 [J]. 朱爱国译. 中国麻业，2002，24（5）：46－49.

[4] 刘飞虎，梁雪妮，刘其宁，等. 亚麻——云南绿色经济的新支柱 [J]. 中国麻业，2002，24（2）：38－42.

[5] 郭翔宇，刘宏曼，王勇. 黑龙江省亚麻业的优势与面临的挑战 [J]. 中国麻业，2002，24（2）：43－45.

[6] 周文新，孙焕良，郭清泉，等. 我国南方亚麻产业化发展刍论 [J]. 农业现代化研究，2001，22（1）：7－10.

[7] 王玉富，关凤芝，宋宪友. 亚麻种植业与WTO [J]. 中国麻作，2001，23（1）：29－32.

[8] 中国纺织总会. 亚麻纺织行业“九五”计划和2010年长远规划 [J]. 麻纺织技术，1998，21（1）：5－7.

[9] 安徽省凤阳县地方志编委会. 凤阳县志 [M]. 北京：地方志出版社，1999.

[10] 历年《黑龙江省经济统计年鉴》.

[11] 赵德宝. 黑龙江省亚麻产业现状及发展趋势 [J]. 中国麻作，2001（2）：36－37.

[12] 王根石. 亚麻原料加工业发展思路的探讨 [J]. 黑龙江纺织，2001（1）：1－2.

[13] 王振华. 关于发展新疆伊犁纤用亚麻产业化问题初探 [J]. 中国麻作，1999（2）：43－44.

[14] 新疆伊犁天一实业有限责任公司. 扬帆竞发争朝夕　西部开发正当时 [D]. 伊犁日报，2001－6－26.

[15] 王振华. 新疆纤用亚麻种植区划 [J]. 中国麻作，1995（3）：48－49.

[16] 吕江南，等. 我国南方亚麻开发的几点思考 [J]. 农牧产品开发，1999（7）：34－35.

[17] 周文新，等. 湖南亚麻生产及其产业化问题的探讨 [J]. 中国麻作，2001（1）：34－35.

[18] 联合国粮农组织FAO生产年鉴 [C]，1192、1995、1998，2000.

[19] 关凤芝，等. 亚麻种植业发展概况及建议 [J]. 黑龙江农业科学，2001（2）：34－35.

[20] 王玉富，等. 亚麻种植业与WTO [J]. 中国麻作，2001（1）：29－32.

[21] 孙焕良，潘昌立，张木祥，等. 南方春季亚麻研究与开发的浅见 [J]. 中国麻作，1995，17（2）：1－3.

[22] 孙焕良，冷鹃，胡镇修，等. 湖南春季亚麻引种栽培的初步研究 [J]. 中国麻作，1995，（17）2：12－16.

[23] 胡镇修，潘昌立，孙焕良，等. 播种期对湖南春季亚麻生长发育的影响 [J]. 中国麻作，1996，18（4）：18－20.

[24] 孙焕良，胡镇修，冷鹃，等. 湖南春季亚麻纤维形态结构与理化性能研究 [J]. 中国麻作，1998，20（1）：13－15.

[25] 刘东鑫，赵介仁，孙焕良，等. 关于发展我国南方亚麻产业化问题的初步探讨 [J]. 中国麻作，

1998, 20（1）：42 - 45.

[26] 吴相利. 黑龙江亚麻基地布局研究 [J]. 经济地理, 1993, 13（6）：164 - 168.

[27] 王玺斌. 中国亚麻纺织工业的现状及发展趋势 [J]. 麻纺织技术, 1998, 21（1）：5 - 7.

[28] 中国纺织总会. 亚麻纺织行业九五计划和 2010 年长远规划 [J]. 麻纺织技术, 1998, 21（1）：5 - 7.

[29] 魏国江, 等. 川西高原种植纤维亚麻的研究 [J]. 中国麻作, 1993, 15（3）：22 - 27.

[30] 胡镇修, 谢国炎. 立足资源优势, 发展亚麻生产——云南省西畴县亚麻产业调查与思考 [J]. 中国麻作, 1999, 21（2）：41 - 42.

[31] 彭源德, 刘正初, 孙焕良, 等. 南方亚麻微生物脱胶技术研究, 外界因子对亚麻天然水浸沤麻的影响 [J]. 中国麻作, 1997, 19（2）：37 - 40.

[32] 于翠英, 夏敬义. 亚麻纺纱工艺学 [M]. 哈尔滨：黑龙江省科技出版社出版, 1999.

[33] 王菊生. 染整工艺原理（第一册）[M]. 北京：中国纺织出版社, 1994.

[34] 张济帮. 生物酶在印染工业中的应用现状和发展前景 [J]. 印染, 2000（4）：29 - 30.

[35] 何中琴. 有利于生态环境的纤维加工的最新进展 [J]. 印染译丛, 2000（6）：32 - 33.

[36] 宋心远, 沈煜如. 新型染整技术 [M]. 北京：中国纺织出版社, 1999.

[37] 姜锡瑞, 段钢. 新编酶制剂使用技术手册 [M]. 北京：中国轻工业出版社, 2002.

[38] 金咸穰. 染整工艺实验 [M]. 北京：纺织工业出版社, 1987.

[39] Sawada K, Tokino S, Mueda, Wang XY. Bioscouing of cotton with pectinase enzyme [J]. J. S. D. C., 1998, 114（11）.

[40] 刘程. 表面活性剂应用手册 [M]. 北京：化学工业出版社, 1992.

[41] B. B. 科瓦廖夫. 亚麻普通工艺学 [M]. 北京：纺织工业出版社, 1991.

[42] 吴开雄. 纯亚麻织物前处理工艺探讨 [J]. 染整科技, 1994（7）：9.

[43] 超声波探伤技术及探伤仪编写组. 超声波探伤及探伤仪 [M]. 北京：国防工业出版社, 1989.

[44] 冯若, 李化茂. 声化学及其应用 [M]. 合肥：安徽科技出版社出版, 1992.

[45] 陈维国. 染整技术发展中的近代物理方法 [J]. 丝绸杂志社, 1995（5）：18.

[46] Thak., KA. 超声波在纺织品湿加工过程中的应用 [J]. 陈水林, 译. 国外纺织技术（化纤、染整、环境保护手册）, 1990（39）：30 - 38.

[47] [苏] B. H. 麦利尼科夫, 等. 纺织材料的染色工艺现状和发展前景 [M]. 何联华. 周祖权, 译. 北京：纺织工业出版社出版, 1986.

[48] Bob（carol-ladislau）Apparatus for Lanning and Dyehide in the Presence of Ultrasound [J]. Appl. 136, 313, 1988（12）：8.

[49] 低温涤纶染色——分散染料的染色动力学 [J]. 陈英, 译. 宋心远, 校. 国外纺织技术（纺织、针织、服装、化纤、染整分册）. 1997（2）：33 - 38.

[50] Ahmad. W. Y. Wan, Lomas, Mike（School Textile Studies, Bolton nst. Bolton, VK B135AB）. The Low Temperature Dyeing of Polyester Fabric Ueing Ultrasound [J]. J. Soc. Dyers. Colour. 1996, 112（9）：245 - 248.

[51] 直接染料染棉织物中的超声波的应用染色动力学 [J]. 尹仲民, 译. 毛振鹏, 校. 印染译丛, 1986（6）：37 - 43.

[52] Kunihiko I.. Etal.. Recent development in the optimized dyeing of Cellulase using reactive dyes [J]. J. S. D. C., 1992, 108（4）：210 - 214.

［53］ Ahmad. W. Y. Wan，Lomas，Mike（School Textile Studies）. Bolton nst. Fabric Using ［J］. T. Soc. Dyers. Colour. 1996（9）：245 – 248.

［54］ SR Shukla and Manisha R Mathur.（Dept. of Chemics Technology University of Bombay，Matunga，Bombay 400019，India）. Low Temperature Ultrasonic Dyeing of Silk ［J］. J. S. D. C.，1995（11）：342 – 345.

［55］ 在纤维素纤维织物活性染料染色中超声波能量的应用 ［J］. 王秀玲，译. 唐志翔，校. 印染译丛，1996（4）：12 – 15.

［56］ 吴宏仁，吴立峰. 纺织纤维的结构与性能 ［M］. 北京：纺织工业出版社，1985.

［57］ 苏翼林，天津大学材料力化学教研室. 材料力学（上册）［M］. 北京：人民教育出版社出版，1982.

［58］ 黄克智，余寿文. 弹塑性断裂力学 ［M］. 北京：清华大学出版社，1985.

［59］ 王菊生. 染整工艺原理（第三册）［M］. 北京：中国纺织出版社，2004.

［60］ 黑木宣彦. 染色理论化学（上册）［M］. 陈水林. 北京：纺织工业出版社出版，1983.

［61］ 陈英方，等. 纯棉织物的微波染色 ［J］. 纺织基础科学学报，1991（1）：56.

［62］［苏联］H. K. 巴拉姆鲍伊姆，等. 高分子化学的力化学 ［M］. 北京：化学工业出版社，1979.

［63］ 姜岩. 声化学及其在纺织工业中的应用 ［J］. 印染，1998（11）：52.

［64］ 天津大学物理教研室. 物理化学（下册）［M］. 北京：高等教育出版社出版，1987.

［65］［苏］L. I. 安特罗波夫. 理论化学 ［M］. 吴仲达，等，译. 北京：高等教育出版社，1979.

［66］ Thak. KA. 超声波在纺织品湿加工过程中的应用 ［J］. 陈水林. 国外纺织技术（化纤，染整，环境手册），1990，39（10）：30.

［67］ 胡协芳. 超声波技术在包装及食品业中的应用前景 ［M］. 北京：轻工业出版社，1996.

［68］ 高树珍. 超声波在亚麻织物染色中的应用 ［J］. 印染，2000（12）：16 – 19.

［69］ 高树珍. 超声波在染色过程促进作用的研究 ［J］. 印染，2001（5）：22 – 24.

［70］ 高树珍. 浅析超声波在染色中的应用 ［J］. 印染. 1999（2）：3 – 5.

［71］ 高树珍. 超声波在亚麻织物染色的动力学研究 ［J］. 上海毛麻科技，2002（3）：12 – 14.

［72］ 高树珍. 超声波在还原染料染色中的应用 ［J］. 齐齐哈尔大学学报，2002（4）：17 – 19.

［73］ 高树珍，等. 亚麻织物的超声波染色动力学的研究 ［J］. 印染，2002（12）.

［74］ 高树珍，刘群，刘庆建. The application of acid cellulose in manufacturing high count linen yarns ［J］. Advanced Textile Materials，2011（323 – 324）：505 – 509.

［75］ 高树珍. 超声波在酶退浆中的应用 ［J］. 印染助剂，2003（4），45 – 48.

［76］ 赵欣，高树珍. 超声波在酸性染料染丝绸中的应用 ［J］. 丝绸，2003（7）：32 – 34.

［77］ 高树珍. 羊毛酸性染料染超声波染色动力学研究 ［J］. 印染，2004（8），9 – 12.

［78］ 武利顺，王庆瑞. 纤维素的选择性氧化反应及其体系 ［J］. 人造纤维，2000，157（3）：27 – 31.

［79］ 熊犍，叶君，何小维，吴奏谦. 改进非均相高碘酸氧化纤维素反应 ［J］. 高分子材料科学与工程，2000，16（3）：172 – 174.

［80］ Ung – Jin Kim，Shigenori Kuga. Ion – exchange chromatography by dicarboxyl cellulosegel ［J］. Journal of Chromatography，2001（369）：29 – 37.

［81］ Ung – Jin Kim，Masahisa Wada，Shigenori Kuga. Solubilization of dialdehyde cellulose by hot water ［J］. Carbohydrate Polymers，2004，56：7 – 10.

［82］ Stefano Tiziani，Fabiana Sussich. The Kinetics of periodate oxidation of carbohydrates2. Polymeric substrates ［J］. Carbohydrate Research，2003（338）：1083 – 1095.

［83］赵希荣，夏文水．高碘酸钠氧化棉布纤维反应条件的研究［J］．纤维素科学与技术，2003，11（3）：17－21.

［84］许云辉．选择性氧化法制备环境友好型功能棉纤维研究［D］．苏州：苏州大学，2006.

［85］郑培培．麻纤维的选择性氧化及丝素蛋白的改性研究［D］．苏州：苏州大学，2008.

［86］朱士兴，朱梅．电脑测配色系统的应用［J］．常州市武进染整厂，2004（3）：6.

［87］姜秀增．活性染料的竭染染色的配伍性的研究［D］．上海：东华大学化学与化工学院，2003.

［88］翟保京，王贤瑞．活性染料的短流程湿蒸染色系统的建立［J］．印染，2004（1）：13.

［89］董振礼，郑宝海，轾桂芬．测色及电子计算机配色［M］．北京：中国纺织出版社，1995.

［90］徐寿昌．有机化学［M］．北京：高等教育出版社，1993.

［91］P. S. Collishaw, Phillips D. A. S, Bradbury M. J.. Controlled coloration：asuccess strategy for the dyeing of cellulosic fibres with reactive dyes［J］. J. S. D. C. , 1993：284－292.

［92］J. R. Aspland. Reactive Dyes and Their Application［J］. A Series on Dyeing. 1992：31－36.

［93］徐海松．印染测色配色技术与设备的进展［J］．印染，2003：41－43.

［94］徐海松．计算机测色与配色新技术［M］．北京：中国纺织出版社，1999.

［95］闫世强，邵承善，江卫东．电脑测色配色在纱线染色中的应用［J］．印染，1997：18－19.

［96］李传梅，刘长智．电脑测配色系统实际应用的几点体会［J］．印染技术，1996：18－21.

［97］常江，高淑珍．循规蹈矩与逆想思维——纱线染色新品种的发现［J］．黑龙江纺织，2000（1）：55－59.

［98］薛迪庚．织物的功能整理［M］．北京：中国纺织出版社出版，2001.

［99］王菊生．染整工艺原理（第二册）［M］．北京：中国纺织出版社，1994.

［100］Lewin. M. Sello S B. 纺织品功能整理（下册）［M］．王春兰，译．林求德，校．北京：纺织工业出版社出版，1992.

［101］王连军．潮交联工艺优化及其对整理织物性能的影响［J］．纺织学报，2013，34（5）：86－89.

［102］陈荣圻．纺织印染助剂中的甲醛隐患及其替代研究进展（三）［J］．印染，2013（14）：52－54.

［103］赵立环，张杰．织物折皱回复角与其力学性能指标间的关系［J］．纺织学报，2013，34（10）：39－42.

［104］许磊，张蓉．纺织品无甲醛防皱功能整理的研究进［J］．丝绸，2015，52（5）：27－28.

［105］高树珍，汪亮．酶解淀粉的制备及在亚麻防皱整理中的应用［J］．印染，2015（9）：15－17.

［106］Kulma A，Zuk M，Long S H，et al. Biotechnology of fibrous flax in Europe and China［J］. Industrial Crops and Products，2015，68：50－59.

［107］丁帅，刘壮．浅析亚麻纤维的特性及其良好发展态势［J］．国际纺织导报，2013（4）：4－7.

［108］杨露露，杨静新，杨俊，等．两步法合成DMDHEU树脂的研究［J］．南通大学学报：自然科学版，2009，8（3）：62－66.

［109］曹平，杨露露，杨静新，等．DMDHEU树脂醚化机理研究［J］．印染助剂，2011，28（2）：22－24.

［110］Zhou C E，Kan C，Yuen C M. Orthogonal analysis for rechargeable antimicrobial finishing of plasma pretreated cotton［J］. Cellulose，2015，22（5）：3468－3472.

［111］Jiang Tao，Gao Hua，Sun Jianping，et al. Impact of DMDHEU Resin Treatment on the Mechanical Properties of Poplar［J］. Polymers & Polymer Composites，2014，22（8）：669.

［112］杨静新，杨露露，蒋子珺，等．一步法合成DMDHEU树脂的研究［J］．南通大学学报：自然科学

版，2009，8（1）：42 – 45.

[113] 王晓芳 . 2D 树脂的醚化改性及在丝棉织物环保阻燃整理中的应用 [J] . 现代纺织技术，2013（5）：28 – 32.

[114] 高树珍，迟文锐 . 树脂整理亚麻织物的舒适性能分析 [J] . 纺织导报，2017（5）：90 – 91.

[115] 高树珍，汪亮 . 亚麻织物用丙三醇改性 DMDHEU 树脂的合成及表征 [J] . 上海纺织科技，2017（5）：23 – 26.

[116] 汪亮，高树珍 . 1,4 – 丁二醇改性 DMDHEU 树脂的合成及应用 [J] . 印染助剂，2017（5）：16 – 20.

[117] 郭虎城 . 纺织品阻燃整理技术的应用与发展 [J] . 消防科学与技术，2006（S1）：70 – 73.

[118] 龚晓 . 2015 年全国火灾 33.8 万起造成 1742 人死亡申城火灾起数同比下降 21.2% [J] . 法律与生活东方消防，2016，（02）：28 – 29.

[119] 张铁江 . 常见阻燃剂的阻燃机理 [J] . 化学工程与装备，2009（10）：114 – 115，183.

[120] 张亨 . 无机硼系化合物阻燃剂 [J] . 上海塑料，2012（03）：12 – 17.

[121] 赵博，赵晓云，邹璐，等 . 我国硼系阻燃剂的研究现状及发展趋势 [J] . 塑料助剂，2010（03）：6 – 8.

[122] 赵雪，朱平，张建波 . 硼系阻燃剂的阻燃性研究及其发展动态 [J] . 染整技术，2006（04）：9 – 12 + 54.

[123] 张亨 . 无机磷系阻燃剂 [J] . 上海塑料，2011（04）：1 – 5.

[124] 侯博，杨利 . 无机磷系阻燃剂的开发应用 [J] . 现代塑料加工应用，2001（06）：25 – 27.

[125] 李征征，李三喜，张爱玲，等 . 氢氧化镁阻燃剂研究进展 [J] . 塑料科技，2009（04）：83 – 87.

[126] 李佳佳 . 阻燃剂的分类及发展趋势 [J] . 科技视界，2013（16）：67，149.

[127] 倪子璀 . 卤系阻燃剂阻燃机理的探讨及应用 [J] . 广东化工，2003（03）：27 – 29.

[128] 唐若谷，黄兆阁 . 卤系阻燃剂的研究进展 [J] . 科技通报，2012（01）：129 – 132.

[129] 王淑波，曾紫毅，彭琳 . 有机磷阻燃剂的研究进展 [J] . 广东化工，2013（11）：79 – 80.

[130] 何宽新 . 有机磷系阻燃剂的作用机理及研究现状 [J] . 科技信息（科学教研），2008（22）：28.

[131] 王海军，陈立新，缪桦 . 氮系阻燃剂的研究及应用概况 [J] . 热固性树脂，2005（04）：36 – 41.

[132] 张顺，吴宁晶，李美江 . 有机硅阻燃剂的研究进展 [J] . 高分子通报，2010（12）：72 – 77.

[133] 张敏，李如钢 . 有机硅阻燃剂的研究进展 [J] . 有机硅材料，2009（01）：51 – 54.